高等学校规划教材

材料加工实验与测试技术

主　编　李胜利
副主编　侯忠霖　李春福　李激光

北　京
冶金工业出版社
2015

内 容 提 要

本书以钢铁材料成型过程为研究对象，系统介绍了研究该过程所涉及的变形实验、变形过程参数检测实验、材料组织与性能检测实验等。全书分为5章，主要内容包括误差与数据处理基础知识，材料成型实验技术，轧制过程参数测试技术，金相显微组织分析技术，材料力学性能测试技术。书后附有每章的复习思考题及附录。

本书可作为高等学校材料加工工程、工程力学、建筑工程、机械工程等专业的实验教材，也可供从事与材料加工有关的工程技术人员参考。

图书在版编目(CIP)数据

材料加工实验与测试技术/李胜利主编．—北京：冶金工业出版社，2010.5（2015.11重印）

高等学校规划教材

ISBN 978-7-5024-4179-1

Ⅰ.①材…　Ⅱ.①李…　Ⅲ.①钢—金属材料—实验—高等学校—教材　②钢—金属材料—测试技术—高等学校—教材　③铁—金属材料—实验—高等学校—教材　④铁—金属材料—测试技术—高等学校—教材　Ⅳ.①TG14

中国版本图书馆CIP数据核字(2010)第058248号

出 版 人　谭学余

地　　址　北京市东城区嵩祝院北巷39号　邮编　100009　电话　(010)64027926

网　　址　www.cnmip.com.cn　电子信箱　yjcbs@cnmip.com.cn

责任编辑　王之光　夏小雪　美术编辑　李　新　版式设计　葛新霞

责任校对　栾雅谦　责任印制　牛晓波

ISBN 978-7-5024-4179-1

冶金工业出版社出版发行；各地新华书店经销；三河市双峰印刷装订有限公司印刷

2010年5月第1版，2015年11月第2次印刷

787mm×1092mm　1/16；13印张；343千字；198页

30.00元

冶金工业出版社　投稿电话　(010)64027932　投稿信箱　tougao@cnmip.com.cn

冶金工业出版社营销中心　电话　(010)64044283　传真　(010)64027893

冶金书店　地址　北京市东四西大街46号(100010)　电话　(010)65289081(兼传真)

冶金工业出版社天猫旗舰店　yjgycbs.tmall.com

（本书如有印装质量问题，本社营销中心负责退换）

前　　言

本书以材料加工实验与测试技术为基础，通过变形实验、轧制过程参数测试技术、金相组织分析及材料力学性能测试等内容，加深学生对材料加工实验的基本理论、基本方法和基本概念的理解，拓宽学生的知识面，使其对一些近代材料加工方面新的分支学科有所了解，在此基础上使学生不仅在基本材料加工测试技能和实验动手能力方面有所提高，而且能初步掌握实验科学的基本规律，学会用实验的方法去发现问题、分析问题和解决问题，从多方面提高学生的综合能力。本书是在参考了大量的相关书籍，总结了我校近几年材料加工领域教学改革的一系列成果，并吸取了兄弟院校同行的经验编写而成的。

在编写本书的过程中，力图展现以下几个特点：

(1)测试概念与材料加工实验的结合性。书中全面介绍了测试技术所涵盖的主要内容，重点突出其规律性和共性，同时结合实验使读者对测试技术有一个全面、系统的了解，这对材料领域的创新和研发有一定的指导作用。

(2)综合性强。本书针对冶金、轧制和热处理过程，分别介绍了误差与数据处理的基础知识，相似原理和变形试验，轧制过程参数测试技术，金相显微组织分析技术，材料力学性能测试技术。

(3)反映测试技术的新发展。

本书由辽宁科技大学材料学院李胜利主编，全书共5章：李胜利撰写第2章2.1节，第3章3.1、3.2、3.4节和第5章5.1和5.3节；侯忠霖撰写第1章，第2章2.2节；李春福撰写第4章；李激光撰写第3章3.3节和第5章5.2节。

本书在撰写过程中，胡林、赵红阳、王洪斌、李娜、沙明红和李婷等在材料加工实验与测试技术的一些章、节中的文字、图表绘制及校核方面做了大量的工作，在此向他们和所有指导、帮助过我们的同志表示衷心的感谢。

由于编者水平所限，书中不妥之处在所难免，恳请读者指正。

编　者

2010年1月

目　录

1 误差与数据处理基础知识

科学技术的发展与实验测量密切相关。在进行实验测量时,由于测量资源的不完善,测量环境的影响,加之受测量人员的认识能力等因素的限制,测量误差自始至终存在于一切科学实验和测量活动中。而测量数据是否准确、数据处理方法是否科学,直接影响科学实验的结果。因此,有必要对测量误差与数据处理方法进行研究。

1.1 测量的基本概念

1.1.1 测量

测量被定义为以确定量值为目的的一组操作,该操作可以通过手动的或自动的方式来进行。从计量学的角度讲,测量就是利用实验手段,把待测量与已知的同类量进行直接或间接的比较,以已知量为计量单位,求得比值的过程。

1.1.2 测量结果

由测量所得的赋予被测量的值称作测量结果。显然,测量结果由比值和测量单位两部分组成,故测量结果多具有单位。如 L(长度)=100mm。但也有某些物理量不含单位,如相对密度。

1.1.3 测量方法

在测量活动中,为满足各种被测对象的不同测量要求,依据不同的测量条件有着不同的测量方法。测量方法是实施测量中所使用的、按类别叙述的一组操作逻辑次序。常见的测量分类方法有以下几种:

(1)直接测量和间接测量:

1)直接测量是指被测量与该标准量直接进行比较的测量。它是指该被测量的测量结果可以直接由测量仪器输出得到,而不再经过量值的变换与计算。例如,用游标卡尺测量小尺寸轴工件的直径、用天平称量物质的质量、用温度计测量物体的温度等。

2)间接测量是指直接测量值与被测量值有函数关系的量,通过函数关系或者通过图形的计算方能求得被测量值的测量方法。例如,用模拟万用表测量电功率,是先根据万用表指示的电压(电流)和电阻值,再通过功率与电压(电流)和电阻值的数学关系式计算得出被测功率。

(2)等精度测量和不等精度测量:

1)等精度测量是在整个测量过程中,若影响和决定误差大小的全部条件始终保持不变,如由同一观测者,使用同一台仪器,用同样方法,在同样的环境条件下,对同一被测物理量进行次数相同的重复测量,称之为等精度测量。

2)不等精度测量是在整个测量过程中,影响和决定误差大小的条件各异,如由不同的观测者,使用不同仪器,不同方法,在不同的环境条件下,对被测物理量进行不同次数的测量,称之为不等精度测量。

(3)静态测量和动态测量:

1)静态测量是指在测量过程中被测量可以认为是固定不变的,因此,不需要考虑时间因素对测量的影响。在日常测量中,所接触的大多是静态测量。对于这种测量,被测量和测量误差可以当作一种随机变量来处理。

2)动态测量是指被测量在测量期间随时间(或其他影响量)发生变化。如弹道轨迹的测量、环境噪声的测量等。对这类测量的测量,需要当作一种随机过程的问题来处理。

材料的某些性质可以用动态法测量,也可以用静态法测量。例如,材料弹性模量的测定方法就有动态法和静态法两种,其性质的定义和测量数值是不同的,因此,在材料测量方法的选择和性质的解释中应当予以注意。

(4)工程测量和精密测量:

1)工程测量是指对测量误差要求不高的测量。用于这种测量的设备或仪器的灵敏度和准确度比较低,对测量环境没有严格要求。因此,对于测量结果只需给出测量值。

2)精密测量是指对测量误差要求比较高的测量。用于这种测量的设备和仪器应具有一定的灵敏度和准确度,其示值误差的大小一般需经过计量检定或校准。在相同条件下对同一个被测量进行多次测量,其测得的数据一般不会完全一致,因此,对于这种测量往往需要基于测量误差的理论和方法,合理地估计其测量结果,包括最佳计值及其分散性大小。有的场合,还需要根据约定的规范对测量仪器在额定工作条件和工作范围内的准确度指标是否合格做出合理判定。精密测量一般是在符合一定测量条件的实验室内进行,其测量的环境和其他条件均要比工程测量严格,所以又称为实验室测量。

1.2　误差概述及基本概念

1.2.1　概述

在进行科学实验或生产测定中,得到了一系列测量数据。这只是完成了测定工作的前半部分,后半部分的工作就是要对这一系列的测量数据运用数学方法进行处理与分析,从中引出科学的规律与正确的结论。

在实际测量中,我们发现,尽管在同一测量条件下,采用同一测量仪器(仪表),按照同样的测量程序,对某一个参数进行多次测量,所得的测量数据并不是同一数值,而是波动在某一数值范围内。这样就要求出测定的最佳值、舍弃可疑数、判断误差范围,即需要进行误差计算与分析。

在进行误差计算之后,就要把经过分析的可靠的测量数据,加以归纳整理,并用图、表和数学式表达出来,以便于应用,这也是数据处理的任务之一。

1.2.2　误差相关的基本概念

1.2.2.1　真值

真值是指在某一时刻和某一位置的某个物理量客观存在的真实值。研究者在特定条件下用某种测量仪器和方法,对某物理量测量,可得到一系列的测量值。但由于测量仪器、方法、环境、操作等因素影响,严格地讲,真值是无法测得的,只能测得真值的近似值。故真值可理解为,在测量次数为无限多,正负误差出现的几率相等的条件下,将各测量值相加,再加以平均,在无系统误差存在的情况下,可得到极近于真值的数值。故实际应用中真值是指测量次数无限多时,求得的平均值。

在实际测量中,对任一物理量的测量次数都是有限的,故用有限测量次数求出的平均值,只能是近似真值,或称最佳值,称这一最佳值为平均值。

1.2.2.2　误差

在实际测量中,由于各种原因,测量值较之真值总是存在一定的误差或偏差。严格地讲,测量误差是指测量值与真值之差(测量误差=测得值-真值)。而偏差是指测量值与平均值之差。

由于真值是测不到的，一般是以平均值作为真值，故定义误差为测量值与平均值之差。

1.2.2.3 误差的分类

A 按误差表示方法分类

按误差表示方法可将误差分为：

(1)绝对误差。测量值 x 与真值 x_0 之差 δ 为绝对误差，通常称为误差，其表达式为

$$\delta = x - x_0 \tag{1-1}$$

由式(1-1)可知，绝对误差可能是正值或负值。

(2)相对误差。绝对误差与真值之比值为相对误差，因测量值与真值接近，故也可用绝对误差与测量值之比值作为相对误差，即

$$\varepsilon = \frac{\delta}{x_0} \approx \frac{\delta}{x} \tag{1-2}$$

由于绝对误差可能为正值或负值，因此相对误差也可能为正值或负值。相对误差是无名数，通常以百分数表示。

B 按使用条件的满足程度分类

按使用条件的满足程度可将误差分为：

(1)基本误差。仪器仪表在标准条件下使用时所产生的误差称作基本误差或固有误差。

(2)附加误差。仪器仪表的使用，条件偏离标准条件而使误差大于基本误差，其大出的部分即为附加误差。

C 按被测量的变化速率分类

按被测量的变化速率可将误差分为：

(1)静态误差。被测量不随时间变化或输出达到稳态时所测得的测量误差称为静态误差。

(2)动态误差。在被测量随时间变化过程中进行测量，由此产生的附加误差称为动态误差。因为一般它是测量系统(或仪表)对输入信号变化响应的滞后或输入信号中不同频率成分通过测量系统时受到不同的衰减和延迟而造成的误差，因此动态误差应以动态中测量和静态中测量所得误差之差值来表示其大小。

D 按误差与被测量的数值关系分类

按误差与被测量的数值关系可将误差分为：

(1)定值误差(相加误差)。误差 Δx 是一定值，它不随被测量 x 的大小而变化。如仪表指针不指零。

(2)累积误差(相乘误差)。误差值大小和被测量 x 成比例变化。如放大器的放大倍数有误差，那么输出造成的误差随输入的增加而增加。

(3)整量化误差。整量化误差是特殊形式的误差，产生于连续信号转换成离散信号整量化过程中，存在的误差 Δ 在 $+\Delta_m$ 和 $-\Delta_m$ 之间，Δ_m 是半个量化单位。

E 按误差出现的规律性分类

按误差出现的规律性可将误差分为：

(1)系统误差(系差)。系统误差是相同条件下，多次重复测量同一量时，误差的大小和符号均保持不变，或当条件改变时，按某一确定规律变化的误差。测量过程中大小和符号均保持不变的称为恒定系差；随某些因素按某一规律(如线性、周期、多项式或复杂规律)而变化的称为可变系差。

系统误差是某些个别因素影响较大所致，它使测量结果偏离真值，影响准确度，但误差有一定规律，故可以按其规律引入修正量加以校正，或改善测量方法来消除，而单纯增加测量次数是

无法消除的。

(2)随机误差。随机误差是在相同条件下多次重复测量同一量时,误差的大小和符号均发生变化,其值时大时小,符号时正时负,没有确定的规律,无法控制,也不能事前预知的误差。

随机误差是由多个互不相关的独立因素围绕其平均值产生随机起伏(如电磁场微变、热起伏、空气扰动、大地微震、仪器结构参数的波动、测试人员感觉器官的生理变化等),对测量结果产生综合影响所造成的,它使测量结果随机性分散,影响测量的精密度。因为一次测量的单个误差没有任何预知的确定规律,但在多次重复测量的总体上,误差的出现(大的,小的;正的,负的)具有一定的统计规律,最典型的是正态分布规律,因此通过适当增加测量次数、用数理统计的办法可使测量结果尽量接近真值。

(3)缓变误差。缓变误差是指数值上随时间缓慢变化的误差。例如由于零部件老化、机械零件内应力变化等引起的。由于它有不平稳随机过程的特点,误差值在单调缓慢变化,因此不能像对系差那样引进一次修正量来校正,也不能像对随机误差那样按平稳随机过程的特点来处理,因而需不断校正,且测量准确度与校正周期有关。

(4)粗大误差(粗差)。粗大误差也称为过失误差,是误差值超出规定的误差。它无任何规律可循,主要是由于操作者过失或外界的重大干扰造成的,因此无法也不必校正,一旦发现必须剔除该次测量结果。

1.2.3 误差产生的原因

1.2.3.1 测量方法方面——方法误差

由于测量方法的不完善、不适当,原理上的近似,定义的不严密,以及在测量结果表达式中没有得到反映,但在实际测量中又在原理上和方法上起作用的一些因素所引起的误差统称为方法误差。

1.2.3.2 测量设备方面——设备误差

由于测量所使用的仪器、仪表、量具及附件不准确所引起的误差称为设备误差。

1.2.3.3 环境方面——环境误差

测量时由于实际环境条件与规定的条件不一致而引起的误差称为环境误差。

1.2.3.4 测量人员方面——人员误差

由于测量人员的生理特点(分辨能力、反应速度、感觉器官、情绪变化等)、心理的固有习惯(读数的偏大或偏小)、工作责任心、操作经验、知识水平等引起的误差称为人员误差。

1.2.4 精度

精度又称为精确度,是用来描述测量结果与真值的接近程度。它与误差大小相对应,因此可用误差大小来表示精度的高低,误差小则精度高,误差大则精度低。

在测试工作中,通常用准确度、精密度和精确度三个术语来分别描述系统误差、随机误差以及二者的综合误差。这三个概念的区别是:准确度是指测量值与其真值的接近程度,是测量中系统误差大小的反映,系统误差越小,准确度越高。精密度是指在相同的条件下,对同一被测量进行多次重复测量时,测量值的重复程度。说明各测量值之间的重复性或分散程度,它是测量中随机误差大小的反映。精确度是指测量结果与其真值的接近程度。它反映了测量的总误差,是精密度和准确度的综合反映。在消除系统误差的条件下,精密度和精确度是一致的,统称为精度。

精度在数量上有时可用相对误差来表示,如相对误差为0.01%,可笼统称其精度为10^{-4}。若纯属随机误差引起的,则称其精密度为10^{-4},若是由系统误差与随机误差共同引起的,则称其

精确度为 10^{-4}。

对于具体的测量,精密度高的而准确度不一定高,准确度高的而精密度也不一定高,但精密度和准确度都高时,测量精度一定高。

图1-1所示为准确度、精密度和精确度之间的关系。其中心代表真值位置,各点表示测量值位置。图1-1(a)表示精密度和准确度都高的情况,即精度高的情况。对于一切测量来说,力求做到精度高;图1-1(b)表示精密度高,但准确度不高的情况;图1-1(c)表示精密度和准确度都差。

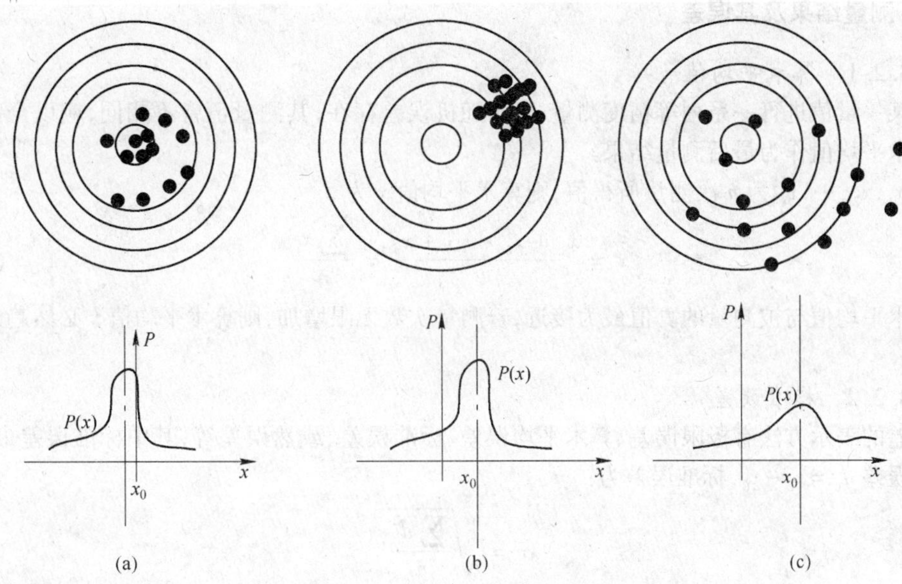

图1-1 准确度、精密度和精确度

1.3 随机误差

1.3.1 误差的正态分布定律

在消除系统误差和过失误差的情况下,对同一物理量进行多次等精度的重复测量,得到一系列不同测量值,这表明在实测数据中包含随机误差。随机误差就每一个个体而言是没有规律和无法控制的,但就误差的总体而言它服从统计规律。实际统计证明,随机误差遵循正态分布定律。正态分布定律指出了随机误差的规律性,是进行误差分析的依据。正态分布定律的数学表达式如式(1-3)所示

$$y=f(d)=\frac{1}{\sigma\sqrt{2\pi}}\mathrm{e}^{-\frac{d^2}{2\sigma^2}} \tag{1-3}$$

式中 y——随机误差 d 的概率密度;

d——测量值的随机误差;

σ——标准误差(均方根误差)。

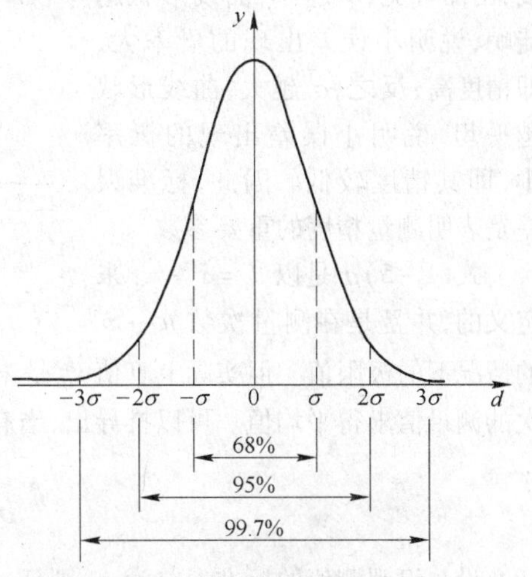

图1-2 误差正态分布曲线

由正态分布定律可做出正态分布曲线,如图1-2所示。由曲线可以看出随机误差分布特性:

(1)对称性——绝对值相等的正负误差出现的概率相等。

(2)正态性——绝对值小的误差出现的概率高,绝对值大的误差出现的概率低,绝对值很大的误差出现的概率近于零。

(3)有限性——在一定的测量条件下,随机误差的绝对值有一定的界限,超过此界限的误差概率等于零。

(4)补偿性——正号的随机误差之和与负号的随机误差之和的绝对值相等,互相抵消。

1.3.2　测量结果及其误差

1.3.2.1　算术平均值

对某一量值进行一系列等精度测量,由于随机误差存在,其测量值皆不相同,应以全部测量值的算术平均值作为最后测量结果。

设 $x_1,x_2,\cdots,x_n$ 为 n 次测量所得值,则算术平均值 $\bar{x}$ 为

$$\bar{x}=\frac{x_1+x_2+\cdots+x_n}{n}=\frac{\sum x_i}{n} \tag{1-4}$$

算术平均值与被测量的真值最为接近,若测量次数无限增加,则算术平均值 $\bar{x}$ 必然趋近于真值 x_0。

1.3.2.2　标准误差

误差的表示方法有极限误差、算术平均误差、标准误差、或然误差等,其中标准误差最常用。测量值误差 $d_0=x_i-x_0$,标准误差为:

$$\sigma=\sqrt{\frac{\sum d^2}{n}} \tag{1-5}$$

式(1-5)表明,标准误差对较大或较小的误差反应比较灵敏,它是表示测量精密度较好的一种方法。

标准误差表示正态分布曲线的形成和分散度。图1-3所示为标准误差不同的三条正态分布曲线,由图可见,σ 越小,曲线形状越陡峭,说明小误差出现的概率大,即精度高;反之,σ 越大,曲线形状越平坦,说明小误差出现的概率小,即其精度较低。因此,标准误差是表明测量精度的重要参数。

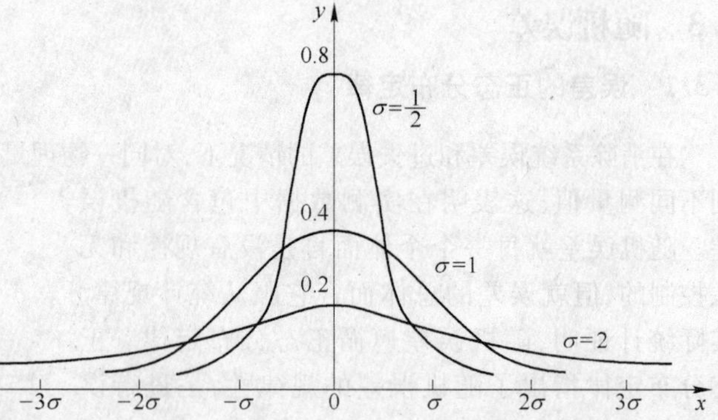

图1-3　标准误差不同的三条正态分布曲线

式(1-5)σ 是以 $d_i=x_i-x_0$ 来定义的,并且是在测量次数 $n\to\infty$ 的情况下的极限值。但实际上真值 x_0 是未知的,而且测量次数 n 也不可能是无穷大,故以有限次的测量值求得平均值。可以推导出,当有限次测量时的标准误差计算式为

$$\sigma=\sqrt{\frac{\sum d_i^2}{n}} \tag{1-6}$$

设一组观测值的标准误差为 σ,则任一观测值的误差介于 $\pm\sigma$ 范围内的概率为68%,介于 $\pm2\sigma$ 范围内的概率为95%,介于 $\pm3\sigma$ 范围内的概率为99.7%,如图1-2所示。误差出现在

$\pm 3\sigma$范围之外的概率只有0.3%，约相当于300多个数据才可能有一个数据出现在$\pm 3\sigma$之外的随机误差，则可认为不属于随机误差，而为系统误差或过失误差。工程技术测量中常用$\pm 3\sigma$表示最大可能误差$\lambda = 3\sigma$。

1.3.2.3 算术平均值的标准误差

上面所讨论的标准误差σ，是指服从正态分布的一组等精度测量中任一测量值的误差，表示其对算术平均值x_0的偏离程度，故称为单次测量误差。而在同一条件下对同一物理量作多次重复测量，各次所求出的算术平均值也不相同，表明算术平均值相对于客观真值也存在误差。所以计算算术平均值的误差，对于表征测量结果的精密度具有重要意义。下面给出算术平均值的标准误差的计算公式：

$$\sigma_{\bar{x}} = \sqrt{\frac{\sum d_i^2}{n(n-1)}} = \frac{\sigma}{\sqrt{n}} \tag{1-7}$$

式(1-7)说明，算术平均值的标准误差比测量值的标准误差小$\sqrt{n}$倍。测量次数n越大，算术平均值越接近真值，测得精度越高。

增加测量次数，可以提高测量精度，但由式(1-7)可知，测量精度与测量次数的平方根成反比。由图1-4可知，开始时n增大，$\sigma_{\bar{x}}$减小很快。到n为5~6时，$\sigma_{\bar{x}}$变化开始变慢。当$n>10$次以后，$\sigma_{\bar{x}}$变化很小。此外，由于测量次数越多，越难保证测量条件的恒定，从而带来新的误差。因此一般情况下，n在10次左右已足够。

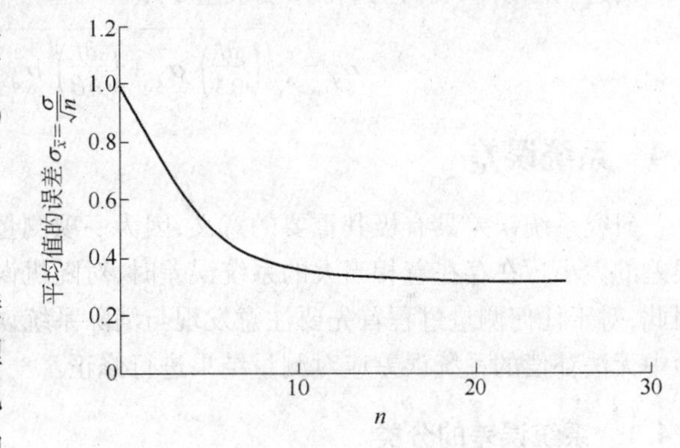

图1-4 平均值的误差

1.3.3 间接测量的误差计算

前面所介绍的误差计算都是对直接测量结果的计算。但对间接测量的物理量，是通过对与该物理量有函数关系的几个变量进行直接测量，再将各直接测得的量代入函数式中计算得出间接测量的量。因为各直接测得量总是带有一定的误差，它对间接测量的影响，反映了函数自变量的误差与函数的总误差之间存在着一定的关系，即误差的传递问题。本节只介绍间接测量误差计算方法，各方法的详细推导请参考有关参考书。

1.3.3.1 误差传递的一般公式

设有函数$Y=f(A,B,\cdots,Z)$。Y由各直接测量值$A,B,\cdots,Z$决定，且各直接测量值的误差分别为$\Delta A,\Delta B,\cdots,\Delta Z$，各标准误差分别为$\sigma_A,\sigma_B,\cdots,\sigma_Z$，间接测量的误差为$\Delta Y$，则得

$$Y+\Delta Y=f(A+\Delta A,B+\Delta B,\cdots,Z+\Delta Z) \tag{1-8}$$

将式(1-8)右端按泰勒级数展开，得

$$Y+\Delta Y=f(A,B,\cdots,Z)+\frac{\partial f}{\partial A}\Delta A+\frac{\partial f}{\partial B}\Delta B+\cdots+\frac{\partial f}{\partial B}\Delta Z+\frac{1}{2}\frac{\partial^2 f}{\partial A^2}(\Delta A)^2+\cdots$$
$$+\frac{1}{2}\frac{\partial^2 f}{\partial Z^2}(\Delta Z)^2+2\frac{\partial^2 F}{\partial A\cdot\partial B}(\Delta A)(\Delta B)+\cdots \tag{1-9}$$

略去二阶与高阶小量，得

$$Y+\Delta Y=f(A,B,\cdots,Z)+\frac{\partial A}{\partial B}\Delta A+\cdots+\frac{\partial A}{\partial Z}\Delta Z \tag{1-10}$$

$$\Delta Y=\frac{\partial f}{\partial A}\Delta A+\frac{\partial f}{\partial B}\Delta B+\cdots+\frac{\partial f}{\partial Z}\Delta Z \tag{1-11}$$

由式(1－10)和式(1－11)可见,间接测量的 Y 的最佳值可由各直接测量的 $A,B,\cdots,Z$ 的算术平均值代入函数式求得,而 Y 的误差可用式(1－11)表示。

1.3.3.2　间接测量的标准误差

设对直接测量的物理量 $A,B,\cdots,Z$ 各做了 n 次测量,可计算出 n 个 Y 值

$$Y_i=f(A_i,B_i,\cdots,Z_i,)\qquad i=1,2,\cdots,n \tag{1-12}$$

每次测量的误差可用式(1－12)以微分表示为

$$\mathrm{d}Y_i=\left(\frac{\partial f}{\partial A}\right)\mathrm{d}A_i+\left(\frac{\partial f}{\partial B}\right)\mathrm{d}B_i+\cdots+\left(\frac{\partial f}{\partial Z}\right)\mathrm{d}Z_i \tag{1-13}$$

两边平方得

$$\mathrm{d}Y_i^2=\left(\frac{\partial f}{\partial A}\right)^2\mathrm{d}A_i^2+\left(\frac{\partial f}{\partial B}\right)^2\mathrm{d}B_i^2+\cdots+\left(\frac{\partial f}{\partial Z}\right)^2\mathrm{d}Z_i^2+2\left(\frac{\partial f}{\partial A}\right)\left(\frac{\partial f}{\partial B}\right)\mathrm{d}A_i\cdot\mathrm{d}B_i+\cdots \tag{1-14}$$

根据误差正态分布定律,正负误差出现的概率相等。当 n 足够大时,则非平方项对消,得出:

$$\sum\mathrm{d}Y_i^2=\left(\frac{\partial f}{\partial A}\right)^2\sum(\mathrm{d}A_i)^2+\cdots+\left(\frac{\partial f}{\partial Z}\right)^2\sum(\mathrm{d}Z_i)^2 \tag{1-15}$$

两边同除以 n,再开方,得标准误差 σ_Y:

$$\sigma_Y=\sqrt{\left(\frac{\partial f}{\partial A}\right)^2\sigma_A^2+\left(\frac{\partial f}{\partial B}\right)^2\sigma_B^2+\cdots+\left(\frac{\partial f}{\partial Z}\right)^2\sigma_Z^2} \tag{1-16}$$

1.4　系统误差

研究系统误差具有极其重要的意义,因为一项测量结果的准确度主要取决于该测量的系统误差的大小。在存在着相当大的系统误差时,对随机误差进行的处理与所得结果都将失去意义。因此,对于任何测量过程首先要注意发现与消除系统误差,把它限制在允许的范围内。对于在实验中无法补偿的系统误差应对测量结果进行修正。

1.4.1　系统误差的分类

按系统误差的性质可分为:

(1)固定误差　测量过程中符号和数值大小都不变,如仪器的零点误差。

(2)累进误差　在测量过程中,随某个因素(如时间、长度)而递增或递减,就像用不准确的尺子测量大距离。

(3)周期性误差　误差的数值与符号呈周期性的变化,如辊轴偏心等。

(4)变化规律复杂的误差　需要用公式或曲线表示其变化规律的误差,如光线示波器振动子的圆弧误差。

1.4.2　发现系统误差的简单方法

1.4.2.1　通过观察偏差发现系统误差

一组观测值,在测量条件不变且只有随机误差存在时,各观测值应在算术平均值两侧波动。当存在着变化的系统误差且大于随机误差时,观测值的大小和符号变化趋势取决于系统误差的变化规律,偏差的符号也必然取决于系统误差的变化规律,这是发现变化系统误差的依据。可有下列判断方法:

(1)将观测值依次排列,如偏差的大小有规则地向一个方向变化,即前面为负号,后面为正

号，且符号为（－－－－＋＋＋＋）或相反（＋＋＋＋－－－－），则说明该组观测值含有累进的系统误差（图1－5）。如中间有微小波动，则说明有随机误差的影响。

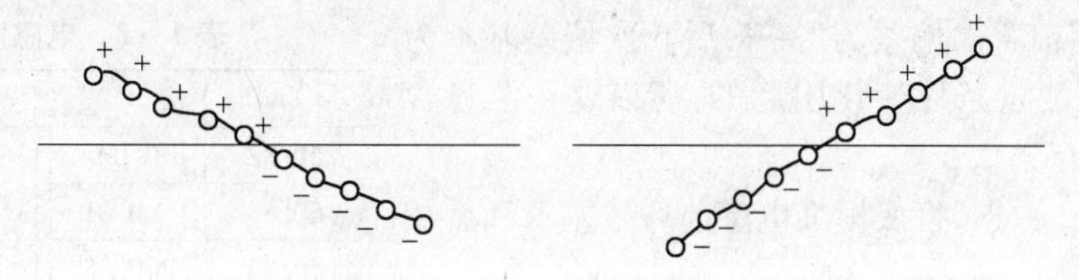

图1－5 累进的系统误差

（2）将观测值依次排列，如偏差符号作有规律交替变化，则测量中含有周期性误差。如中间有微小波动，则说明有随机误差的影响（图1－6）。

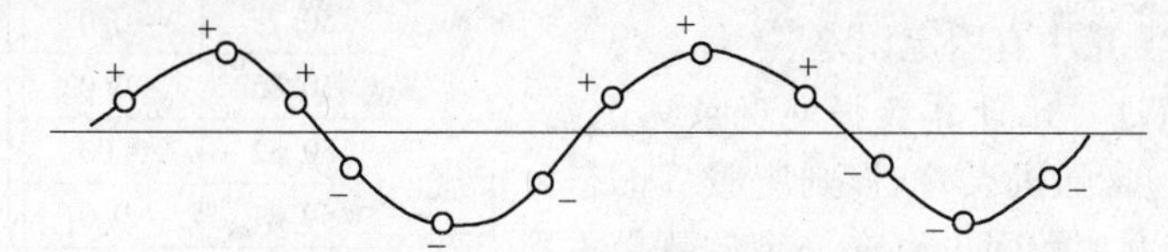

图1－6 周期性随机误差

例1－1 对恒温箱的温度测量10次，其结果见表1－1，由偏差符号与大小可见，测量中有累进性误差。

表1－1 恒温箱温度测量结果

x_i/℃	v_i/℃	x_i/℃	v_i/℃
20.06	－0.06	20.14	＋0.02
20.07	－0.05	20.18	＋0.06
20.06	－0.06	20.18	＋0.06
20.08	－0.04	20.21	＋0.09
20.10	－0.02	$\bar{x}$ 20.12	－0.23
20.12	0.00		＋0.23

（3）在某一测量条件时，测量偏差基本上保持相同符号，当变为另一测量条件时偏差均变号，则表明测量中含有随测量条件改变而变化的固定误差（图1－7）。

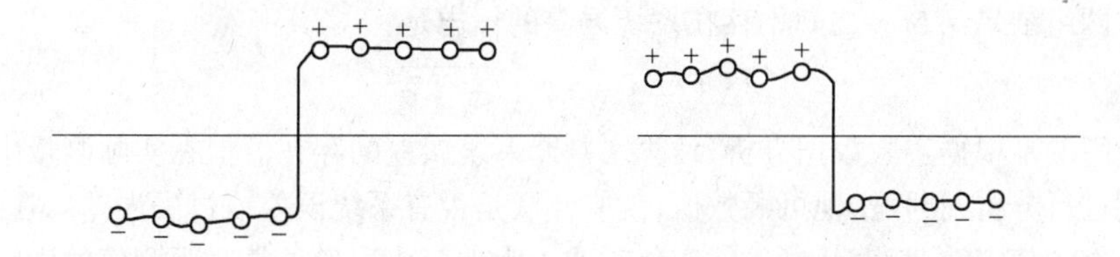

图1－7 固定系统误差

以上三个方法只有在系统误差比随机误差大时，才能发现系统误差。

（4）按测量次序，若观测值前半部分偏差之和与后半部分偏差之和的差值明显不为零，则该测量中含有累进误差。若测量条件改变前偏差之和与改变后偏差之和的差值显然不为零，则该测量中含有随条件而变化的固定误差。如表1－1数据：

$$\begin{aligned}\Delta &= (-0.06-0.05-0.06-0.04-0.02)-(0.00+0.02+0.06+0.06+0.09)\\ &= (-0.23)-(+0.23) = -0.46\end{aligned}$$

Δ 显著不为零,故测量中有累进误差。

例 1－2　测量电感,前 4 次用一个标准电感,后 6 次用另一个标准电感,测量结果见表1－2。由测量结果算得前 4 次偏差为“＋”,后 6 次偏差基本为“－”,显然这是测量条件变化引起的,所以这一测量含有固定误差。

表 1－2　电感测量结果

x_i/mH	v_i/mH	
50.82	0.00	均为“＋”
50.83	+0.01	
50.87	+0.05	
50.89	+0.07	
50.78	−0.04	基本均为“－”
50.78	−0.04	
50.75	−0.07	
50.85	+0.03	
50.82	0.00	
50.81	−0.01	
$\bar{x}$ 50.82		

根据表 1－2 数据,将换标准电感前后残差求和后相减:

$$\Delta = (0.00 + 0.01 + 0.05 + 0.07)$$
$$-(-0.04 - 0.04 - 0.06 - 0.07 + 0.03 + 0.00 - 0.01)$$
$$= (+0.13) - (-0.13) = +0.26$$

Δ 甚大,表明测量中有固定误差。

1.4.2.2　通过对比计算数据发现系统误差

当观测值只包含随机误差时,则应服从正态分布规律,观测值的精密度参数间也存在一定的数量关系。若不服从正态分布规律,则应怀疑有可能存在系统误差。

(1)对一组观测值,依次计算出观测值出现的频数,再在正态概率法上描点,横坐标为各观测值,纵坐标为累积频数,如图 1－8 所示。若各点在一直线上,表明只含随机误差,尤其是中间各点应在直线上。若中间各点明显不在直线上,即连不成一条直线,则表明含有系统误差。

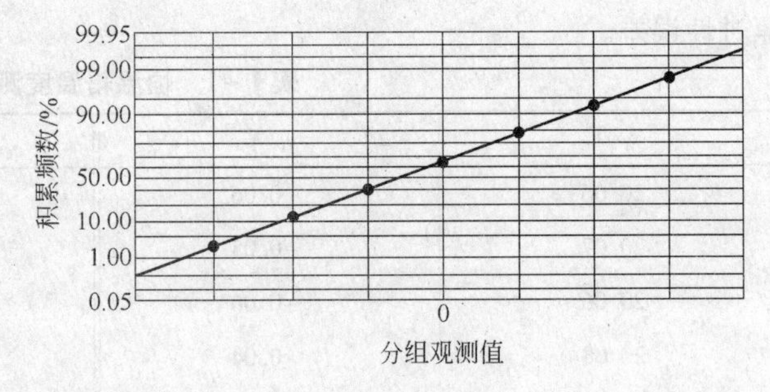

图 1－8　正态概率法

(2)对同一量有多组观测值,并知它们的算术平均值和标准误差为

$$\bar{x}_1 \pm \sigma_1, \bar{x}_2 \pm \sigma_2, \cdots, \bar{x}_n \pm \sigma_n$$

而任意两组结果之差为:

$$\Delta\bar{x} = \Delta\bar{x}_i - \Delta\bar{x}_j$$

其标准误差为:

$$\sigma = \sqrt{\sigma_i^2 + \sigma_j^2}$$

则任意两组结果 $\bar{x}_i$ 与 $\bar{x}_j$ 之间不存在系统误差的标志是:

$$\Delta\bar{x}_i - \Delta\bar{x}_j < 2\sqrt{\sigma_i^2 - \sigma_j^2}$$

以上介绍的是根据实验数据分析、计算来判断系统误差的存在。但在实际测量中,应对每一观测值即刻进行分析判断,发现可疑数值,就应怀疑是否有系统误差或过失误差。在测量中经常检查仪器工作的稳定性,观察环境条件变化时或人为地变化测量条件对观测值的影响,是及时发现系统误差的有效办法。如经常检查仪表的零点位置和零点漂移,用应变仪的标定装置检查有无系统误差存在。

1.4.3　系统误差的消除

系统误差的消除工作,首先在实际测量之前就应着手进行。对于测量过程的每一环节都要分析可能产生系统误差的根源,并采取相应的防止措施。其次才是测量当中观察判断有无事先没有考虑到的系统误差存在,再及时消除或修正。

在选择实验方案、测量方法时，就应考虑消除系统误差的可能性。如采用应变片测量时，为消除温度变化引入的误差，补偿片与工作片一同贴在被测试件上使之处于同一温度效果最好。又如扭矩测定中，为消除轴向力与弯矩引入的误差就要选择最合理的贴片组桥方案。在测量之前对测量仪器仪表进行检查校正，如仪器的灵敏度、稳定性、调节换挡的准确性等。仪器本身没有达到技术指标规定的精度，常是系统误差的主要来源，因此实验前鉴定仪器是非常必要的。合乎技术指标规定的仪器，其各项精度指标给定的误差范围（如频率特性小于±3%），在使用中就要当作随机误差处理。对于凡是实验前可以由选择实验方案和调整测量仪器来消除的系统误差均应消除。否则就应采用补偿、修正的办法消除，如有的应变仪对应变片的阻值、导线长度有一定要求，在实测时不能满足这些要求时就应对测量值进行修正，以消除系统误差的影响。

1.5　过失误差与可疑数值的舍弃

过失误差是由于测量人员主观因素或测量条件意外地突然改变造成的，如读数错误、记录错误、计算错误、外界振动冲击、电源电压变化、仪器失灵等因素。在测量过程中，若当时发现有错误数据，可当场舍去。从观测记录中划出，但必须注明原因。在测量之后，如发现某观测值与其他观测值相差很大，则可怀疑存在过失误差。因此，除在测量中尽量避免产生过失误差外，还应在数据处理时，按可疑值的取舍准则来判断。通常用来判断可疑值的有赖特准则和肖维纳准则。

1.5.1　赖特准则（3σ 准则）

根据随机误差的正态分布，误差在 $\pm 3\sigma$ 间出现的概率为99.7%，误差在此范围以外出现的概率只有0.3%，即测量300次才能遇上一次。对于通常只测量一二十次的试验，误差超出 $\pm 3\sigma$ 范围的已不属于随机误差，而是过失误差。因此规定：当某一测量值的误差 $(x_i - \bar{x})$ 超过 $\pm 3\sigma$ 时，则判断为过失误差，应予舍弃。然后重新计算 σ 值，并重新判断其他剩下的测量值。

1.5.2　肖维纳准则

在 n 次测量中，某一误差可能出现的次数小于半次者，就认为是过失误差，应予舍弃。其具体步骤如下：

（1）求出包括可疑值在内的各测量值的算术平均值和标准误差；

（2）计算可疑的较大偏差与标准误差之比；

（3）根据表1-3所列 n 与 C 值决定数据的取舍，若测量偏差与标准误差的比值大于表1-3中的 C 值时，可认为是过失误差，则可舍弃此数据。

表1-3　肖维纳准则中的 C 值

n	5	6	7	8	9	10	11	12	13	14	15
C	1.65	1.73	1.79	1.85	1.92	1.96	2.00	2.04	2.07	2.10	2.13
n	16	17	18	19	20	21	22	23	24	25	26
C	2.16	2.18	2.20	2.22	2.24	2.26	2.28	2.30	2.31	2.33	2.34
n	27	28	29	30	40	50	60	70	80	90	100
C	2.35	2.37	2.38	2.39	2.49	2.58	2.64	2.69	2.74	2.78	2.81
n	200	300	500	1000							
C	3.02	3.14	3.29	3.48							

此外，还有格拉布斯准则、狄克逊准则、罗曼诺夫斯基准则（t 检验准则），可参考选用。

1.6　有效数的修约与运算

1.6.1　近似值

在实验过程中，物理量大多由观测所确定，任何测量的准确度都是有限的，即测得值是一代表真值的近似值，只能以一定的近似值来表示测量结果。因此，测量结果数值计算的准确度就不应该超过测量的准确度，如果任意地将近似值保留过多的位数，反而会歪曲测量结果的真实性。在测量和数字运算中，确定该用几位数字来代表测量值或计算结果是一件重要的事情。测量某被测量得到的近似值往往是实验结果的根据，是实际工作的基础。

在运用近似计算法进行计算时，所得结果亦为近似值，通常在保证能达到所要求的近似程度的前提下，应使计算工作合理简化，即一方面应避免盲目追求不切实际、没有必要的精确计算；另一方面又要保证达到要求的精确程度。

任何测量仪器都有一定的读数分辨率。在读数分辨率以下，测量的数值是不确定的。它通常是仪器标尺的最小分度或它的十分之一。多取数据的位数，并不能减小测量误差，相反，会使计算复杂，并造成误差。因此，测量数据的位数，应与其测量误差相适应。例如，用分度值为 0.01mm 的外径千分尺测一圆柱体的外径，测得尺寸为 74.986mm，这里 0.01mm 就是分辨率的最小单位，最后一位“6”是估读的，只保留一位估读的数字。

一个数据，从第一个非“0”的数字开始，到（包括）最后一位唯一不准确的数字为止，都是有效数字，有效数字的位数，称作有效位数。如上面的 74.98 是准确数字，0.006 是不准确数字，74.986 都是有效位数。一个近似数有 n 个有效数字，也称这个近似数有 n 个数位。

小数点的位置不影响有效数字的位数，1.23、0.123、0.0123 三个数都是三位有效数字。

在判断有效数字时，要特别注意“0”这个数字，它可以是有效数字，也可以不是有效数字。如 0.00286 的前面 3 个“0”均不是有效数字，因为这 3 个“0”与 0.00286 的精确度无关，只与测量单位有关。然而 280.00 的后面 3 个“0”，均为有效数字，因为这 3 个“0”与 280.00 的精确度有关。对待近似数时，不可像对待准确数那样，随便去掉小数点部分右边的“0”，或在小数点部分右边加上“0”。因为这样做的结果，虽不会改变这个数的大小，却改变了它的精确度。

有效数字的科学表示法，在工程上对近似数右边带有若干个“0”的数字，常写成“$a \times 10^n$”形式（$1 \leq a < 10$），这时有效位数由 a 确定。如 4.60×10^3 和 4.6×10^3 分别表示为有 3 位和 2 位有效数字，两者的精度是不同的。

1.6.2　修约规则

有效位数后面的数字，即多余的位数，应按数据修约的国家标准（GB 8107—1987）的规定，作修约处理。有效数字位数确定之后，其余数字一律舍去。简单地说，就是按“四舍六入五留双”的规则。

（1）拟舍弃的数字最右一位小于 5 时，舍去。如 56.846 修约成 3 位，则为 56.8（拟舍弃的数字为 46，最左一位为 4）。

（2）拟舍弃的数字最右一位大于 5 或等于 5 且其后还有非“0”的数字时，则进 1，即保留末位数再加 1。如 56.96 修约成 3 位则为 57.0（不能写成 57），56.852 修约成 3 位则为 56.9。

（3）拟舍弃的数字最右一位恰好等于 5 且其后没有数字或皆为“0”，则看“5”前面的数字：为奇数时去 5 进 1，为偶数时去 5 不进。如 675.5 及 87650 两数，都修约成 3 位则分别为 676 和

876×10^2。

1.6.3 近似数的运算

近似数的运算如下：

(1)当几个数做加减运算时，在各数中以小数位数最少的一个数为准，其余各数舍入至比该数多一位，然后进行运算，运算结果修约至小数位最少的一个数为准。

例如：

$156.1+85.72+23.453+6.81523\approx156.1+85.72+23.45+6.82\approx272.09\approx272.1$

(2)当几个数做乘除法运算时，在各数中以有效数字个数最少的一个数为准，其余各数舍入至比该数多一个有效数字，而与小数点位置无关，然后进行运算，运算结果修约至有效位数最少的一个数为准。

(3)当几个数做乘方或开方运算时，计算结果的有效位数应与原来近似数(被乘方或开方数)的有效位数相同。乘方与开方实质上是乘、除运算，故采用乘、除运算规则。

(4)做对数运算时，n 位有效数字的数据应该用 n 位或($n+1$)位对数表。

(5)在三角函数的运算中，函数值的位数应随角度误差的减小而增多，当角度误差为10"、1"、0.1"及0.01"时，对应的函数值位数应为5、6、7及8位。

(6)计算平均位时，若参加平均的数字有4个以上，则平均值的有效数值可多取一位。

(7)如运算所得的数据还要进行再运算，则该数据的有效位数可比应截取的位数暂时多保留一位数字。

(8)在整理最后结果时，需按测量结果的误差进行化整，表示误差的有效数字最多用两位。例如(22.84+0.12)cm等。当误差第一位数为8或9时，只需保留一位。测量值的末位数应与误差的末位数对应。

1.7 实验数据表示法

实验数据表示法，通常有列表法、作图法和方程法三种。它们各有优缺点，同一批数据不一定同时需要用这三种方法表示，应根据实际需要选用。

1.7.1 列表法

列表法就是将一组实验数据中的自变量与因变量依一定的顺序一一对应列于表中。它的优点是可以直接表示出自变量与因变量的数量关系，且制作简单、形式紧凑。其缺点是不易看出函数的确切规律，只能估计出函数是递增、递减或周期性等趋势。且表格不能给出全部函数值，若需要表中未列出的特定值时需要内插法或外推法求得。

1.7.1.1 表格的种类

表格可分为记录表和应用表两种。

(1)记录表。记录表是实验的原始记录表格，用来直接记录测量条件、各测量参数的原始值，中间计算和最终计算的结果。它记录了测量的全部原始数据，这是极可贵的原始资料，应妥善保存。实验记录表格应在实验前设计制作好，表格的制作应考虑项目完善，要使非记录者也能够正确利用表格的数据，不允许有遗漏项目，并便于记录和计算，不应将数据随意或分散写在零乱小纸上。对原始记录表内数据不应随便涂改，如遇有已判明错误数据应注明舍弃，而不是不加说明的划掉。原始记录表的数据一般不应反复改写，以免产生人为的过失误差。

(2)应用表。应用表是已经加工整理的数据表格，以简明的形式直接给出测量结果及各因素相互间的数量关系。它可只应用一个记录表的一部分,也可综合几个记录表的数据。如轧钢机现场的综合测定,由于测量参数多,测量点分散,常用几个记录表记录不同的参数,再综合为可以应用于计算的综合表格。

1.7.1.2　制定表格时应注意的事项

一个完整的函数式表,应包括表的序号、名称、项目、说明及数据来源。

当实验中应用表格较多时,应对各表格编以序号,同时在表格的上边写明表格的简要名称,在表的下边注出数量来源或附以必要的说明。表内各项目的标题栏应写明参数名称及单位,并尽量用共同采用的符号表示。当项目较多或表格较长时,各项目也应编以序号注在对应项目下,以便使用。

表内数值的写法应注意整齐统一,下面是一些书写规则:

(1)在各参数的标题栏内注明单位后,则表内只填写数值,不再重标单位。

(2)数值为零时应记为"0",数值空缺时记为"/"。

(3)数值的有效数字的位数应按测量精度确定。

(4)若各数值的有效数字位数很多时,且只有后面几位有变化,可以只将第一个数值写出全部位数,以后的数值只写出有变化的数字。

(5)数值写法应整齐统一,同一竖行的数值,个位数及小数点应上下对齐。

(6)当数值过大或过小时,应以10^{+n}或10^{-n}表示,n为整数。

(7)自变量常取整数,按增加或减小的顺序排列,且相邻二数值之差一般为1,2或5乘以10^n,n为整数。间距过大,使用时需要的内插过多;间距过小,则表的篇幅太大。

1.7.2　作图法

作图法就是将所研究的函数的变化规律在平面坐标中以曲线形式表示出来,此曲线称为实验曲线。作图法的优点在于形式简单直观,便于比较,易于找出数据中最高点或最低点、转折点、周期性等。作图法的缺点是不便于进行数学分析,且作图不精确时所得数值误差较大。

作图可有如下步骤:图纸选择、坐标分度与标记、描点与作曲线、注解或说明。

1.7.2.1　图纸选择

图纸通常有直角坐标、极坐标和对数坐标等,可根据图形要求选定。图纸上的坐标线要均匀准确,稀密合适,以便绘出大小合适的图形。

1.7.2.2　坐标的分度与标记

一般直角坐标的横坐标代表自变量,纵坐标代表因变量。坐标分度就是确定沿x轴和y轴的坐标(单位长度)所代表的数值大小。

(1)分度比例的确定。坐标分度比例是指横坐标的刻度与自变量的比例,纵坐标的刻度与因变量的比例。若自变量和因变量的数值是从实验和计算得出来的,则每一数值(自变量和因变量)都带有一定的误差。因此图中的每一"点",就不是一个"点",而是一"小矩形",其x方向的边长表示自变量的误差,y方向的边长表示因变量的误差,"矩形"的中心代表算术平均值,真值应在此矩形之内。图1-9所示为用两倍标准误差作误差的合理范围画图,这样所得曲线介于ab和$a'b'$二线之间的概率占95%。所以严格来讲,只有对测量数值分析了误差之后,才可以决定坐标的分度比例。而正确的坐标比例是应使得实验"点"近似于正方形,即$2\Delta x=2\Delta y=2\sim4$mm。这样绘图误差不会使自变量和因变量的偏差超过$2\Delta x$和$2\Delta y$的范围,不影响自变量和因变量的精度,因而所得曲线能正确地反映出被测参数的变化规律。只有根据自变量和因变量误差来选择坐标分度比例,才能得到准确的函数关系曲线。否则就会由于选取的坐标分度比例不

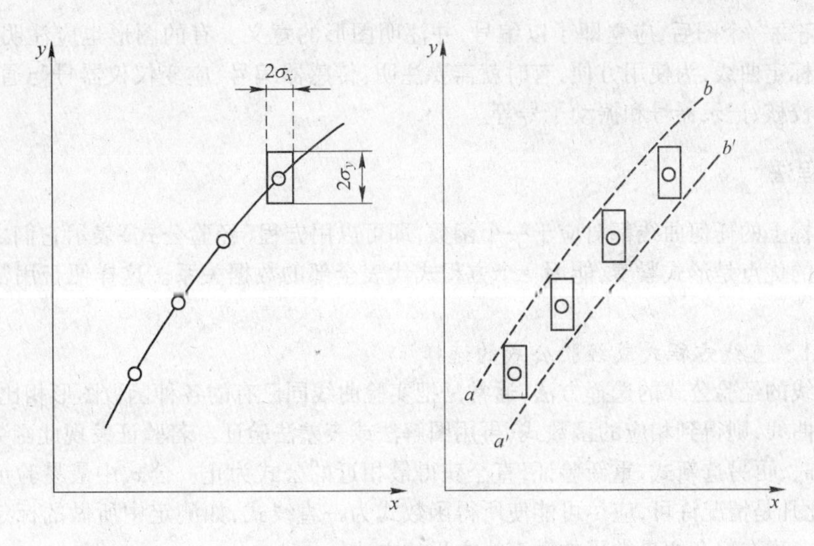

图1-9 描点示意图

合适而导致错误结论。

这样根据实验数据的误差及所要求"点"的大小,就可以确定坐标的分度比例。若自变量与因变量的误差相等,习惯上用小圆圈"。"代表各点。

(2)分度值的选择应使每一点在坐标纸上都能迅速方便地找到。一般凡主线间分为10等份的直角坐标纸,各线间的距离,应以1,2,4,5作为分度最方便,避免用3,6,7,9分度。

(3)坐标的最小分度,应使坐标的最小格与测量数据的最后一位有效数字相当。即实验数据的不准确值,不超过1~2最小格。

(4)坐标的分度不一定自零起。在一组数据中,自变量与因变量均有最低值与最高值,可用低于最低值的某一整数作起点,高于最高值的某一整数作终点,以使所得图形能占满全幅坐标纸为宜。

(5)直线为曲线中最易做的线,使用也方便。在处理数据时,最好能将变量加以变换,使图形尽可能为一直线。

(6)分度的选择,应使得所得曲线的斜率近于1(即倾斜45°)。凡按上面分度规则所画的图,曲线的几何斜率一般均近于1。

(7)分度的标记,一般只把坐标纸上主坐标的分度值标记出。标记时所用有效数字位数应与原数据有效数字相同。

1.7.2.3 描点与作曲线

根据数据描点的作法比较简单,只要把各点按其数值描于坐标纸上即可。若在同一坐标上表示出多条曲线时,则各条曲线的点应用不同记号标出,并要注明。

作曲线的方法如下:

(1)曲线一般应通过尽可能多的点,且与曲线外的其余点尽可能接近。

(2)曲线两侧的点数应大致相等。

(3)若绘出准确的曲线应使曲线一侧各点的偏差(沿纵坐标)之和等于另一侧各点的偏差之和,并且应使偏差的平方和为最小。

(4)曲线不必通过图上各点以及两端的任意一点,因为两端点精确度较差。

(5)作曲线时应借助曲线尺或曲线板,画出曲线。

(6)作完每一个图后,应立即予以编号,并注明图形的意义。有的图形也应注明数据来源,如传感器的标定曲线,为使用方便,有时就需要注明:传感器编号、应变仪仪器号与通道号、导线号、灵敏度、校核、记录器号和振动子号等。

1.7.3　方程法

平面坐标上的任何曲线都对应于一个函数,即可以用方程(经验公式)表示它们之间的数量关系。它们的优点是形式紧凑,能用一个方程式代表全部的数据关系。这样便于用数字技术进行分行处理。

1.7.3.1　*直线方程式或经验公式的选择*

各种曲线的经验公式的选择方法,通常是把实验曲线同已有的各种函数图形相比较,找到最相似的函数曲线,则得到相应的函数式,再用图解法或表差法验证。若验证发现此函数式不能代表实验曲线时,再另选新式,重新验证,直至获得最相近的公式为止。公式中最易验证的是直线方程式,因此凡是情况许可,应尽可能使所得函数式为一直线式,如测定中所做的标定曲线就是一直线方程。现在仅介绍最常用的做直线方程的方法。

1.7.3.2　*直线方程式或经验公式中常数的求法*

常数的求法很多,主要的是根据计算的简便和所要求的精度去选择。最常用的有直线图解法、联立方程法、平均值法和最小二乘法。

A　*直线图解法(描点法)*

凡所选定的公式可以直接描述为一条直线或经过适当处理后能改为直线者,均可采用此法。

(1)列表。将实验得到的数据(x,y),从小到大顺序排列,列成表格,见表1-4。

表1-4　实验所得数据

x	1	3	8	10	13	15	17	20
y	3.0	4.0	6.0	7.0	8.0	9.0	10.0	11.0

(2)描点连线。将表中x,y的各组对应值作为点的坐标,标在直角坐标纸上,画一直线,使该直线尽可能靠近各个点,如图1-10所示。

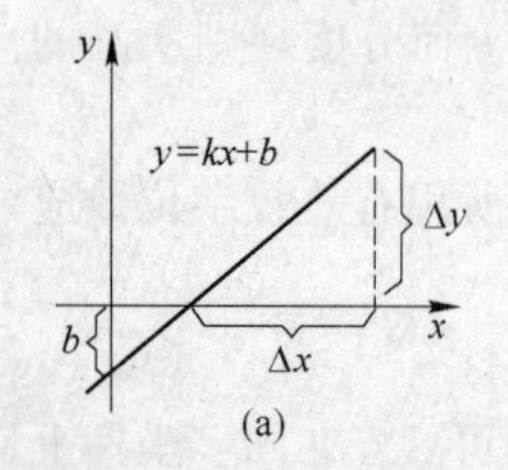

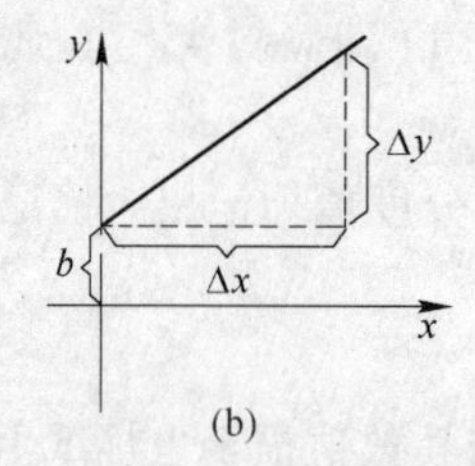

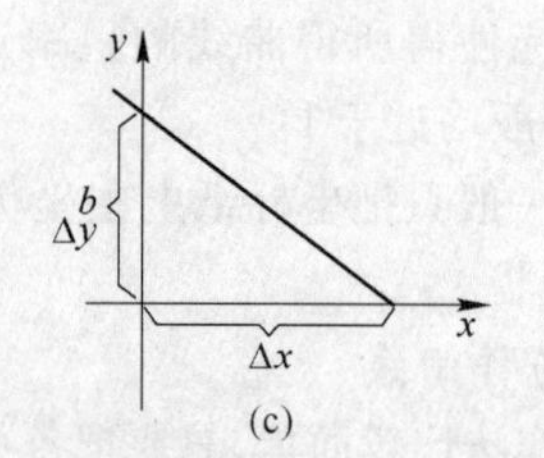

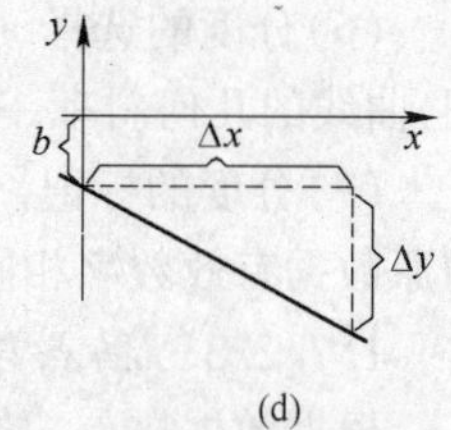

图1-10　直线图解法

该直线方程为

$$y = kx + b \tag{1-17}$$

式中　k——直线的斜率,$k=\dfrac{\Delta y}{\Delta x}=\tan\alpha$;

　　b——直线在y轴上的截距。

式中的k和b有正、负之分,它们可由图中直接取得,当不易由图上取得时,可按下式计算

$$k=\frac{y_2-y_1}{x_2-x_1};b=\frac{y_1x_2-y_2x_1}{x_2-x_1} \tag{1-18}$$

式中,(x_1,y_1)、(x_2,y_2)可以是直线上的任意两点。但为获得最大准确度,希望两点间距愈远愈好。又为计算方便,可取 x_1、x_2 为曲线与 x 轴相交在二主坐标上的两个点。

图解法的精确度一般估计为0.2% ~0.5%,即所求常数的有效数字不超过三位时,此法可满足要求。图解法除画点时有误差外,求直线位置时,同样有误差,总精确度接近于0.5%。

根据表1-4实验数据作图可得 $b=2.73$

计算:

$$k=\frac{11.09-2.73}{20.0-0}=0.418$$

故直线方程为 $y=0.418x+2.73$

对精度要求不甚高时,可用此法求 k、b,因为此法简单。

B 联立方程法(选点法)

对精度要求不甚高时可用此法,因为此法比较简便。

设方程中有 n 个常数,则列 n 个方程,将实验数据 n 组(x,y)值逐次代入方程,联立求解,得 n 个常数值。

在直线方程 $y=kx+b$ 中,有两个常数 k、b,只要两组实验数据代入即可解得 k、b。

设选用表1-4中的第二、第七组数据,代入

$$4.0=3k+b$$
$$10.0=17k+b$$

求得 $b=2.72$;$k=0.428$

$$y=0.428x+2.72$$

当实验数据精确度很高时,此法与图解法的精确度不相上下。

C 平均值法(平均选点法)

上述联立方程法只应用了一组观测值的二点数据,没有充分利用全部实验数据。对精确度要求较高时,常用平均值法。平均值法的原理是:在一组观测值中,正负偏差出现的概率相等,故在最佳代表线上,所有偏差的代数和应该为零。

求直线方程的计算步骤如下:

(1)将所测得的 n 对测定值(x,y)代入,得 n 个方程;

$$3.0=k+b \qquad 8.0=13k+b$$
$$4.0=3k+b \qquad 9.0=15k+b$$
$$6.0=8k+b \qquad 10.0=17k+b$$
$$7.0=10k+b \qquad 11.0=20k+b$$

(2)将 n 个方程任意分为两组,使每组中的方程数量相等;

(3)每组各方程相加并为一式,共得两个方程

$$20.0=22k+4b$$
$$38.0=65k+4b$$

(4)联立解上述方程,得 b,k

$$b=2.7 \quad k=0.42$$

所以
$$y=0.42x+2.7$$

D 最小二乘法

此法是这几种求常数方法中最好的方法,计算精度高,但计算较繁。

利用此法求直线的常数时,需要以下两个假定:

(1)所有自变量的各个给定值均无误差,因变量的各值则带有测量误差;

(2)最佳的直线是能使各点与直线的偏差的平方和为最小。

图 1－11 所示的各点偏差 d_i 是用沿 y 轴方向距离表示,而不用与直线的垂直距离表示。为便于说明问题,图 1－11 中 d_i 是放大表示的。

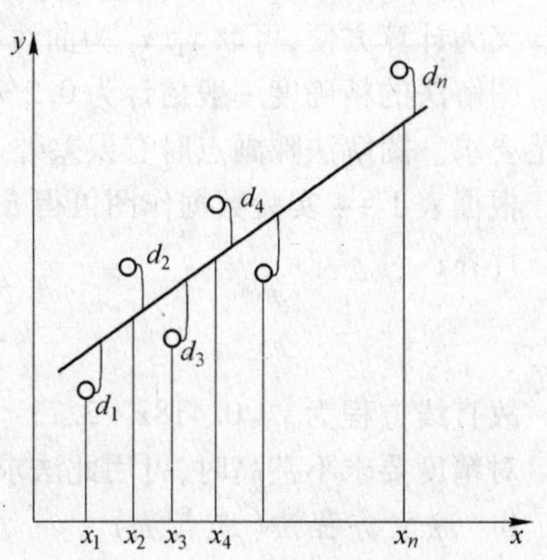

图 1－11　最小二乘法

设有 n 个试验点 (x_i, y_i) 符合直线方程 $y = kx + b$

令偏差 $d_i = y_i - y = y_i - kx_i - b$

$$Q = \sum d_i^2 = \sum (y_i - kx_i - b)^2$$

由微积分中求极值的方法,Q 有最小值的条件是:

$$\frac{\partial Q}{\partial b} = -2(y_1 - kx_1 - b) - 2(y_2 - kx_2 - b) - \cdots - 2(y_n - kx_n - b) = 0$$

得
$$\sum y_i - k\sum x_i - nb = 0$$

同理有

$$\frac{\partial Q}{\partial k} = -2x_1(y_1 - kx_1 - b) - 2x_2(y_2 - kx_2 - b) - \cdots - 2x_n(y_n - kx_n - b) = 0$$

得
$$\sum x_i y_i - k\sum x_i^2 - b\sum x_i = 0$$

解联立方程得

$$k = \frac{n(\sum x_i y_i) - (\sum x_i)(\sum y_i)}{n(\sum x_i^2) - (\sum x_i)^2}$$

$$b = \frac{(\sum x_i^2)(\sum y_i) - (\sum x_i)(\sum x_i y_i)}{n(\sum x_i^2) - (\sum x_i)^2}$$

对前组数据可分别计算出

$$\sum x_i = 87, \sum y_i = 58, \sum x_i^2 = 1257, \sum x_i y_i = 762.0, n = 8$$

代入上式求出 $k = 0.422$, $b = 2.66$,则得方程 $y = 0.422x + 2.66$。

2 材料成型实验技术

2.1 相似理论

2.1.1 概述

2.1.1.1 相似理论的产生

自然界和工程中的各种物理现象的规律性,往往表现为描述该现象特征的各个物理量之间存在着一定的函数关系。为了揭示客观现象的规律性,一般采用两种研究方法,即实验研究方法和理论研究方法。而这两种方法都有其局限性和缺点,实验的方法受到很多条件的限制,以及无法在实验中孤立的改变某一个物性参数,而保持其他的参数不变;理论分析的结果也往往只能近似地反映事物的内部规律,缺乏可用性和准确度。

随着科学技术的不断发展,人们所研究的自然现象和需要解决的实际问题愈来愈复杂,想要通过实验和理论的方法已经不能够解决这些复杂的实际问题,在这个基础上人们便创造了一种新的研究方法——相似理论,它综合了理论研究和实验研究两种方法的优点,可以使描述现象的微分方程用实验方法来求解,它是一种成功的求解微分方程和整理实验数据的特殊的物理数学方法,目前,这种方法已经得到广泛的应用。

2.1.1.2 相似理论的发展历程

相似理论是近200年来产生的一门新的学科。关于相似现象这个概念的起源,还得追溯到17世纪中叶。早在1606~1638年间,俄国学者米哈伊洛夫、意大利学者伽利略等都曾从力学相似的某种情况提出过相似的概念。这是相似理论的萌芽时期。

对于相似理论这门学科的英明预见,是在1686年由著名科学家牛顿在他的著作《哲学原理》中提出的。牛顿去世后,关于相似问题的研究在一段很长的时间内处于停滞状态。

1822年,傅里叶在《导热分析理论》这本著作中,提到了两个冷却球体的温度场相似的条件,同时还提到描述物理现象的方程式中各项必须具有相同的量纲的问题。

上面所谈到的有关相似的概念,都只是在个别情况下提出的,但它是相似理论这门新科学形成的初始阶段。

直到1848年,法国科学院院士波特朗在分析力学方程的基础上首先确定了相似现象的基本性质,构成了相似第一定理,即相似现象对应点的同名相似准则相等。

相似第一定理提出后不久就有很多科学家应用它。例如,柯西把它应用于声学现象。19世纪中叶末期,雷诺将这个定理应用到流体力学中,并把水、空气、蒸汽和各种油类在通道内流动时流动阻力的实验数据整理成便于实际应用的公式,从而使人们从18世纪以来积累的大量经验公式中解放出来。用相似准则雷诺数来描述流体沿着管道流动时的规律,使流体力学在其发展史上大大地向前跨进了一步。1909年,俄国杰出的空气动力学家茹科夫斯基将相似理论应用于气体力学,使得用模型进行实验的结果可以应用到与模型相似的飞机上去。1910年,努谢尔特又用相似理论研究了换热过程。这些都是在相似理论发展初期,应用它有效地解决工程实际问题的例子。

相似第二定理,确定了微分方程的积分结果可以用相似准则之间的函数关系来表示。这种有相似准则组成的准则方程对于所有相似的现象完全相同,而相似准则是从描述过程特征的微分方程中推导出来。

1911 年,俄国学者费德尔曼提出了相似第二定理。三年后 1914 年美国学者柏金汉在特定的条件下证明了量纲分析的 π 定理。

1925 年,艾琳菲斯特－阿法那赛耶瓦指出,微分方程必须满足齐次性条件才可使其积分值表示为相似准则的函数形式。同年,他又在最一般的情况下,对于自然界的任何相似现象推导出相似第一定理和第二定理。至此,关于相似现象性质的学说基本就完成了。

相似第一定理和相似第二定理都是在现象已经相似的基础上导出的。这两个定理确定了相似现象所具有的性质。但是,他们并没有指出确定任何两个现象相似的原则。那么应根据什么样的原则来判断现象之间是否相似呢?

相似第三定理——现象相似的充分和必要条件是单值性条件相似,而且有单值性条件包含的物理量所组成的相似准则相等。这个定理是 1931 年苏联著名学者基尔皮乔夫和古赫曼提出的,并于 1933 年基尔皮乔夫给出了证明。后来基尔皮乔夫和科那柯夫以及沃斯克列先斯基等人又用其他方法证明了这个定理。

有上述可以看出,自然现象相似的学说,是从研究相似现象的性质开始,而后逐渐形成的关于实验数据处理方法的理论。与其他学科的产生和发展一样,相似理论的形成和发展是同生产实践的发展密切相关的,反过来,相似理论的发展又推动了生产的发展。这是一切科学发展的规律。

2.1.2　相似定理

2.1.2.1　几何相似和物理相似

两个系统几何相似是指这两个系统中相对应部分的长度保持相同的比例。例如,两个相似三角形 $A'B'C'$ 与三角形 $A''B''C''$,它们的对应边长度保持相同的比例:三角形 $A'B'C'$ 与三角形 $A''B''C''$ 相似。

几何相似的概念可以推广到其他物理量相似。例如时间相似是指两个系统中相对应的时间间隔保持相同的比例,力相似是指两个系统对应点上的作用力方向一致、大小保持相同的比例;温度相似是指两个系统对应点的温度保持相同的比例等等。两个现象物理相似是指现象的物理本质相同,且各对应点上和各对应瞬间与该现象有关的各同名物理量部分分别保持相同的比例,亦即各对应点上与该现象有关的各同名物理量保持相似。

2.1.2.2　相似三定理

A　相似第一定理

两个相似现象中,同类物理量成常数比,该比值称为相似系数,各相似系数的关系方程与各物理量的关系方程相同。

例如:进行运动学模拟实验时,力和加速度的关系

$$F_p = m_p a_p \quad （原型） \tag{2-1}$$

$$F_M = m_M a_M \quad （模型） \tag{2-2}$$

式中　F——作用质点的力;

m——质点的质量;

a——加速度。

由于此两现象相似,其同类物理量必定存在以下关系

$$F_M = C_F F_P, m_M = C_m m_p, a_M = C_a a_p \tag{2-3}$$

式中　C_F、C_m、C_a——常数,称相似系数。

把式(2－3)代入式(2－2)得

$$C_F F_p = C_m m_p \cdot C_a a_p$$

则必有

$$C_F = C_m \cdot C_a \tag{2-4}$$

当模型与原型相似时,两相似现象的相似系数之间存在着一定的关系,其关系式与原型关系式相同。由此可得相似第一定理的另一表达式:$\frac{C_F}{C_m C_a}=1$,称为相似指标。

因此,相似第一定理可表述为:彼此相似的现象,其相似指标等于1。

将式(2-3)代入式(2-4)得

$$\frac{F_M}{m_M a_M} = \frac{F_p}{m_p a_p} = K = \text{idem}$$

式中 K——相似判据,为不变量。

因此,相似第一定理又可表述为:彼此相似的现象,其相似判据为一不变量。

相似判据 K 对所有相似现象是不变常数,而相似系数 C 只在两个相似现象中是常数,对第三个则有不同的数值。利用相似第一定理判别现象是否相似的方法,称为方程分析法。

B 相似第二定理

定理:表示一现象各物理量之间的关系方程式,都可转换成无量纲方程,无量纲方程的过项,即是相似判据。

例如:将式(2-1)各项除以 F,即得无量纲方程式:$\frac{ma}{F}=1$,所得的 ma/F,即为相似判据,它对各相似现象都是不变的。如果现象中的各物理量之间的关系方程式未知,只知道有哪些物理量,则要用相似第二定理的 π 定理求模型与原型物理量之间的关系式。

π 定理:若有 n 个物理量,则可列出含有 n 个物理量的函数关系方程式

$$f(x_1, x_2, \cdots, x_n) = 0 \tag{2-5}$$

若这 n 个物理量中有 m 个彼此独立的物理量可作为基本单位,设为 $x_1, x_2, \cdots, x_m$,则 x_{m+1}, $x_{m+2}, \cdots, x_n$ 为导出单位。即可建立 $(n-m)$ 个无量纲数群,称为函数式 π 项,

即

$$\pi_1 = \frac{x_{m+1}}{x_1^{\alpha_1} \cdot x_2^{\beta_1} \cdots x_m^{\eta_1}}, \pi_2 = \frac{x_{m+2}}{x_1^{\alpha_2} \cdot x_2^{\beta_2} \cdots x_m^{\eta_2}},$$

$$\cdots, \pi_{n-m} = \frac{x_n}{x_1^{\alpha_{n-m}} \cdot x_2^{\beta_{n-m}} \cdots x_m^{\eta_{n-m}}}$$

式中,α、β、η 称为量纲指数,其值由保证分子、分母的量纲相同求出。则式(2-5)又可用 $(n-m)$ 个无量纲参数 π 表示

$$f(\pi_1, \pi_2, \cdots, \pi_{n-m}) = 0$$

相似第二定理(π 定理):描述某现象的 n 个物理量的量纲齐次方程,均可化作无量纲综合数群之和的形式,其无量纲数群 π 项的数目为 $(n-m)$ 个。由于任意 π 项都可作为相似判据,因此可建立 $(n-m)$ 个相似判据方程。利用相似第二定理判别是否相似的方法,称为无量纲分析法。

C 相似第三定理

相似第一定理和相似第二定理只解决了现象相似的必要条件。现象相似的充分条件是相似第三定理所要解决的问题。

定理:在物理方程相同的情况下,若两现象的单值条件相似,则这两现象必定相似,包括:

(1)几何相似:$X_{pi}/X_{Mi} = C_L$

(2)时间相似:$t_{pi}/t_{Mi} = C_t$

(3)物理参数相似:即保持弹性模量 E、泊松比 μ 和密度 ρ 等的比例关系。

(4)速度相似:对应点在对应时刻的速度(加速度)互成一定的比例。

(5)动力相似:对应点在对应时刻的力互成一定的比例。

(6)应力场相似:在对应时刻,对应点上的应力方向一致,而大小互成一定比例。

此外,还有温度场相似、速度场相似、压力场相似等等。

2.1.3　相似理论的应用意义

目前相似理论已经成为了一门完整的科学。它是最先进的科学研究方法之一,是处理实验数据的理论基础。因此,对于以实验为基础的一些学科,如传热学、传质学和流体学等,相似理论有着特别重大的意义。实际上,相似方法在很大程度上与传热学、传质学和流体学的发展有着十分密切的关系。

相似理论的科学价值是巨大的,它在以下三个方面有广泛的应用。

首先,相似理论是一种完整的研究、整理和综合实验数据的一般方法论。根据相似理论,可将影响现象发展的全部物理量适当地组合成几个无量纲的相似准则,然后把这些相似准则作为一个整体,来研究各个物理量之间的函数关系。这种做法的优点,不仅会大大减少实验工作量和费用,而且扩大了实验结果的使用范围。总之,相似理论解决了实验中应测量哪些物理量,应如何整理实验数据,实验结果可以推广到哪些现象中去等实验过程中应该解决的问题。把个别实验结果推广到相似现象中去,是相似方法在实践方面和理论方面最重要的贡献。

其次,相似理论的实际应用是用它来指导模型实验,亦即相似理论模化实验的理论基础。所谓模化实验,是指不直接研究自然现象或技术设备本身所进行的实际过程,而利用与它们相似的模型(一般用缩小了的模型,但少数情况下也用放大模型)来进行实验研究的方法。具体说,模化方法是用方程分析或量纲分析的方法导出相似准则,并根据相似理论进行模型实验的方法。通过模型实验,可确定相似准则之间的函数关系,用模型法研究诸如大型换热器或巨大的水工建筑等工业设备或工程建筑时,可以从中发现它们的各种缺陷,并从而寻求消除这些缺陷的各种方法。同时,通过模型实验也为实际设备的设计提供最佳方案。

第三,相似理论也应用于理论分析方面。将描述现象的微分方程无量纲化,就能确定某些相似变量的数学结构。利用所得的相似变量,可以将偏微分方程变换为常微分方程组的方法,更广泛地应用于各种传热问题和其他科学领域。这是相似理论发展的另一个重要方法。

“自然界的统一性在关于各种现象领域的微分方程的‘惊人类似’”。这句名言说明:在自然界中诸如流体学、传热学、传质学和电学等不同性质的各类现象之间以及同类性质的现象之间,从他们所涉及的各种物理量的绝对方面来看是彼此不同的,但从这些物理量的相对方面来看,却存在着类似或相似。正因为如此,人们可以从一种现象(如电学现象)的研究结果去确定另一种性质的现象(如导热现象)的规律性,或者从易于研究、花费较少的现象(如模型实验)的研究中,去探求在生产过程中同类现象的规律性。

总之,相似理论的科学价值是巨大的,已成为人们探索自然规律和改造自然过程中的有利工具。

2.2　相似模拟金属塑性变形实验

金属塑性变形实验方法用于研究和测定金属塑性变形所需的变形力和变形功、塑性变形流动规律和变形不均匀分布、接触面摩擦和压力分布、变形体内应力分布和温度分布以及各种因素对塑性变形的影响,为制定合理的加工工艺规范、开发新工艺、验证理论研究成果和选用加工设备提供依据。由于金属塑性变形过程是一个极其复杂的力学和物理－化学变化过程,在大多数情况下无法进行实地测定，例如测试高温高压下的爆炸成形和进行价值数万元以上合金钢大锻件的缺陷分析，只能通过模型模拟实验才能获得规律性认识。因此，塑性变形实验方法既要用于实地测定金属塑性变形过程，同时要更多地考虑用于实验模拟金属塑性变形过程。

金属塑性变形模拟实验是针对实物或模拟材料制成的模型进行的，通过研究模型在各种变形条件下的响应，来推算原型在相应条件下的响应，从而获得对于原型塑性变形过程的认识，因而也可称之为模型实验。金属塑性变形实验模拟是塑性变形模拟技术的基础，是检验理论计算结果是否正确的唯一方法。数值模拟分析软件达到实用化，也必须应用先进的实验模拟方法来反复修改和完善。实验模拟需要考虑的主要问题有：(1)明确实验目标，即实验需要解决的问题和需要获取的信息；(2)选择何种实验方法实现实验目标，包括选用实验用材料、测试仪器和设计实验装置等；(3)怎样处理和分析实验结果，即数据资料。其中，实验方法的选用是达到实验目标的关键。金属塑性变形实验方法的进步，是建立在机械、电子、力学、金属学和光学等多种科学发展的基础之上的，是一种综合和借鉴各科学实验方法，将其用于模拟和测定金属塑性变形的实验方法。早在20世纪30～40年代，许多实验方法就开始应用于金属塑性变形的研究了。例如，在古不金的著作中就成功地用坐标网格法、光塑性法和销钉传感器法分析锻压变形的金属流动和压力分布。随后，由于钢和合金冷挤冷锻工艺的出现，要求对挤压筒和模具的压力分布进行测定，为模具的强度设计提供依据，这就大大促进了各种实验方法的应用研究。英国伯明翰大学C. Tuncer和T. A. Dean在其总结的关于实验模拟文献中介绍了8种实验方法及其出现的最早时间和国家，他们分别是：(1)压力传感器，1933年德国；(2)光弹性，1950年英国；(3)视塑性，1954年美国；(4)模具阻尼孔，1961年苏联；(5)应变片模具，1961年日本；(6)剖分模，1971年英国；(7)带脊金属片，1977年日本；(8)纸片，1978年苏联。20世纪80年代以后，这些实验方法大都得到了改进和发展，光塑性法和密栅云纹法的研究进入使用阶段，不仅能用于定量分析平面变形问题，而且也能用于分析轴对称变形体内的应力应变分布。模拟材料实验技术在T. Wanheim等人的研究下有长足的进步。英国C. Tuncer和T. A. Dean和日本米山猛等人对销钉法传感器的改进，更加扩大了传感器法的应用。目前不论是早期的简便实验方法，还是近期发展的较为精确的实验方法，都在金属塑性变形研究中得到应用，并在应用中进一步改进和发展，对塑性加工工艺和理论的进步起着推动的作用。

金属塑性变形实验以模拟相似理论为基础，探索以模型研究原型(实物)，以低温研究高温、以易变形材料(金属的与非金属的)研究难变形金属、以简单可视过程研究复杂变形过程，因此本书在论述实验方法之前，首先介绍了相似理论。

掌握利用现有的实验方法能测定金属塑性变形一系列参数和现象，如塑性变形力、塑性变形时接触面压力分布、塑性变形流动规律、变形体内应力应变分布、金属材料的可塑性、塑性加工工艺性、塑性变形体内温度分布以及各种变形条件对成形件力学和物理化学性能的影响等等。

2.2.1 确定系统相似准则的步骤

应用相似定理解决实际问题有方程分析法和量纲分析法两种，这两种确定相似准则(即相似判据)的方法按以下的步骤进行。

2.2.1.1 方程分析法的一般步骤

方程分析法的一般步骤如下：

(1)写出欲研究现象的基本微分方程组和全部单值条件；

(2)写出原型与模型之间的相似系数表达式；

(3)将相似系数表达式代入方程组进行相似转换后得相似表达式；

(4)将相似系数表达式代入相似指标式,经整理后即可得到相似判据;

(5)由相似判据求模型与原型之间各物理量的关系,即可将模型实验测得的结果,换算成为实际需要的数值。

例如:利用方程分析法解圆柱体均匀镦粗变形力时,可按以下步骤进行。

设已知模型和原型的单位镦粗力 P_M 和 P_P 表达式为

$$P_M = F_M/S_M; P_P = F_P/S_P \tag{2-6}$$

式中,F_M、S_M 和 F_P、S_P 分别为模型和原型的镦粗力和接触面积。根据相似第一定理,两相似现象的相似判据为一不变量,即

$$\frac{P_M S_M}{F_M} = \frac{P_P S_P}{F_P} = \text{idem}$$

故

$$F_M = \frac{P_P S_P}{P_M S_M} F_M \tag{2-7}$$

若已知 $P_P = P_M$、$S_P = 5S_M$,则可求出 $F_P = 5F_M$。这样,只要求出镦粗模型所需的变形力,就可以直接求出镦粗实物原型所需知变形力。这一点对于预估变形力大小有实际的意义,特别是在未知变形力关系式情况下,只要知道 P_P 和 P_M 相等,就可以通过模拟实验估算出变形力的大小。

2.2.1.2　量纲分析法的一般步骤

量纲分析法的一般步骤如下:

(1)考虑所研究的现象,决定影响该现象的所有物理量,写出一般函数关系式;

(2)将所得一般函数式展开成幂级数,用幂级数中任一项除各项,便可形成若干无量纲的 π 项的一般形式;

(3)写出 π 项中的各物理量的量纲;

(4)将各无量的量纲代入 π 项的一般表达式,列出量纲等价式;

(5)根据量纲齐次原则,列出物理量指数的联立方程组;

(6)解出$(n-m)$个解,得到$(n-m)$个独立的 π 项。由于相似判据的主要属性是无量纲,所以所得的 π 项就是相似准则。

例如,利用量纲分析法解简支梁所承受的应力,可按以下步骤进行。

设图 2-1 所示为受均布载荷 q' 作用的简支梁的模型实验简图。由材料力学可知,梁上、梁下、下表面的弯曲应力 σ 与载荷 q'、弯矩 M 和梁的长度尺寸 L 有关,即应力方程可表达成由 4 个物理量 σ、q'、M 和 L 表示的方程,即

$$f(\sigma, q', M, L) = 0 \tag{2-8}$$

这 4 个物理量的量纲分别为:σ:$[FL^{-2}]$;q':$[FL]$;M:$[FL]$;L:$[L]$(式中 F 为作用力)。这 4 个物理量中只有两个独立的基础单位,设选 M 和 L,则只有 $4-2=2$ 个 π 项,由 π 定理公式可得

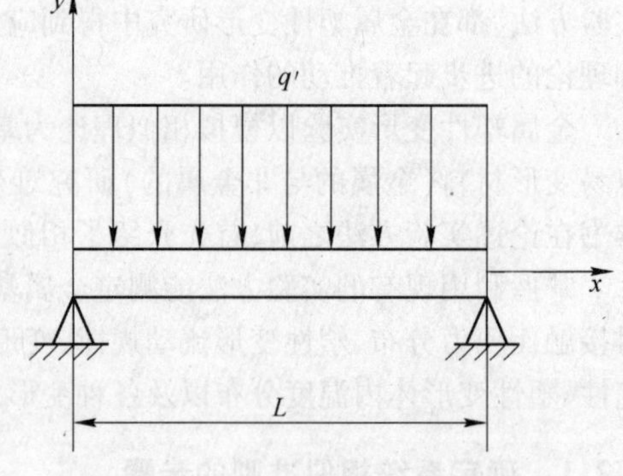

图 2-1　简支梁受均布载荷作用

$$\pi_1 = \frac{\sigma}{M^a L^b} \sim \frac{FL^{-2}}{F^a L^a L^b} = \frac{F^{1-a}}{L^{a+b+2}}$$

$$\pi_2 = \frac{q'}{M^c L^d} \sim \frac{FL^{-a}}{F^c L^c L^d} = \frac{F^{1-c}}{L^{c+d+1}} \tag{2-9}$$

由于 π_1 和 π_2 为无量纲项,故有

$$1-a=0; a+b+2=0; 1-c=0; c+d+1=0$$

解得 $a=1,b=3,c=1,d=-2$。因而有

$$\pi_1=\frac{\sigma L^3}{M};\pi_2=\frac{q'L^2}{M} \tag{2-10}$$

由于 π 项即为相似判据，因此由式(2-10)可得模型与原型物理量之间的关系式为

$$\frac{q'_P L_P^2}{M_P}=\frac{q'_M L_M^2}{M_M};\frac{\sigma_P L_P^3}{M_P}=\frac{\sigma_M L_M^3}{M_M} \tag{2-11}$$

若由模型实验测出 σ_M，则可由上式导出实物的 σ_P 即

$$\sigma_P=\frac{M_P}{M_M}\cdot\frac{L_M^3}{L_P^3}\cdot\sigma_M=\frac{q'_P L_M}{q'_M L_P}\cdot\sigma_M \tag{2-12}$$

当 $q'_M=q'_P$ 时，只要知道 L_M/L_P 的比值就可以求出 σ_P。显然上述方法可在不知道应力表达式的情况下，求出模型与实物各物理量之间的关系式，并可由模型测出 M_M 和 σ_M，确定实物的 M_P 和 σ_P，但是，此时必须正确选择有关物理量。

2.2.2　模拟实验准则

塑性成型过程的模拟实验除应满足上述相似理论外，此外还需要根据具体情况制定一些模拟准则：

(1)对于等向材料在等温和准静载下变形时，除考虑几何相似和边界相似外，还应考虑：

1)模型材料和原型材料的泊松比必须相等；

2)模型材料和原型材料的屈服强度 σ_s 和弹性模量 E 之比(σ_s/E)或剪切屈服强度 τ 和剪切弹性模量 G 之比(τ/G)必须相等，即屈服时的应变相等；

3)模型和原型的应力应变关系和应力应变速率关系相似，即硬化指数 n 值和应变速率敏感指数 m 值相等；

4)模型与工具之间的摩擦系数 μ 与原型与工具之间的摩擦系数 f 相等。

(2)对于非等温和动载塑性变形还应考虑热传导、温度分布、惯性力和振动等方面的问题：

1)模型和原型的表面积 F_M、F_P 与体积 V_M、V_P 之比 F_M/V_M 和 F_P/V_P 对非等温和非绝热塑性变形过程有较大影响。

在加热情况下，比值 F_P/V_P 越大，原型冷却得越快；而在不加热情况下，变形释放的潜热如果不能散出，则变形物体的温度将上升。因此温度相同是模拟的一个重要条件。

2)在冲击力作用下塑性变形时，应满足

$$u_{砧}/l=\text{idem};m/l=\text{idem}$$

式中　$u_{砧}$——冲击开始时砧子的速度；

m,l——冲击砧子的质量，变形体相比尺寸之一。

若考虑速度的影响，$l^2\rho=\text{idem}$，ρ 为材料密度。大多数情况下，若惯性力与发生的外力相比很小，可以忽略。

(3)此外，还要注意：

1)模拟实验应在符合生产过程条件的实验室里进行；

2)了解塑性变形对材料的组织性能时，模型的化学成分、原始组织应与原型的符合。

2.2.3　模拟材料

模拟材料是指实验模拟时所用的材料，可以是实物材料，也可以是替代材料。合适的金属塑性加工模拟材料的选取方法：

(1)塑性模拟相似准则所要求的条件,即几何、力学和物理相似等;

(2)材料性能稳定,实验数据的测量和计算方便可靠;

(3)实验时所需载荷小,试件、模具加工方便,可用小吨位设备进行模拟实验;

(4)能在常温下模拟高温塑性变形;

(5)易于获得,成本低。

目前,常用的模拟材料有以下几类:

(1)软金属材料,如铅、铝、铜、锡等;通常用铅模拟钢的热变形(再结晶温度以上的变形),用铝模拟钢的冷变形。在研究金属变形实验时使用铅作为模拟材料最为常见,因为用室温下铅的变形模拟热态下钢的塑性变形符合模拟准则的要求,而且实验量测方便,数据准确可靠,易于保持变形后的形状和尺寸。它的密度为 11.37g/cm³,熔点为363℃,在400～500℃时呈蒸气逸出;室温下能再结晶,其应力应变曲线、应变速度与应力关系曲线与热态锻造钢基本相似。

(2)黏土类材料,主要是塑性泥,其颜色多样,其主要成分为黏土约占50%～60%,其他为矿物油黏合剂、氧化铁、氧化硫、碳酸镁等添加剂及少量色素。其密度为1.8～1.9g/cm³,在约24℃的硬度HB约为15,随温度升高而升高,明显变软,其压缩屈服应力0.12MPa,常温下的力学性能与钢在高温(1000℃)下十分相似,因此广泛用于室温下模拟热钢的塑性成形。但它是一种温度敏感材料,温度对塑性和流动应力应变影响很大,一般温度上升15℃,流动应力大约减小一半,相比于铅等软金属模拟材料其具有以下特点:流动应力小;试件可以有手工成形,制作简便,周期短;试件易于剖分;材料利用率高,可反复使用;塑性泥适合使用X射线照相术。

(3)蜡,一般熔点为54℃的石蜡,其应力应变曲线受温度和应变速度的影响较大,当 t℃高和应变速度小时,塑性好,反之,较差。一般,温度低于16℃时,试样不产生屈服便断裂,或镦粗时外周产生45°裂纹;温度高于16℃时,试样产生足够的塑性变形,而后在外周产生纵裂。另外,实验表明,蜡有比较严重的蠕变和滞后现象。用石蜡作为模拟材料的优点为:能预先在试件上着色,便于了解各部分的流动情况和位移;能借助石蜡的结晶性观察内部结晶的变化和流动状态;保持变形后状态比塑性泥较为容易,对薄壁成形件的模拟较为有利。但是石蜡也有其缺陷,应力－应变曲线受温度和应变速度影响较为灵敏,会给实验带来较大的困难和误差;当温度高于室温时,实验比较麻烦;成分不同性能变化大,因而实验前需要进行性能测定。

(4)高分子材料,例如有机玻璃、聚碳酸酯等。一般用赛璐珞可模拟金属的弹性、塑性和黏性,55.5℃的赛璐珞与450～860℃软钢的无量纲应力－应变曲线很一致。有机玻璃(Poly Methyl MethAcrylate)简称为PMMA,其密度1.18～1.20g/cm³,布氏硬度20～40,抗张强度70MPa,伸长率3%～7%,折射率1.49～1.51,透光率92～94。

(5)同种实物材料,一般冷塑性成型时常采用。用和实物相同的材料做模拟试验,自然能满足模拟准则的要求,因此对许多冷塑性成形工序的模拟,一般均采用同种材料做实验,而对于用同种材料模拟热塑性成形工序,则由于需有高温条件而相当麻烦,所以此时往往采用以上某些同种材料在常温下进行模拟。

对于上述五类模拟材料的选用,应根据分析目的和具体试验条件来确定。例如,模拟钢的热的热锻时,可选用铅或塑性泥在室温下进行;模拟金属的塑性变形流动时,选用塑性泥或石蜡的混合物就更为方便。

2.2.4　塑性变形测试方法和应用

2.2.4.1　简便实验方法

简便实验方法是一种利用几何相似模型和特别加工模具在相应的成形设备上模拟真实塑性

成形工艺,然后根据与应力应变有关的物理或金属学的特性判断金属的流动并测定变形力和接触面压力的方法,包括缝隙法、压痕法、硬度法、叠层法及记忆材料法等。

A 缝隙法

在模具的相应部分留有垂直与模面的窄缝或小孔,镦粗时根据流入窄缝或小孔的模拟材料外形或高度,定性地判定接触面正压力的分布情况。图 2-2(a)表示圆柱铅试样在带有垂直窄缝的模子上的镦粗的情况。从流进窄缝内的峰脊外形看,其上任一点的高度在一定程度上与接触面正压力成正比,与金属镦粗基本一致。图 2-2(b)表示锤头带孔的情况。

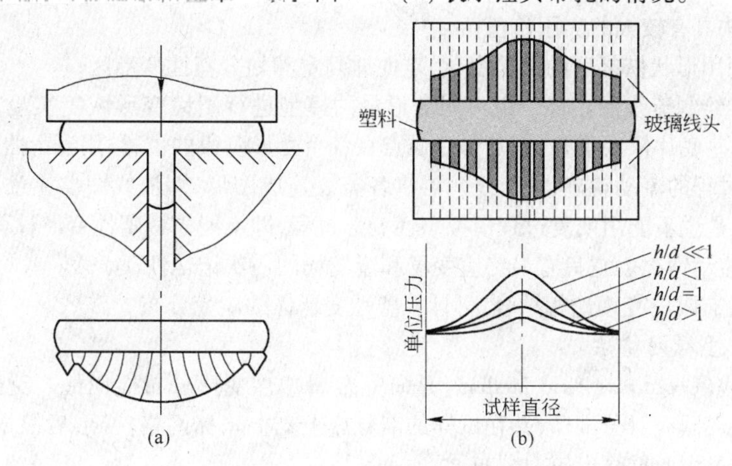

图 2-2 在缝隙模上镦粗

(a)—在窄缝模上镦粗;(b)—在小孔模上镦粗

B 硬度法

在冷变形时,变形程度越大,加工硬化越明显,硬度越增大,因此可根据硬度的分布,判断变形不均匀的程度,如图 2-3 所示。

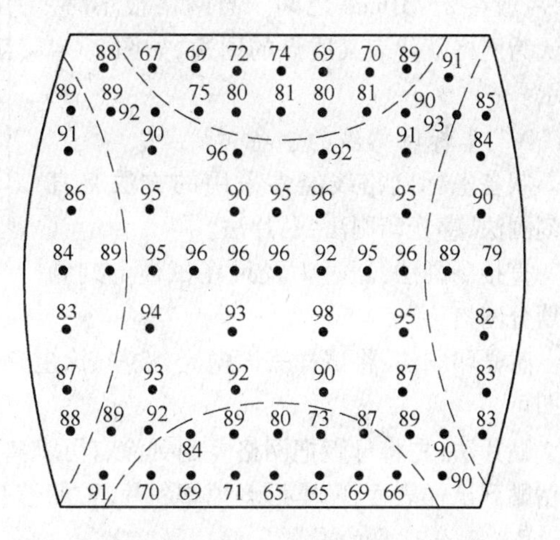

图 2-3 镦粗后铝合金试样子午面上的硬度分布

C 压痕法

金属箔压痕法与缝隙法相似,就是用金属箔覆盖在模具上,模壁上开有小孔,变形时模型材料(如铅)作用在模壁上的压力有多大,金属箔上留下的刻痕尺寸就有多大。根据刻痕大小的分布,判断压力的分布情况。

除压痕法外还有:

(1)薄的带脊金属片法:就是将薄的带脊金属片插在试件和模具之间,使脊部接触试件,压缩后测量各处脊部被压扁成平台的宽度,以此判断压力的分布和大小。

(2)纸片法:就是把复写纸放在试件和模具之间,塑性变形的压力使纸的密度和透明度发生变化,从透明度的改变程度可测出接触压力的大小。用透射法以光线被吸收程度加以评价,通过光测元件和记录仪器连接精确的测量,然后与校正的纸片比较即可。为防止纸片损坏,可将其置于两片 0.15mm 的金属垫片之间。

D 叠层法

利用易变形材料(如铅或塑性泥等),制成薄片,摞在一起进行模拟实验。如研究挤压时的金属流动，可用9∶18∶73的黄蜡、凡士林、白垩组成的塑性泥，以不同层次的颜色制成试样，实验后纵剖，观察金属流动的情况。也可用于镦粗时金属流动的变化情况。

E　记忆材料法

记忆材料法也称记忆光塑性法，此法是利用聚碳酸酯和有机玻璃等具有记忆性的光塑性材料进行塑性变形，然后在剖分面上画坐标网格，进行退火使其恢复至原来坯料的形状，再利用恢复后的网格尺寸变化，反向计算塑性应变分布或进行塑性流动分析的方法。记忆材料法又称为逆网格法。

记忆材料法具有较大的实用价值：

(1)可以利用形状恢复后的网格变化，定性地判定和划分塑性变形区；

(2)可用于绘制流线图。将一组不同变形量的模型进行塑性变形恢复实验，复原后拍摄变形的网格，将这些底片依次重叠，判定每一质点在各个变形阶段的位置，用光滑曲线连接，即得每个质点在变形过程的流动轨迹，即流线。再将各流线连成图形，即流线图。注意：加载与返回的路径不同，也就是说不能用恢复过程模拟塑性变形过程，即不能模拟塑性变形过程中任何应变增量信息和变形流动情况。它只有最终应变场和流变场的一次记忆性质。

(3)与塑性有限应变理论相结合，可计算塑性变形体的应变分布。

2.2.4.2　坐标网格法

坐标网格法(Coordinate Grid Method)是研究金属塑性变形分布应用最广泛的一种方法，其实质：把模型毛坯制成对分试样，并在试样的剖分面上刻上坐标网格，变形后根据网格变化计算相应的应变，也可由此推算出应力分布。

网格是方形或圆形，大小视变形程度而定，一般在2～10mm之间。当网格很小时，可认为网格就代表某质点的周边，如图2－4所示。

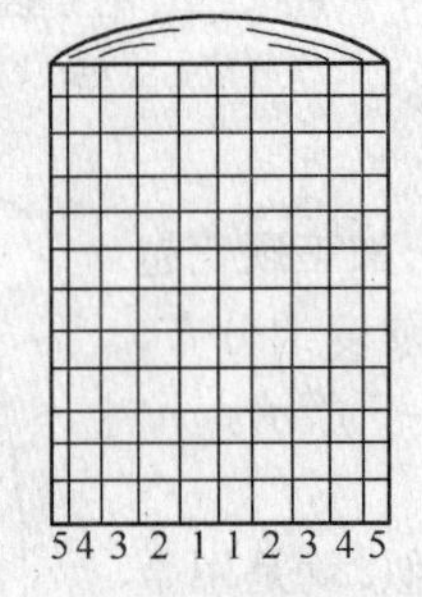

图2－4　部分面上的网格坐标

A　坐标网格线的制备

制备坐标网格线经常采用的方法有直接刻画法，感光印刷法，贴片法。

直接刻画法：通过刀及尺在试样上刻画来划分网格。

感光印刷法：将试样表面抛光、洗净，涂上感光胶，然后覆上坐标网底片(母版)，经过感光冲洗即可。

贴片法：先将母版把网格复制到涂有可剥离感光剂薄膜的塑料片基上，然后将感光好的乳剂层粘贴到试样表面，贴牢后剥掉塑料片基，使带有网格的乳剂膜留在试样上。

B　剖分试样的黏接

对于铅试样，小变形量用伍德合金(铅25%，铋50%，隔12.5%，锡12.5%)黏接，大变形量用含铋42.5%，铅36.25%，隔11.25%，锡10%的合金黏接，以保证压缩程度超过50%时黏接面不开裂。

将试样置于热水中，黏接面略露出水面，均匀涂上合金后取出，迅速黏接。黏接温度一般在合金熔点以上5～10℃，如合金80～85℃，黏接温度应为90～95℃，实验结束，放入含30% H_2O_2的热水中清洗即可。

C　由网格结点坐标计算应变

由正方形网格内切圆变形后的尺寸计算应变，如图2－5所示，若变形时坐标面上无剪应力，

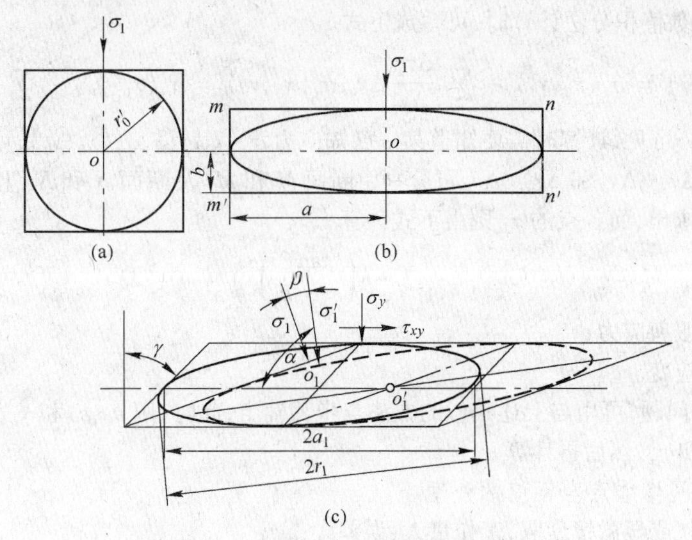

图 2-5 单元坐标网格变形情况

(a)—变形前;(b)—无剪应力变形后;(c)—有剪应力变形后

则正方形变成了矩形,内切圆变成内切椭圆,椭圆轴的尺寸和方向反映了主变形的大小和方向。若有剪应力,则正方形变成了平行四边形,内切圆变成内切椭圆,切点不在椭圆顶点,椭圆轴与新的主应力方向重合,主要测出 r_1、r_2,便可计算应变 ε_1、ε_2。

即 $\varepsilon_1=\ln\dfrac{r_1}{r_0};\varepsilon_2=\ln\dfrac{r_2}{r_0}$

若 r_1、r_2 难以测准,可测 a_1、b_1 和剪切角 γ,再由下式计算

$$r_1=\pm\sqrt{\frac{1}{2}\left[a_1^2+\left(\frac{b_1}{\sin\gamma}\right)^2\right]+\frac{1}{2}\sqrt{\left[a_1^2+\left(\frac{b_1}{\sin\gamma}\right)^2\right]^2-4a_1^2b_1^2}}$$

$$r_2=\pm\sqrt{\frac{1}{2}\left[a_1^2+\left(\frac{b_1}{\sin\gamma}\right)^2\right]-\frac{1}{2}\sqrt{\left[a_1^2+\left(\frac{b_1}{\sin\gamma}\right)^2\right]^2-4a_1^2b_1^2}} \qquad (2-13)$$

由此看出,采用内切圆是使变形的主向可以由变形后的椭圆上定出,因为不均匀变形条件下,各网格变形后的主向都不相同,同一网格,其主应力方向随变形的进行而变化。

D 由应变计算应力

如图 2-6 所示,若任意单元坐标网格的边长为 Δx_i、Δy_i,则由平衡微分方程得

$$\frac{\partial\sigma_x}{\partial x}+\frac{\partial\tau_{xy}}{\partial y}=0,\partial\sigma_x=-\frac{\partial\tau_{xy}}{\partial y}dx$$

$$\frac{\partial\sigma_x}{\partial x}+\frac{\partial\tau_{xy}}{\partial y}=0,\partial\sigma_y=-\frac{\partial\tau_{xy}}{\partial x}dx \qquad (2-14)$$

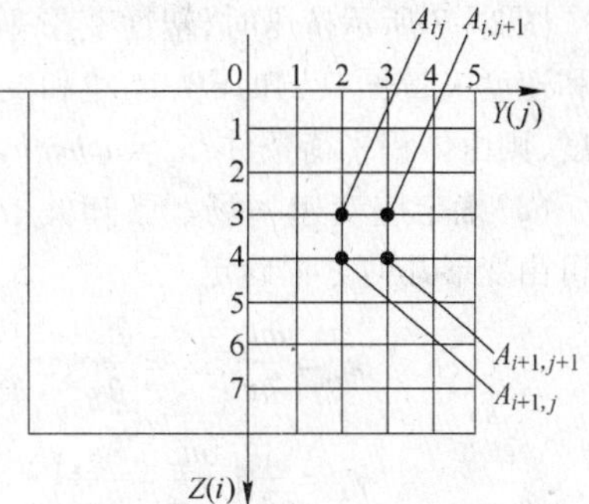

图 2-6 坐标网格编号

将第一式在 y_0 面上由 x_0 积至 x_n,将第二式在 x_0 面上由 0 积至 y_n,得

$$\sigma_x(x_n,y_0)=\sigma_x(x_0,y_0)-\int_{x_0}^{x_n}\frac{\partial\tau_{xy}}{\partial y}dx$$

$$\sigma_y(x_0,y_n)=\sigma_y(x_0,y_0)-\int_{y_0}^{y_n}\frac{\partial\tau_{yx}}{\partial x}dy \qquad (2-15)$$

上述积分用数值积分法计算时，可写成下式

$$\sigma_x(x_n,y_0)=\sigma_x(x_0,y_0)-\sum_{i=1}^{n}\frac{\Delta\tau_{xy_i}}{\Delta y_i}\Delta x_i,\sigma_y(x_0,y_n)=\sigma_y(x_0,y_0)-\sum_{i=1}^{n}\frac{\Delta\tau_{yx_i}}{\Delta x_i}\Delta y_i \quad (2-16)$$

由式(2－16)可见，计算时需要知道某一已知应力 $\sigma_x(x_0,y_0)$、$\sigma_y(x_0,y_0)$，可取自表面上的某一点；应力梯度 $\Delta\tau_{xy_i}/\Delta y_i$ 和 $\Delta\tau_{yx_i}/\Delta x_i$ 可分别由断面 M 和 M_1 及断面 N 和 N_1 上的剪应力差除以相应的 Δx_i、Δy_i 求出，而各点的 τ_{xy} 则由下式计算

$$\tau_{xy}=k\left(\frac{\tan\gamma}{\varepsilon_x-\varepsilon_y}\right) \quad (2-17)$$

式中　k——屈服剪应力；

　　　γ——剪应变。

对于轴对称问题，可用与上述相似的方法与步骤确定，此时，用 ε_z、ε_r 和 γ_{zr} 分别代替 ε_x、ε_y 和 γ_{xy}，求出 σ_z、σ_r 和 τ_{zr}，然后再计算 σ_θ。

E　变形后网格结点坐标值的处理

(1)用投影仪或显微镜读取，工作量大，误差大；

(2)用电子数字化仪读取；

(3)用扫描仪和 CCD 摄像系统处理，快速、精确。

2.2.4.3　视塑性法

视塑性法(Visio plasticity Method)是将变形过程划分为若干增量变形，首先通过实验建立变形体内质点的位移场和速度场，然后借助塑性理论的基本方程，算出各点的应力、应变和应变速率等。适合分析稳定的金属流动过程，如挤压、拉拔等。

A　由实验确定应变速率场

(1)绘制流线图。与网格法相同，先在试件的子午面或变形面刻坐标网格，然后合拢分阶段实验，每阶段变形量相等，实验后，拍摄网格，将各阶段底片依次重叠，用光滑曲线将同一质点的各位置连接起来，即得其流动轨迹，称为流线。无数质点的流线构成了流线图。对于稳定变形，流线图是唯一的；对于非稳定变形，各阶段的流线图是不同的。

(2)由流线图作速度图(矢量图)。设变形阶段每个增量的变形时间为 Δt，质点两相临的位置间的距离 Δs，则质点的流动速度为：$u=\Delta s/\Delta t$。

图 2－7 所示挤压时，塑性变形平面上的流线图和速度矢量图，已知压头尺寸和变形前的流管高度，则由体积平衡条件：$u_x=u_0h_0/h$。

(3)确定应变速率场。已知 u_x、u_y，则应变速率可由变形几何方程确定

$$\dot{\varepsilon}_x=\frac{\partial u_x}{\partial x},\dot{\varepsilon}_y=\frac{\partial u_y}{\partial y},$$

$$\dot{\gamma}_{xy}=\frac{1}{2}\left(\frac{\partial u_x}{\partial x}+\frac{\partial u_y}{\partial y}\right)$$

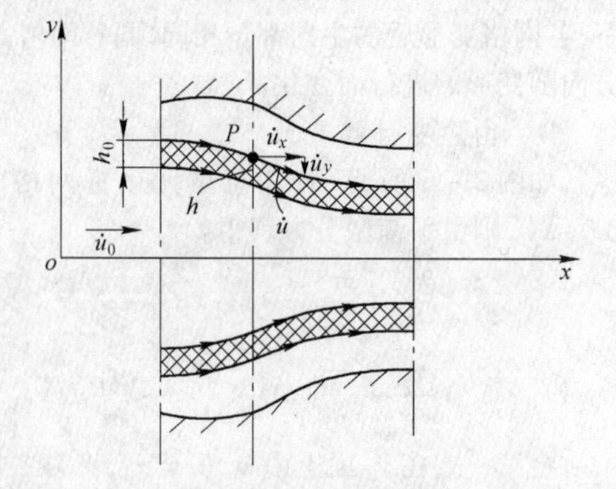

图 2－7　流线图和速度矢量图

此外，各质点的应变速率由作图法从流线图中直接求出，如设图 2－8 上任一点 P 的速度 U_p，其分量为 u_x 和 u_y，过 P 点做 x 轴垂线，将该垂线与流线各交点上的 u_x 和 u_y 描绘成 $u_x=f(y)$，$u_y=f(y)$ 曲线，如图 2－8 所示，同理，过 P 点做 x 轴平行线，如图 2－8b 所示。于是只要在 P 点坐标 x_p 和 y_p 处分别做出各曲线的切线，其斜率即为 P 点处的应变速率。

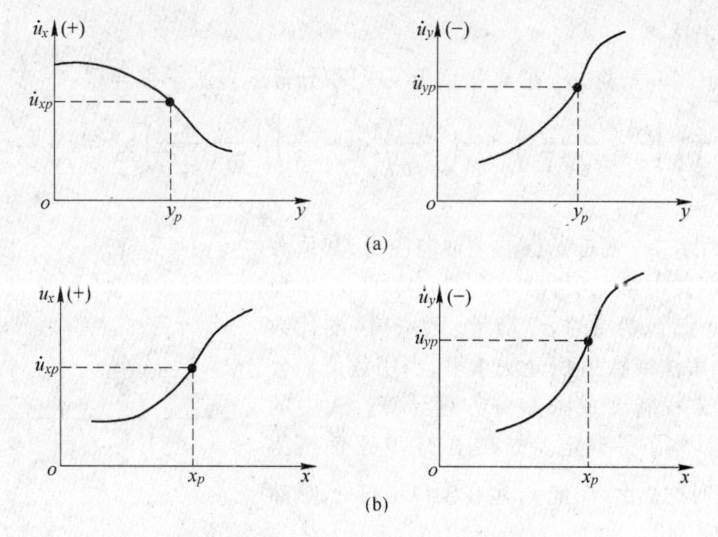

图 2-8 变形体各点的应变速率

(a)—$u_x=f(y)$, $u_y=f(y)$;(b)—$u_x=f(x)$, $u_y=f(x)$

B 由应力平衡方程和塑性理论(流动理论)计算应力场

以平面变形问题为例:

(1)列平面变形的平衡微分方程

$$\frac{\partial\sigma_x}{\partial x}+\frac{\partial\tau_{xy}}{\partial y}=0,\frac{\partial\sigma_x}{\partial x}+\frac{\partial\tau_{xy}}{\partial y}=0 \tag{2-18}$$

(2)列塑性流动方程

$$\dot{\varepsilon}_x=\frac{3}{2}\frac{\dot{\bar{\varepsilon}}}{\bar{\sigma}}(\sigma_x-\sigma_m),\dot{\varepsilon}_y=\frac{3}{2}\frac{\dot{\bar{\varepsilon}}}{\bar{\sigma}}(\sigma_y-\sigma_m),\dot{\gamma}_{xy}=\frac{3}{2}\frac{\dot{\bar{\varepsilon}}}{\bar{\sigma}}\tau_{xy} \tag{2-19}$$

等效应变速率 $\dot{\bar{\varepsilon}}$ 可由下式计算

$$\begin{aligned}\dot{\bar{\varepsilon}}&=\frac{\sqrt{2}}{3}\sqrt{(\dot{\varepsilon}_x-\dot{\varepsilon}_y)^2+(\dot{\varepsilon}_y-\dot{\varepsilon}_z)^2+(\dot{\varepsilon}_z-\dot{\varepsilon}_x)^2+6(\dot{\gamma}_{xy}^2+\dot{\gamma}_{yz}^2+\dot{\gamma}_{zx}^2)}\\&=\frac{\sqrt{2}}{3}\sqrt{(\dot{\varepsilon}_x-\dot{\varepsilon}_y)^2+(\dot{\varepsilon}_y-0)^2+(0-\dot{\varepsilon}_x)^2+6\dot{\gamma}_{xy}^2}\end{aligned} \tag{2-20}$$

对于平面变形,$\dot{\varepsilon}_x=-\dot{\varepsilon}_y$,则 $\dot{\bar{\varepsilon}}=\frac{2}{\sqrt{3}}\sqrt{\dot{\varepsilon}_x^2+\dot{\gamma}_{xy}^2}$

等效应力 $\bar{\sigma}$ 在塑性变形状态下 $\bar{\sigma}=\sigma_s$。对于有加工硬化的材料,可根据变形体内各点的等效应变 $\bar{\varepsilon}$,从真实应力应变曲线(曲线的理论方程)确定。

等效应变 $\bar{\varepsilon}$: $\bar{\varepsilon}=\sum_0^t\dot{\bar{\varepsilon}}\Delta t$,真实的等效应变则为: $\bar{\varepsilon}=\sum\ln(1+\dot{\bar{\varepsilon}}\Delta t)$。

(3)将平衡微分方程和塑性流动方程联立求解

得: $\sigma_x=\sigma_y+\frac{2}{3}\frac{\bar{\sigma}}{\dot{\bar{\varepsilon}}}(\dot{\varepsilon}_x-\dot{\varepsilon}_y)$

对 y 偏微分: $\frac{\partial\sigma_y}{\partial y}=-\frac{\partial\tau_{yx}}{\partial x},\frac{\partial\tau_{yx}}{\partial x}=\frac{2}{3}\left(\frac{\partial\dot{\gamma}_{xy}}{\dot{\bar{\varepsilon}}\sqrt{\bar{\sigma}}}\right)\Big/\partial x$

代入上式

$$\frac{\partial\sigma_x}{\partial y}=\frac{2}{3}\left[\frac{\partial}{\partial y}\left(\frac{\dot{\varepsilon}_x-\dot{\varepsilon}_y}{\dot{\bar{\varepsilon}}\sqrt{\bar{\sigma}}}\right)-\frac{\partial}{\partial x}\left(\frac{\dot{\gamma}_{xy}}{\dot{\bar{\varepsilon}}\sqrt{\bar{\sigma}}}\right)\right]$$

(4)求解应力场

1)当流动场已知时,将$\partial\sigma_x$在x_0平面上又y_0积分至y,经数学推导得:

$$\sigma_x = \frac{2}{3}\int_{y_0}^{y}\left[\frac{\partial}{\partial y}\left(\frac{\dot{\varepsilon}_x - \dot{\varepsilon}_y}{\dot{\bar{\varepsilon}}\sqrt{\sigma}}\right) - \frac{\partial}{\partial x}\left(\frac{\dot{\gamma}_{xy}}{\dot{\bar{\varepsilon}}\sqrt{\sigma}}\right)\right]\mathrm{d}y - \frac{2}{3}\int_{x_0}^{x}\left[\frac{\partial}{\partial y}\left(\frac{\dot{\gamma}_{xy}}{\dot{\bar{\varepsilon}}\sqrt{\sigma}}\right)\right]_{y=y_0}\mathrm{d}x + [\sigma_x]_{\substack{x=x_0\\y=y_0}} \quad (2-21)$$

上式的意义:

如图2-9所示,σ_x就是b点的x轴向应力,其值等于o点处应力,即式中第三项;由o点到a点的σ_x增量(第二项)与由a点到b点的σ_x增量(第一项)的代数和。该式可用图解法或数值积分法求解,当用数值积分法求解时,需把方程转变成限差分方程计算。式中的$[\sigma_x]_{\substack{x=x_0\\y=y_0}}$可依据具体条件确定。如在图2-9平面挤压时,可把$y_0$定在对称线上,而把$x_0$定在模口出口处,显然在此处$[\sigma_x]_{\substack{x=x_0\\y=y_0}}$应为0。

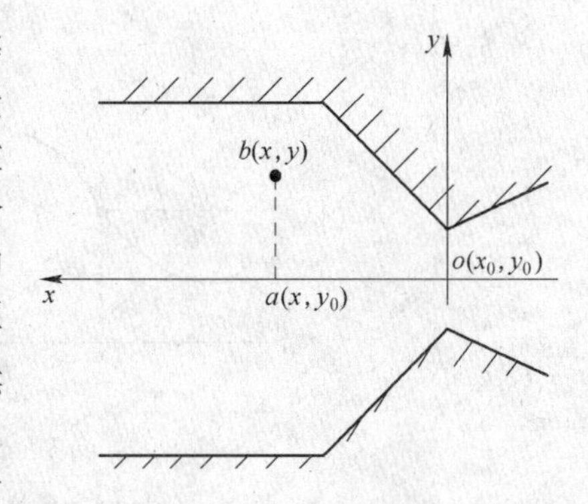

图2-9　对称性平面挤压

这样σ_x就可以求出,同样可得出σ_y、τ_{xy},因而就可以计算任意x截面上的应力分布。

2)当需要计算应力的某x截面上的载荷为已知时:

用$\frac{2}{3}\int_{y_0}^{y}f_x(\bar{\varepsilon},\bar{\sigma})\mathrm{d}y$代替上式中的积分项,其中$f_x(\bar{\varepsilon},\bar{\sigma})$则是$x$截面方程括号内数值,该积分必须从$y=0$积至$y=c$,图2-9中$x$截面的流场宽度为$2c$。设$x$处载荷为$T(x)$

$$T(x) = 2cW\cdot[\sigma_x]_{y=y_0} + \frac{4}{3}W\int_0^c\left[\int_{y_0}^{y}f_x(\bar{\varepsilon},\bar{\sigma})\mathrm{d}y\right]\mathrm{d}y \quad (2-22)$$

图2-8示出了式(2-22)及其积分的方法,曲线下的面积为

$$A(x) = \frac{T(x)}{W} = 2c\cdot[\sigma_x]_{y=y_0} + \frac{4}{3}\int_0^c\left[\int_{y_0}^{y}f_x(\bar{\varepsilon},\bar{\sigma})\mathrm{d}y\right]\mathrm{d}y \quad (2-23)$$

式中,$\bar{\sigma}$可以提到积分号之外,各y值可视作常数,其值由已知的$\bar{\varepsilon}$值,由真实应力应变曲线或方程确定。

2.2.4.4　热-力模拟实验法及物理模拟试验机

热-力模拟是物理模拟的一种,是用小的材料(小试验件)模拟实际高温加工过程的力、变形、相变等行为以及组织演变规律的一种研究方法,是冶金材料研究的重要手段,在新品开发和工艺优化中起重要作用,既可以节省现场工业实验的大量费用、时间和精力,又可以对所要求的各种参数进行精确的测量与控制,为工业大生产过程积累必要的参数,提供指导。热力模拟技术及其装置已广泛用于钢铁材料热加工过程的研究,成为开发新材料,测定热加工过程组织演变规律的关键设备。

A　物理模拟技术对热-力模拟试验装置的基本要求

材料与热加工领域的物理模拟,实际上是材料经受的热-力物理过程的模拟。为了确保模拟结果的可信性和模拟试验的高效率,除科学的试验方法外,最重要的是热-力模拟试验装置应具备优良的性能。对热-力模拟试验装置的基本要求是:

(1)具有较全面的模拟功能,能进行温度、应力及应变的模拟;

(2)被加热的模拟试样应具有较宽均温区,包括沿试样轴向的均温区及径向均温区;

(3)对试样施行较大的加热及冷却速度的能力;

(4)具有较大的加载能力,包括拉伸、压缩和扭转载荷,以及疲劳试验时的载荷;

(5)最大与最小的加载速率;

(6)良好的计算机控制系统、物理参数测量系统及数据采集与显示系统。

归根结底,热模拟机应具有较高的模拟能力及模拟精度,保证试验结果具有良好的再现性及重复性。所谓再现性,即模拟试验的结果能够如实的模拟或反映出实际构件或材料的受热与受力情况,从而再现出被模拟对象微观结构和宏观性能的变化;所谓重复性,即采用同样的热-力循环,多次进行试验,各次的试验结果(或曲线)能够互相吻合,即实现良好的重复。

迄今为止,世界上各国、各种类型的热模拟试验装置,按加热方式可分为在试样上直接通电加热及高频感应加热两大类型。按模拟功能又可分为单一的热模拟及兼有力学模拟功能的全模拟装置。其力学试验又分为拉、压及热扭转等类型。本小节重点介绍目前世界上最先进的、应用较广泛的美国、日本制造的物理模拟装置及我国国产的热模拟试验机。

B 常用热-力模拟试验装置

热-力模拟实验机是现代材料加工过程实验研究的一种现代化工具,它融材料学、传热学、力学、机械学、工程检测技术,以及计算机等领域的知识与技能为一体,成为一项综合性的实验设备。可广泛用于热加工过程包括轧制、锻造、焊接、铸造等工艺过程的物理模拟研究,在金属材料加工的科研和生产中具有重要的地位;特别是在提高钢铁产品性能及新品种、新工艺的开发等诸多方面正发挥着越来越重要的作用。随着科学技术的不断发展,现在的热力模拟试验机是多种多样,其中最具有代表性的有美国产 Gleeble 系列热-力模拟试验机、日本富士电波工机株式会社生产的 Thermorestor 为代表的热加工模拟设备、国产热模拟试验机等。

美国 DSI(Dynamic Systems Inc.)科技联合体研制生产的 Gleeble 系列热-力模拟试验机是采用电阻法加热试样的物理模拟装置的典型代表,也是目前世界上功能较齐全、技术最先进的模拟试验装置之一。图 2-10、图 2-11 分别示出了近 20 年来广泛应用的 Gleeble-1500 以及近几年推出的 Gleeble-3500 型热-力模拟试验机照片。

图 2-10 Gleeble-1500 热-力模拟试验机

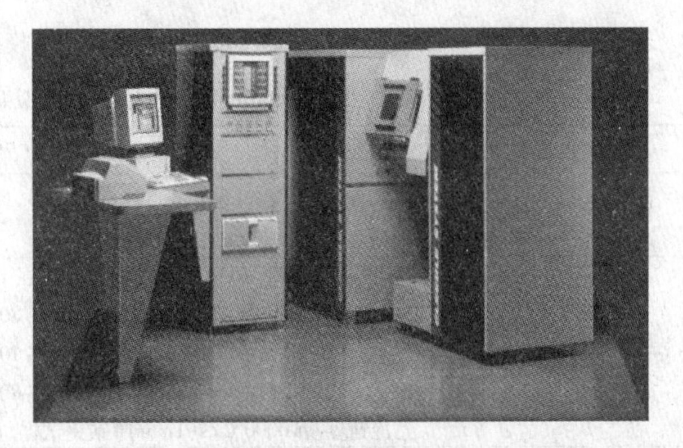

图 2-11 Gleeble-3500 热-力模拟试验机

日本富士电波工机株式会社生产的热-力模拟试验机是以高频感应加热方式加热试样的物理模拟试验装置的典型代表,也是目前世界上最先进的热-力模拟试验机之一。感应加热与电阻式加热各有其优缺点,前者(感应加热)均温区(试验工作区)较宽,对于某些热处理试验及扭转模拟更为适应,同时感应加热还更便于进行异种材料的扩散焊或钎焊,以及采用带缺口及变截面试样。感应加热的缺点是由于集肤效应(感应涡流值从试样表层到心部呈指数状降低),使得试样径向温度分布(表面及心部温度)不均匀,从而影响模拟精度。另外加热及冷却速度由于受到径向温度不均以及加热方式的限制,不如电阻加热方式的调节范围宽,因此电阻加热的应用范围比高频加热模拟装置更为广泛,特别是各种焊接方法及不同情况下的焊接模拟。

我国自 20 世纪 70 年代末以来,曾先后研制生产了 HRJ－2 型热模拟试验机(冶金部钢铁研究总院)、HRM－1 型热模拟试验机(哈尔滨焊接研究所)以及 CKR－Ⅱ型、DM－100 型和 DM－100A 型(洛阳船舶材料研究所)等型号的热模拟试验机,主要用于焊接热模拟。

C　Gleeble－1500 热－力模拟试验机

以美国产 Gleeble－1500 热－力模拟试验机为例介绍热力模拟试验机的工作原理,图 2－12 为 Gleeble－1500 热－力模拟装置工作原理。它是由加热系统、加力系统以及计算机控制系统三大部分组成。其部件构成主要有:主机(加载机架及试样夹具、真空槽、加热变压器等)、液压源及伺服装置、应力与应变测量装置、温度测量装置(包括热电偶及光学高温计)、试样急冷装置、程序设定发送器、自动操作电控箱及 D/A、A/D 转换模块、计算机、数据采集和瞬时记忆系统等。表 2－1 列出了 Gleeble－1500 热－力模拟试验机主要技术性能指标。

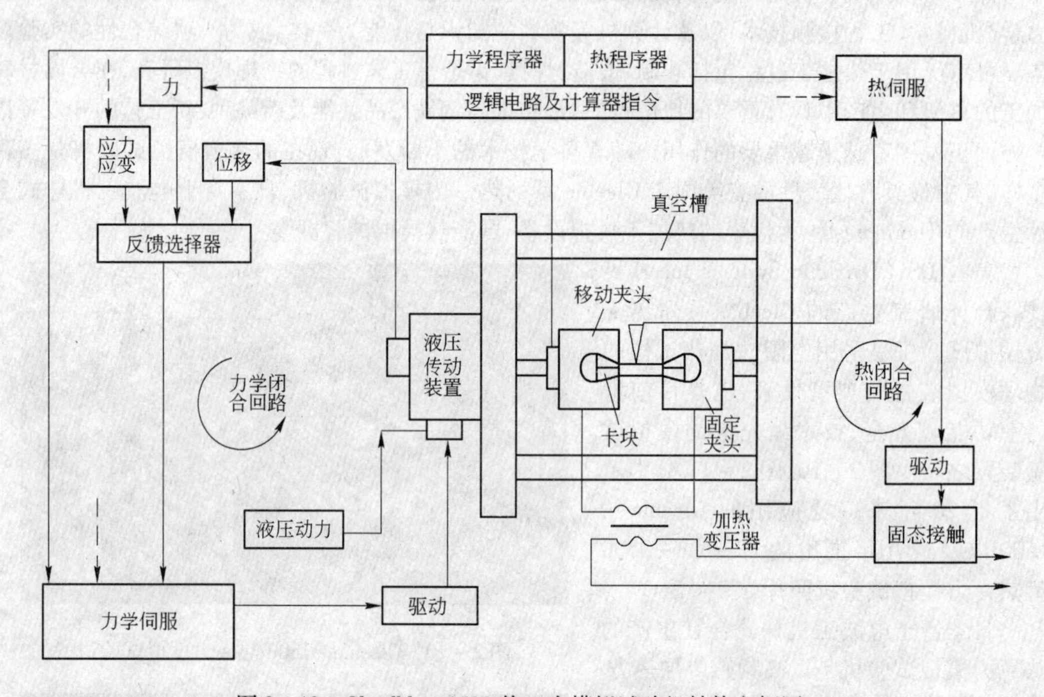

图 2－12　Gleedble－1500 热－力模拟试验机结构方框图

表 2－1　Gleeble－1500 热－力模拟装置主要技术性能指标

加热变压器容量	75kV · A
加热速度	最大　10000℃/s(ϕ6mm 普通碳钢试样,自由跨度 15mm) 最小　保持温度恒定
冷却速度	最大　140℃/s(ϕ6×15mm 碳钢试样,在 1000℃条件下) 78℃/s(ϕ6×15mm 碳钢试样,在 800～500℃自由冷却条件下) 330℃/s(ϕ6×6mm 碳钢试样,在 1000℃条件下) 200℃/s(ϕ6×6mm 碳钢试样,在 800～500℃自由冷却条件下) 急冷速度　10000℃/s(1mm 厚碳钢试样,在 550℃条件下)
最大载荷	拉或压(单道次)　80066N 疲劳试验　53374N

续表 2-1

加热变压器容量	75kV · A
加载速率	最大 2000kN/s 最小 0.01N/min
位移速度 (活塞冲程移动速度)	最大 1200mm/s 最小 0.01mm/10min
试样位移量及跨度	最大位移 101mm(在真空槽内) 最大跨度 167mm(在真空槽内) 583mm(不用真空槽)
试样截面最大尺寸	试样卡头空间尺寸为: 高 50mm 厚 25mm 直径 25mm

注:由于加热变压器容量已定,试样截面最大尺寸的设计应根据材质、试样自由跨度以及所要求的加热参数决定。一般情况下,铝材试样截面不超过 200mm^2,铜材不超过 100mm^2,钢材不超过 200mm^2。

下面分别介绍各组成部分的工作原理。

a 热系统

Gleeble-1500 的热系统主要由加热变压器、温度测量与控制系统以及冷却系统三部分组成。

加热变压器是一个额定容量为 75kV · A 的降压变压器。初级可接 200/380/450V 电压,次级电压靠调节初级线圈抽头匝数(高、中、低三档共九级变压)来调节,输出电压范围约 3~10V。初级电流标准值最大为 200A,次级输出电流最大可达数万安培。根据焦耳-楞次定律,电流通过试件后在试样上产生的热量为

$$Q = I^2 Rt \tag{2-24}$$

式中 Q——电流在试样上产生的热量,J;

I——通过试样上的电流,A;

R——试样电阻值,Ω;

t——通电时间,s。

由于次级回路不是纯电阻电路,则加热电流为

$$I = \frac{U}{Z}$$

式中 U——次级电压

Z——次级回路阻抗,$Z = \sqrt{R^2 + X^2}$(X 为回路感抗),则式(2-24)可写为

$$Q = \frac{U^2}{Z^2} \cdot Rt \tag{2-25}$$

由式(2-25)可见,欲获得较快的加热速度或较高的加热温度,即一定时间内试件中产生更多的热量,必须提高次级输出电压。此外,试样的加热速度和加热温度还受试样尺寸、形状和材质(即材料的导热、导电性等)的影响。另外,加热变压器的额定容量(75kV · A)是长期连续工作时的最大工作能力,实际可输出的最大功率随加热时间(即变压器的暂载率)而变化。所以,为了提高对不同试样尺寸及试样材质的适应性,保持系统所需的分辨率,在电控柜热伺服模块(1531)上还设置有随试件尺寸变化可调节的增益装置,它与抽头的改变相配合,共同控制对试件的输出最大功率。

试件尺寸确定后,所需的功率取决于所要求的最大加热速度、加热温度;反之,当功率一定

时,为实现所需的高温,也可通过调整试件尺寸或加热速度来实现。对于加热变压器输出功率的要求,可以利用下述数学式来估算。

设试件长度为 L,截面积为 A,密度为 ρ,电阻系数为 σ,比热容为 c,以 $\frac{dT}{dt}$ 的速度加热试件,若忽略热及电的损失,则每单位体积要求的功率为

$$W=\rho c\frac{dT}{dt} \tag{2-26}$$

加热整个试样所需的功率为

$$P=LA\rho\frac{dT}{dt} \tag{2-27}$$

试样的电阻为 $\sigma\frac{L}{A}$,因此,在试样中电流消耗的电功率 P' 为

$$P'=I^2R=I^2\sigma\frac{L}{A} \tag{2-28}$$

为满足加热的需要,在一定的加热速度情况下

$$P=P'$$

即

$$I2\sigma\frac{L}{A}=LA\rho c\frac{dT}{dt} \tag{2-29}$$

于是,试样中的电流密度(试样单位截面上通过的电流值)为

$$\frac{I}{A}=\sqrt{\frac{\rho c}{\sigma}\cdot\frac{dT}{dt}} \tag{2-30}$$

试样单位长度上的电压降

$$\frac{U}{L}=\sqrt{\rho c\sigma\cdot\frac{dT}{dt}}(U\text{为试样两端电压}) \tag{2-31}$$

根据式(2-30)、式(2-31),表2-2给出了几种不同材料在加热速度为1000℃/s时试件所需的电流密度、电压降及估算功率。当试样材质和尺寸一定时,可进一步算出加热整个试样所需的电源功率。

需要指出的是,式(2-30)、式(2-31)及表2-2所示的功率数值未考虑回路中热和点的损失,经验证明实际上加热变压器输出功率应比估算值增加20% ~50%。另外,试件与卡具间的接触电阻将引起较大的电压降,因此试件装卡时要有良好的接触。良好的夹具设计和装配(包括卡头接触表面的清洁),不仅能减少总的功率要求,而且由于得到良好的电接触和热传导,加热速度及冷却速度能达到稳定。

表2-2　不同材料在加热速度为1000℃/s时所需的估算功率

材　料	工作温度/℃	密度 ρ /g·cm^{-3}	电阻系数 σ /Ω·m	比热容 c /J·(kg·K)$^{-1}$	电流密度 /A·mm^{-2}	电压降(在试件上的) /V·mm^{-1}	单位体积功率 /V·A·mm^{-3}
C-Mn钢	100	7.9	15.9×10^{-8}	480	150	0.025	3.95
	800		109.4×10^{-8}	950	83	0.091	7.6
6061铝	20	2.7	3.8×10^{-8}	960	260	0.010	2.6
AISI-347(18-8铬镍奥氏体不锈钢)	22	8.0	73×10^{-8}	500	74	0.054	4.0

加热系统采用的是闭环伺服系统，闭环系统的程序是时间的函数。温度的测量采用热电偶或光电高温计。由于热电偶（或光电高温计）输出的电压值很小，且随温度的变化是非线性的，所以首先应在电控柜的模块中进行线性化处理，使得试件温度每变化1℃，调节器输出1mV的电压。经线性化处理后热电偶电压输入到热控制模块中，输入该模块的还有计算机给出的指令信号（计算机编制的控制程序）。然后两信号一同馈入热伺服模块中。伺服模块的功能是比较这两个输入信号并为可控硅调节器提供脉冲，来实时调节通过试样的电流大小，保持实际温度与程序温度相一致。由于反馈信号与计算机信号极性相反，如果实际温度与程序相当，则两信号合成为零。如果程序温度高于反馈温度，则提供变化了的触发脉冲宽度，加宽可控硅导通角，增加输出电流，从而使反馈信号丢失（例如热电偶与试件的焊点断开），这将引起温度超控，或者在很高的加热速率下加热，变压器输出功率跟不上，则设在控制模块上的自动停止系统将会自动中断加热。

当强大的加热电流通过试样时，将在试样及周围空间形成相当强的电磁场，这种强磁场会在热电偶回路及测试仪器中产生干扰信号。另外，当热电偶的两条线沿长度方向处于不等电位时，就可能有0.01～0.1V的电压梯度叠加到热电偶的输出端。为了排除上述干扰，保证温控精度，Gleeble热模拟机使用了一个时间均匀系统，这个控制系统采用一种脉冲控制技术，有规律地在每半个周波里，提供大约20°的相位角断电（电网频率的一个周波等于360°相位角），利用每一电周波断电两次的瞬间测定试样的实际温度。由于每次测试的时间非常短，这样既解决了强磁场的干扰，又做到了加热温度的精确控制。

Gleeble－1500的冷却系统包括两个部分。一是靠试样与夹具的接触传导冷却，二是使用喷水（或喷气）急冷装置冷却。与加热一样，接触传导时的冷速取决于试件的材质、试件的尺寸、夹持试件的卡头材料以及夹持试样的自由跨度，见图2－13。热量由试样中心向卡头夹持试样，可以获得较大的冷速。极快的冷速需要采用喷水急冷装置。

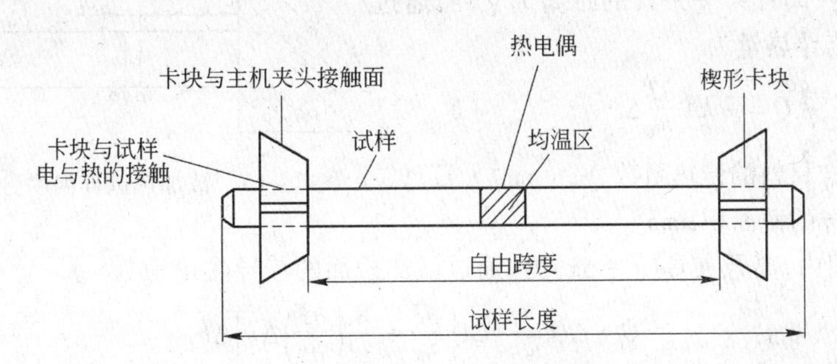

图2－13　Gleeble试样夹持装配示意图

由于Gleeble电阻加热试件使用的是普通工频电（50Hz或60Hz），频率低，集肤效应很小，可以认为电流在试件截面上均匀流过。另外，由于金属或合金的体电阻各处是相同的，所以整个试件的加热可以认为都是均匀的。在物理模拟试验过程中，热能连续的增加或减少以控制试件的温度。当输入的总热量与损失的总热量（即试件沿轴向通过夹具传导走的热量以及试样的表面对流和辐射散热）相当时，试件处于热平衡状态，试样保持恒温。当加入的热量大于损失的热量，则试件温度上升；如果加入的热量少于损失的热量，则试件温度下降。试样的轴向冷却产生了一个横向的等温面，通过选择试样尺寸、自由跨度和不同材质卡具，可以调节轴向温度梯度，并可在试样的跨度的中部获得一定体积的均温区，如图2－14所示。均温区即为物理模拟试件的工作区，其宽窄对模拟试验结果有重要影响。在卡块材料及夹头内部水冷条件一定的情况下，影响均温区宽度的主要因素是加热速度、冷却速度及试样自由跨度。加热速度越快，单位时间内输入的热量越多，而单位时间内传走的热量基本不变，则试样中间部分的热量损失相对减少，从而均温区加宽。反之，加热速度减慢，均温区变窄。在加热速度不变的情况下，冷却条件越好，则传走的热量越多，致使均温区变窄。同样，自由跨度越大，试样中部的冷速变慢，均温区变宽。例如对于 $\phi 10$mm 的普通碳钢试件，铜卡头，当自由跨度长为试样直径的 3～5 倍时，跨度中间的均温区宽度为自由跨度的 14%，均温区内的轴向温度分布均匀，温度波动及温差值在 ±0.5% 的范围内。使用扁平的或细长条状的试件，试验区长度可超过自由跨度长度的一半。更大的均温区可以使用"热卡头"来获得。这种热卡头通常用不锈钢制造并且在高温下工作，以达到较小的温度梯度，例如使用不锈钢"热卡头"时，对于直径为 10mm 的碳钢试样，自由跨度为 50mm 时，均温区宽度可达 18mm。

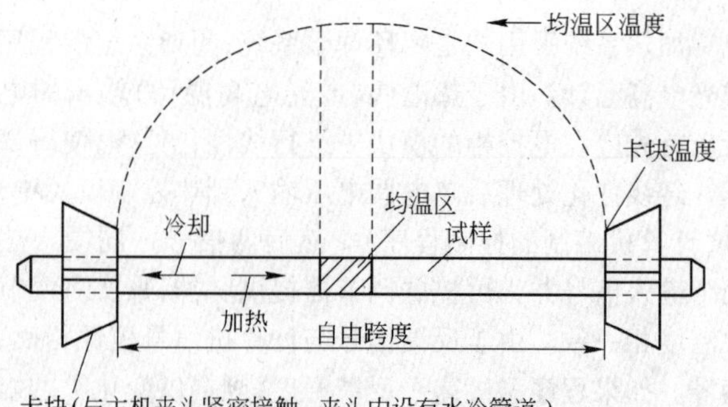

图 2－14　Gleeble 试样沿轴向温度分布示意图

试样处于准热稳定状态时，均温区温度通常就是试样中的最高温度。当使用铜卡头时，从试样的均温区到卡块部位，温度沿试样轴线呈抛物线形状降低。这种温度分布不仅反映了试件的受热情况，也决定了加热电流切断瞬间可能获得的最大冷速。为了研究温度分布的状态，也可用数学表达式来描述温度沿试样的变化情况并估算某高温区内的试样长度。

如图 2－15 所示，设一试样夹持在夹具之间，夹具温度为 T_0，夹具间距为 L_0，当热量在试样中传导时，在 Δt 时间内，离开某一夹具的距离为 χ 处，通过试样截面积的传导热量为

$$Q = -kA\frac{\partial T}{\partial x}\Delta t \tag{2-32}$$

式中　k——试样材料的传热系数，W/(mm² · ℃)；

　　A——试样的截面积，mm²。

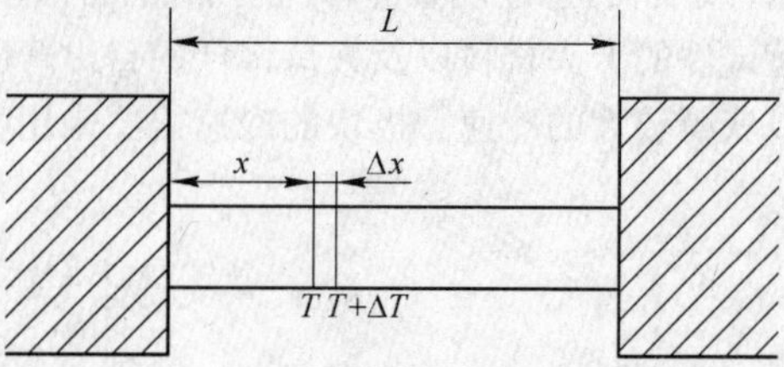

图 2－15　被加热试样温度分布计算示意图

在同一时间内，离开夹具 $(x+\Delta x)$ 处，通过试样截面的传导热量为

$$Q + \Delta Q = -kA\left[\frac{\partial T}{\partial x} + \frac{\partial}{\partial x}\left(\frac{\partial T}{\partial x}\right)\Delta x\right]\Delta t \tag{2-33}$$

设电功率以单位体积功率为 W 的速率输入试样，并略去辐射和对流的热损失，则在单位长度 Δx 内获得的净热量表示为

$$\Delta Q + WA \cdot \Delta x \cdot \Delta t = kA\frac{\partial^2 T}{\partial x^2} \cdot \Delta x \cdot \Delta t \tag{2-34}$$

于是温度的变化率为

$$\frac{\partial T}{\partial x} = \frac{1}{\rho c}\left(W + k\frac{\partial^2 T}{\partial x^2}\right) \tag{2-35}$$

在稳定状态时

$$\frac{\partial T}{\partial x} = 0, W = -k\frac{\partial^2 T}{\partial x^2} \tag{2-36}$$

积分后得

$$\frac{\partial T}{\partial x} = -\frac{W}{k}x + c \tag{2-37}$$

当 $x = \frac{L}{2}$ 时，若 $\frac{\partial T}{\partial x} = 0$，则得

$$c = \frac{WL}{2k} \tag{2-38}$$

再次积分得

$$T = -\frac{WL}{2k}x^2 + \frac{WL}{2k}x + c' \tag{2-39}$$

但是，在 $x = 0$ 处，$T = T_0$，故 $c' = T_0$

因此，

$$T = -\frac{WL}{2k}x^2 + \frac{WL}{2k}x + T_0 \tag{2-40}$$

或

$$T - T_0 = \frac{W}{2k}(L - x)x$$

在 $x = \frac{L}{2}$ 处，若 $T = T_{max}$

则

$$T_{max} - T_0 = \frac{WL^2}{8k} \tag{2-41}$$

写成

$$T = T_{max} - \Delta T$$

则得到

$$T_{max} - \Delta T - T_0 = 4\frac{(T_{max} - T_0)}{L^2} \cdot (L - x)x \tag{2-42}$$

即

$$x = \frac{L}{2}\left[1 \pm \sqrt{\frac{\Delta T}{T_{max} - T_0}}\right]$$

于是得出温度处在 T_{max} 和 $T_{max} - \Delta T$ 范围内的试样长度为

$$\Delta x = L\sqrt{\frac{\Delta T}{T_{max} - T_0}} \tag{2-43}$$

式(2-43)是把均温区缩小为一点，并居于试件正中心位置时的情况，实际应用时应考虑均温区宽度予以修正。

Gleeble-1500 还设置有真空槽，真空度可达 133.322×10^5 Pa。也可充入气体，使试件在特定气氛下工作。在真空下工作的目的有两个，一是在高温下避免试件的氧化，二是减轻试件表面在空气对流中的散热，保持试件横截面温度的均匀性。

b　力学系统

力学系统由高速伺服阀控制的液压驱动系统，力传递机械装置以及力学参数的测量与控制系统所组成。

液压驱动系统中，油缸活塞运动所需的流体压力由变位移油泵供给。同时，由于采用了带有蓄能器的小型油泵，可以方便地调节压力并达到较高的驱动速度。

力学控制系统的程序与热学系统的程序取同一时间轴，也同样实行闭环控制。可实现载荷、位移、应力、横向应变及轴向应变五个力学参数实时监测，根据试验要求可选择任一参数为反馈信号，即具有五种控制方法的选择，还可以在试验过程中实现控制方法的自动平稳转换，这种转换是由计算机在 350μs 内完成的。

伺服阀受到信号系统的控制。来自于同反馈信号与程序给定信号的差值成正比的放大信号输入到伺服阀的控制回路中。反馈信号来自于位移检测计、负载传感器、应变检测计或膨胀计。

例如,若选择位移检测计的输出为反馈信号,那么试样的位移将随程序的给定值而变化,也就是说,由于采用了闭环控制系统,反馈信号将与给定的信号不断追随、比较,直到相等为止。位移检测计信号与程序信号的差值可以接近为零,以至在全部模拟过程中,位移将十分接近甚至等于给定值。同样,还配有测定试件工作区轴向(纵向)应变的附件。

c　计算机控制系统

计算机系统是热－力模拟试验机的心脏。通过控制柜的各种模块(插件)实现 D/A 及 A/D 转换,对热、力系统进行实时闭环控制。为了满足动态试验的需要,还配有数据采集系统,可以同时采集 8 个通道,最大采样速率 50000Hz。利用数据采集软件,可实现数据的采集及分析处理。数据可以曲线形式绘图,也可打印成数据表。新的 Gleeble 试验机的计算机系统,可在试验过程中由屏幕随时动态显示试验中热、力参数随时间变化的过程。

Gleeble 提供两种类型的软件,一是 Gleeble 语言编程及操作控制软件,另一类是为模拟热加工过程(如焊接热影响区)的专用软件。此外,计算机系统还可运行一些常用语言及应用软件,根据试验的需要,编制实用性更强的程序,扩大物理模拟试验的范围或提高其模拟精度。

3 轧制过程参数测试技术

3.1 测试技术、测量系统及其主要特性

3.1.1 测试技术的基本概念

测试技术包括测量和试验的全部过程,即对物理量或参量的感受、变换、传输、显示、记录和处理等。它是实验科学的一部分,主要研究各种物理量或参量的测量原理和测量方法。

随着科学技术的发展,在工农业生产实践和科学研究中日益广泛地应用各种测试技术来研究和揭示生产过程中发生的物理现象。测试技术是从19世纪末和20世纪初发展起来的一门新技术,迄今已发展成为一个领域相当宽广的学科,在冶金、机械、建筑、航空、桥梁、化工、石油、农机、造船、水利、原子能,甚至地震预报、地质勘探、医学等方面也采用了测试技术。近年来,由于电子技术的发展,特别是仪表和电子计算机技术的迅速发展,大大促进了测试技术的发展。过去是依靠工人操作、调节、记录、处理和计算的部分,现在已用计算机的硬件和软件完成。当前测试技术正向着数字化、自动化、智能化、集成化的方向发展。由于信号的数字处理技术日臻完善,数字测量将大量地取代模拟测量。微处理在测试技术中的应用,推动着测试手段的智能化、自动化,即把传统的测量仪器变成了智能仪器。它利用微处理器的逻辑功能和控制功能进行自动测量、自动调节、自诊故障。它利用微处理器的数据处理功能进行误差校正、数据变换和实验曲线拟合。当前的计算机辅助测试(CAT)大大提高了测量精度和试验工作效率。

3.1.2 测试方法的分类

目前所用的测试方法很多,难以确切分类。根据测试方法的物理原理,大致可分为机械测量法、电测法、光测法、声测法等。

机械测量法是利用机械器具对被测物理量进行直接测量。如用杠杆应变计测量应变,用机械式测震仪测量振动参量等。

电测法是先将被测物理量转换成电量,再用电测仪表进行测量的方法。如用电阻应变仪测量应力应变,用热电高温计测量温度等。

光测法是利用光学的基本理论,用实验的方法去研究物体中的应力、应变和位移等力学问题。如光弹法、云纹法。

声测法是利用声波或超声波在介质中的传播速度和波形衰减情况来估价被测物的质量。如用声波检查混凝土的质量等。

在上述的测试方法中,目前应用最广的是电测法,因为它具有以下特点:

(1)灵敏度高。用应变片和应变仪目前可测到5个微应变(5×10^{-6})甚至可以精确到1个微应变。

(2)精度高。在一般条件下,常温静态应变测量可达到1%的测量精度。

(3)尺寸小,质量轻。基长最短者可以达0.3mm,基宽最窄达1.4mm,中等尺寸的应变片为0.1~0.2g,对于测量的时间来说,可以认为它没有惯性,故把它粘贴在试件表面上之后,不影响试件的工作状态和应力分布。

(4)频率影响快。由于应变片的质量很轻,在测量运动时,其本身的机械惯性可以忽略,故

可认为应变的反应是立刻的。可测量的应变频率范围很广,从静态到数十万赫的动态应变乃至冲击应变。

(5)测量范围广。不仅能测量应变,而且能测量力、位移、速度等。不仅能测量静止的零件,而且也能测量旋转件和运动件。

(6)能多点,远距离,连续测量和记录。它易于实现测试过程的自动化、数字化和遥测。

(7)可以将不同的被测参数转换成相同的电量,因而可以使用相同的测量仪器和记录仪器。

3.1.3　测量系统及其主要组成

检测过程需要完成的工作是从被测对象中获得代表其特征的信号,对已获得的信号进行转换和放大,对已获得的足够大的信号按需要进行变换,使其成为所需要的表现形式并与标量进行比较,把检测结果以数字或刻度的形式显示、记录或输出。要完成这些工作,一般用简单的敏感转换原件是不够的,需要用多个环节或部件构成一个检测系统来实现。检测系统主要有传感器、测量电路、显示仪器或数据处理仪器等三大部分组成,如图3-1所示。

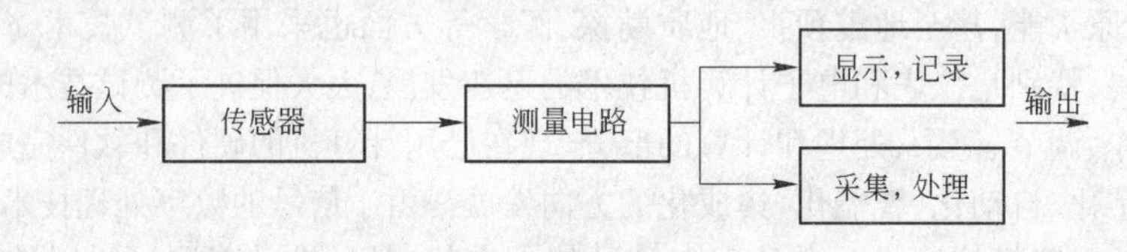

图3-1　测量系统的组成

3.1.3.1　传感器

传感器的作用是将感受到的物理量(非电量)按一定的函数关系(一般是线性关系)转换为电量,以便进一步放大,记录(显示)实现从非电量到电量的转换装置称作传感器。它主要由弹性元件(敏感元件)和变换元件两部分组成。

弹性元件是一个直接与被测介质接触,专门设计的元件或机械零件,它的作用是直接感受被测的物理量,并将其变为另一种形式的物理量。例如,测量轧制力用的电阻应变式传感器,其中的应变件就是弹性元件,它把轧制力转换成应变。

变换元件的作用是将弹性元件转换成的物理量变换为相应的电量。例如,上述应变件上粘贴的应变片就是变换元件,它把应变的变化变换为电阻的变化。有些传感器的弹性元件与变换元件同为一体,例如,热电偶既是敏感元件(直接感受温度),又是变换元件(将温度变为电势)。

3.1.3.2　测量电路

测量电路通常包括测量电桥、调制、放大、解调、微分、积分、模/数或数/模转换等电路。其作用是把传感器输出的微弱电信号变换为易于测量的电压或电流,以便推动显示(记录)器工作。

3.1.3.3　显示(记录)器

显示(记录)器的作用是将测量电路输出的随时间变化的电信号,以模拟曲线或数字的形式显示(记录)测量结果,供下一步分析和数据处理之用。数据显示可以用指针式电表、电子示波器和显示屏等来实现。而数据记录则可采用各种笔式记录仪、光线示波器或磁带记录器等来实现。

3.1.3.4　数据采集、处理仪器

由于微电子技术的发展,可应用电子计算机及带有微处理机的数据处理仪器自动地对试验校准进行采集和分析处理,并以人工处理无法比拟的速度直接给出高精度的试验结果,节省了大

量时间。电子计算机应用于测量系统使测试技术产生了飞跃性的发展，成为测量系统发展的重要方向。

所谓测量系统特性是指测量系统对其输入（量）的影响，通常用测量系统的输出（量）与输入（量）之间的关系式来描述。所谓输入（量）是指被测物理量的统称，如压力、温度、速度等。而经过测量系统变换后的量（指示值或记录）称为输出或响应。

3.1.4 测量系统的基本特性

测量系统的输出能否精确地反映出被测的物理量，是由测量系统的特性所决定的，因此只有正确地选用测量系统才能使其输出准确地反映输入，为此必须掌握测量系统特性。下面仅介绍模拟测量系统（以下简称为测量系统）特性——静态特性与动态特性。

3.1.4.1 静态特性

当输入信号不随时间变化（或变化极其缓慢）时，称测量系统的输出与输入之间的关系为测量系统的静态特性。通常以灵敏度、线性度和滞后等参数表示。

A 灵敏度

在静态或稳态的条件下，输出量的增量与输入量的增量的比值称为灵敏度，以 S 表示，即

$$S=\frac{\Delta y}{\Delta x} \tag{3-1}$$

式中 Δy——输出量的增量；

Δx——输入量的增量。

对于线性测量系统，其输出与输入成直线关系（图 3－2（a）），灵敏度为常数，其表达式为

$$S=\frac{y}{x} \tag{3-2}$$

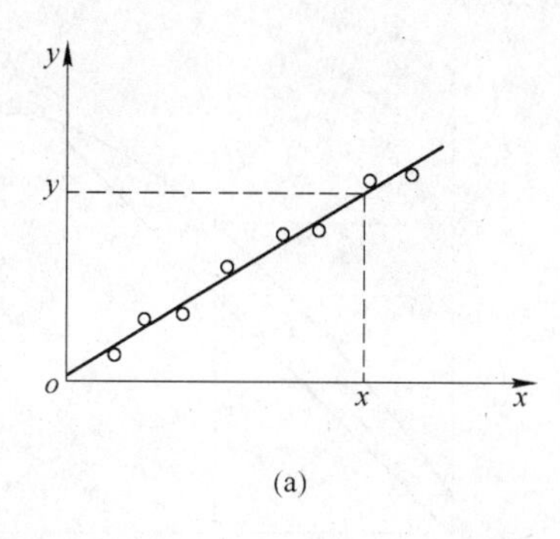

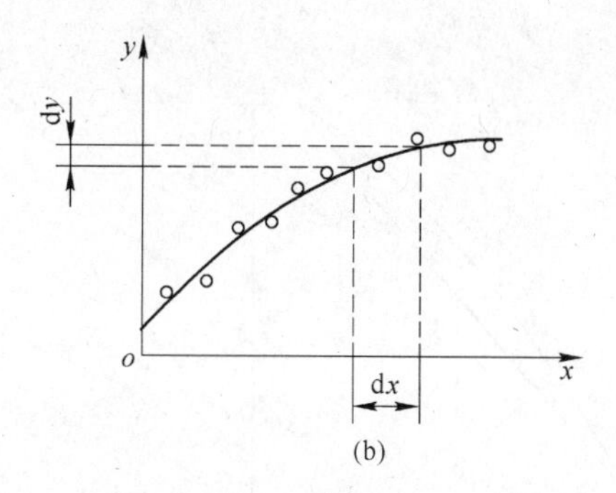

图 3－2 灵敏度

（a）—线性测量系统的灵敏度；（b）—非线性测量系统的灵敏度

对于非线性测量系统，其输出与输入成曲线关系（图 3－2（b）），灵敏度为变量，其数学表达式为

$$S=\lim_{\Delta x\to 0}\frac{\Delta y}{\Delta x}=\frac{\mathrm{d}y}{\mathrm{d}x} \tag{3-3}$$

式中 $\mathrm{d}y$——输出增量；

$\mathrm{d}x$——输入增量。

当测量系统的输出与输入的量纲相同时，则该系统的灵敏度常称作放大倍数或增益。当输出的量纲与输入的量纲不相同时，则该系统的灵敏度量纲可用下式表示

$$灵敏度的量纲 = \frac{输出量纲}{输入量纲}$$

在选择测量系统的灵敏度时，要注意其合理性。一般说来，灵敏度以高为好。但是灵敏度越高，量程越小，稳定性也越差。

测定灵敏度的方法称为标定（或校准），是以标准量作为输入，测出相对应的输出。再根据输入数据 x_i 与输出数据 $y_i(i = 1,2,3,\cdots,n)$，便可在直角坐标图上描绘出曲线，该曲线称为静态标定曲线。曲线上各点的斜率是在该点的灵敏度。

B 线性度

实际标定曲线与理想直线的偏离程度称作线性度或非线性误差，以 L 表示。通常用标定曲线和理想直线之间最大偏差 $|y_i - y'_i|_{\max}$ 与满量程输出值 $y_{\max}$ 之比值的百分数表示（图 3－3）。

$$L = \frac{|y_i - y'_i|_{\max}}{y_{\max}} \times 100\% \tag{3-4}$$

测量系统的标定曲线可以通过静态标定来求得，而理想直线的确定尚无统一的标准，一般可采用下述两种方法：

一是作图法，即在已测得的标定曲线图上，把零输出点（图 3－3 中的 o 点）与满量程输出点（图 3－3 中的 b 点）连接起来的直线（图 3－3 中的 ob 线）作为理想直线。这种方法精度不高，但由于简单、方便而常被采用。二是最小二乘法。

C 滞后

在相同的测量条件下，当输入量由小增大，而后又由大减小时，所得到输出量的不一致程度称为滞后（图 3－4），以 H 表示。滞后是以同一输入量所得到的两个不同输出值之间的最大差值 $|y_i - y'_i|_{\max}$ 与满量程输出值 $y_{\max}$ 之比值的百分数表示

$$H = \frac{|y_i - y'_i|_{\max}}{y_{\max}} \times 100\% \tag{3-5}$$

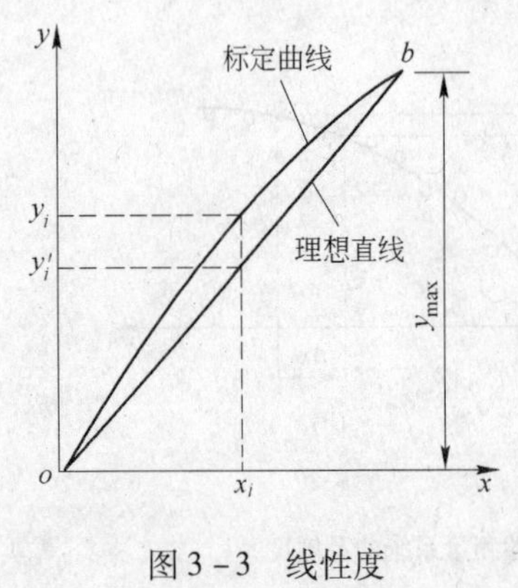

图 3－3 线性度

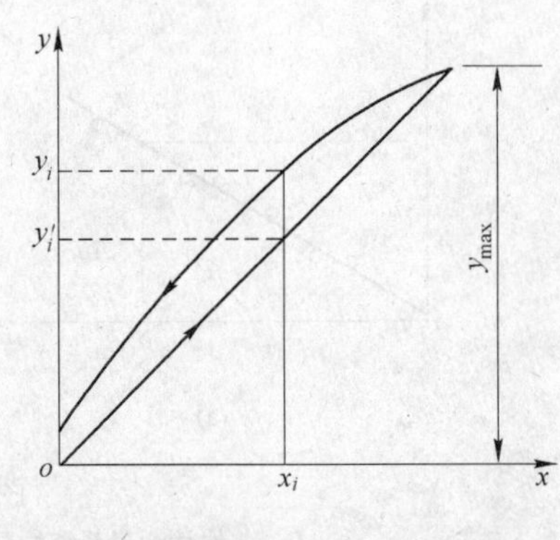

图 3－4 滞后

测量系统的静态特性参数用静态标定法来测定。首先对所用的测量系统施加一系列已知的输入量，分别测出对应的输出量；用回归分析法分别求出增减过程的回归直线，根据前述方法求出灵敏度、线性度、滞后等参数。对于测量系统来说，希望线性度和滞后越小越好。若测量系统的静态特性不符合测试要求，则应找出根源所在，设法消除，直至更换。

3.1.4.2 动态特性

在工程测量和科学试验中，经常要测量迅速变化的物理量。测量系统能否准确地反映这些变化的物理量，取决于该系统的动态特性——快速响应的能力，为此必须研究测量系统的动态特性。所谓测量系统的动态特性是指系统对于随时间变化的输入量的响应特性，即当输入量随时

间变化时,测量系统的输出与输入之间的关系。一个测量系统的输出量随时间变化的规律(变化曲线)不能同时再现输入量的时间变化规律(变化曲线)时,则会产生误差,这个误差称为动态误差。动态误差大小反映动态特性的好坏。因此,研究测量系统动态特性的目的,就是研究动态输出与输入之间的差异。研究方法是通过系统的阶跃响应和频率响应来表示测量系统的动态特性。研究工具是用微分方程式和传递函数来描述。

A 测量系统的传递函数

测量系统的传递函数定义为输出信号对输入信号之比。传递函数就是测量系统的数学模型,它以反映输出与输入关系的微分方程式表示。由于测量系统一般都是线性系统,所以传递函数多是线性常微分方程式。

传递函数是一阶微分方程式的称为一阶测量系统,是二阶微分方程式的称为二阶测量系统,常用的测量系统一般为一阶和二阶测量系统。

a 一阶测量系统的传递函数

属于典型的一阶测量系统有液柱式温度计和简单的 RC 滤波电路等。现以液柱式温度计测量温度为例(图 3-5),说明用微分方程建立数学模型的方法,进而导出一阶测量系统传递函数的一般形式。

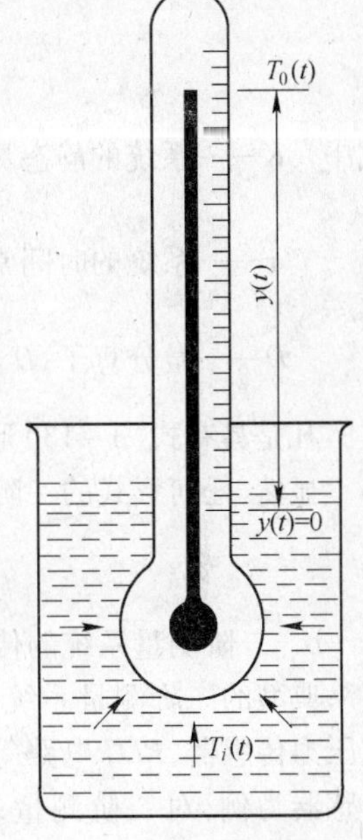

图 3-5 液柱式温度计

设 $T_i(t)$ 表示温度计的输入信号,即温度计温包周围被测流体的温度(被测温度),也可以写成 $x(t)$;$T_0(t)$ 表示温度计的输出信号,即温度计中液柱的位移(指示温度),或写成 $y(t)$;C 表示温度计温包(包括其内液柱介质)的热容量;R 表示温度从热源传给温包的液体其间传导介质的热阻。根据热力学平衡方程可得

$$\frac{T_i(t)-T_0(t)}{R}=C\frac{\mathrm{d}}{\mathrm{d}t}T_0(t) \tag{3-6}$$

则

$$RC\frac{\mathrm{d}}{\mathrm{d}t}T_0(t)+T_0(t)=T_i(t) \tag{3-7}$$

令 $\tau=RC$,则得下式

$$\tau\frac{\mathrm{d}}{\mathrm{d}t}T_0(t)+T_0(t)=T_i(t) \tag{3-8}$$

这就是液柱式温度计的数学模型,它是一阶线性微分方程。

用微分算子 $D=\frac{\mathrm{d}}{\mathrm{d}t}$,则上式可改写为

$$(\tau D+1)T_Q(t)=T_i(t)$$

$$\frac{T_0(t)}{T_i(t)}=\frac{1}{\tau D+1} \tag{3-9}$$

式(3-9)为输出信号对输入信号之比,这就是液柱式玻璃温度计的传递函数。

式(3-8)可以写成一般形式

$$a_1\frac{\mathrm{d}}{\mathrm{d}t}y(t)+a_0y(t)=b_0x(t) \tag{3-10}$$

式中 $y(t)$——测量系统的输出量;

$x(t)$——测量系统的输入量;

a_0、a_1、b_0——由测量系统参数所决定的常数。

将式(3－10)两端除以 a_0，则有

$$\tau\frac{\mathrm{d}}{\mathrm{d}t}y(t)+y(t)=\frac{b_0}{a_0}x(t) \tag{3-11}$$

式(3－11)可写成

$$\tau\frac{\mathrm{d}}{\mathrm{d}t}y(t)+y(t)=Kx(t) \tag{3-12}$$

$$(\tau D+1)y(t)=Kx(t) \tag{3-13}$$

式中　K——系统的静态灵敏度，$K=\frac{b_0}{a_0}$在线性系统中为常数；

τ——系统的时间常数，$\tau=\frac{a_1}{a_0}$；

D——微分算子，$D=\frac{\mathrm{d}}{\mathrm{d}t}$。

凡是具有式(3－13)形式的运动微分方程式的测量系统为一阶测量系统。

显然，任何形式的一阶测量系统的传递函数的一般形式为

$$G(s)=\frac{y(t)}{x(t)}=\frac{K}{\tau D-1} \tag{3-14}$$

b　二阶测量系统的传递函数

典型的二阶测量系统有动圈式仪表、膜片式压力传感器、RLC 电路等。现以膜片式压力传感器为例，对二阶测量系统做进一步说明。膜片式压力传感器可看作一个有质量的简化机械系统(图3－6)，质量 m 用弹簧和阻尼器支承着。此处所要讨论的是外力 $f(t)$ 与质量 m 的位移 $y(t)$之间的关系。

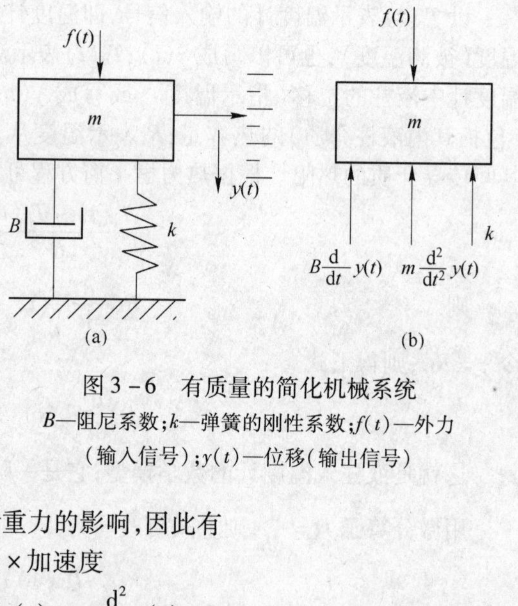

可以看出，质量 m 将受到四个力的作用：外力 $y(t)$，弹簧反力 k；阻尼器的阻力 $B\frac{\mathrm{d}}{\mathrm{d}t}y(t)$ 和惯性力 $m\frac{\mathrm{d}^2}{\mathrm{d}t^2}y(t)$。

(a)　　(b)

图3－6　有质量的简化机械系统

B—阻尼系数；k—弹簧的刚性系数；$f(t)$—外力(输入信号)；$y(t)$—位移(输出信号)

当$f(t)=0$ 时，可将传感器的输出位移调到 $y_0(t)=0$，于是在力的平衡方程式中，可以不计重力的影响，因此有

$$\Sigma 力=质量\times加速度$$

所以

$$f(t)-B\frac{\mathrm{d}}{\mathrm{d}t}y(t)-ky(t)=m\frac{\mathrm{d}^2}{\mathrm{d}t^2}y(t)$$

或

$$m\frac{\mathrm{d}^2}{\mathrm{d}t^2}y(t)+B\frac{\mathrm{d}}{\mathrm{d}t}y(t)-ky(t)=f(t) \tag{3-15}$$

这就是膜片式压力传感器的数学模型，它是二阶线性微分方程。

用微分算子表示，式(3－15)可改写成

$$(M\mathrm{d}^2+BD+k)y(t)=f(t)$$

所以

$$\frac{y(t)}{f(t)}=\frac{1}{mD^2+BD+k}=\frac{K}{\frac{D^2}{\omega_n^2}+\frac{2\beta D}{\omega_n}+1} \tag{3-16}$$

式中 β——系统的阻尼度，$\beta=\frac{B}{2\sqrt{mk}}$；

K——系统的灵敏度，$K=\frac{1}{k}$；

ω_n——系统的固有角频率，$\omega_n=\sqrt{\frac{k}{m}}$。

式(3-16)为输出信号对输入信号之比，这就是有质量的简化机械系统的传递函数。

式(3-15)可以写成一般形式

$$a_2\frac{d^2}{dt^2}y(t)+a_1\frac{d}{dt}y(t)+a_0y(t)=b_0x(t) \tag{3-17}$$

将式(3-17)两端同时除以 a_0，得

$$\frac{a_2}{a_0}\frac{d^2}{dt^2}y(t)+\frac{a_1}{a_0}\frac{d}{dt}y(t)+y(t)=\frac{b_0}{a_0}x(t) \tag{3-18}$$

式中 a_0、a_1、a_2、b_0——由测量系统参数所决定的常数，它们可归纳为三个主要参数：

$\frac{b_0}{a_0}=K$——系统的静态灵敏度；

$\frac{a_1}{a_0}=\frac{2\beta}{\omega_n}$，得 $\beta=\frac{a_1}{2\sqrt{a_0a_2}}$——系统的阻尼度；

$\frac{a_2}{a_0}=\frac{1}{\omega_n}$，得 $\omega_n=\sqrt{\frac{a_0}{a_2}}$——系统的固有频率。

利用这三个参数，式(3-18)可改写成

$$\frac{1}{\omega_n^2}\frac{d^2}{dt^2}y(t)+\frac{2\beta}{\omega_n}\frac{d}{dt}y(t)+y(t)=Kx(t) \tag{3-19}$$

用微分算子表示式(3-19)，可写成

$$\left(\frac{1}{\omega_n^2}D^2+\frac{2\beta}{\omega_n}D+1\right)y(t)=Kx(t) \tag{3-20}$$

由式(3-20)可给出二阶测量系统传递函数的一般形式

$$G(S)=\frac{y(t)}{x(t)}=\frac{K}{\frac{1}{\omega_n^2}D^2+\frac{2\beta}{\omega_n}D+1} \tag{3-21}$$

c 一般测量系统的传递函数

综上所述，对于一般测量系统而言，通常可用常系数线性微分方程来描述测量系统的输出信号 $y(t)$ 与输入信号 $x(t)$ 之间的关系。方程式的通式为

$$\begin{aligned}&a_n\frac{d^n}{dt^n}y(t)+a_{n-1}\frac{d^{n-1}}{dt^{n-1}}y(t)+\cdots+a_1\frac{d}{dt}y(t)+a_0y(t)\\&=b_m\frac{d^m}{dt^m}x(t)+b_{m-1}\frac{d^{m-1}}{dt^{m-1}}x(t)+\cdots+b_1\frac{d}{dt}x(t)+b_0x(t)\end{aligned} \tag{3-22}$$

式中 $y(t)$——测量系统的输出量或响应；

$x(t)$——测量系统的输入量或激励；

t——时间；

n,m——微分方程的阶数；

$a_n,a_{n-1},\cdots,a_1,a_0$ 和 $b_m,b_{m-1},\cdots,b_1,b_0$——是一些只与测量系统特性有关的常数。

使用微分算子 $D^n=\frac{d^n}{dt^n}$，则一般测量系统的传递函数为

$$G(S)=\frac{b_mD^m+b_{m-1}D^{m-1}+\cdots+b_1D+b_0}{a_nD^n+a_{n-1}D^{n-1}+\cdots+a_1D+a_0} \tag{3-23}$$

由此可见，前述一阶、二阶测量系统的传递函数皆属于式(3－23)的特例。

B 测量系统的瞬态响应

上述研究测量系统动态特性的理论方法在实践中往往是不现实的，这主要是由于对于复杂的测量系统而言，很难准确地列出它的运动微分方程式。因此，在实际工作中，往往不是根据传递函数来分析测量系统的动态特性，而是根据它对某些典型信号的响应来评价该系统的动态特性。这是因为用实验方法容易求得测量系统对典型输入的响应特性。下面就来分析两种典型输入情况下的动态响应。

a 阶跃响应

当输入为阶跃信号（例如，突然地加载和卸载）时，测量系统对应的输出称为阶跃响应。阶跃响应是在时域中描述测量系统的动态特性。

阶跃信号的形状如图 3－7(a)所示，用 $A_u(t)$ 表示高度为 A 的阶跃信号，其函数表达式为

$$A_u(t)=\begin{cases}0 & t\leqslant 0\\ A & t>0\end{cases} \tag{3-24}$$

一阶测量系统的阶跃响应：

假定测量系统的出事状态是平衡的，即当 $t=0$ 时，$x(t)=y(t)=0$；如果此时对测量系统施加一个阶跃输入 $x(t)=A_u(t)$，也就是说，在 $t=0$ 时，输入信号由零突然增大到 $A_u(t)$，如图 3－7(a)所示，将该输入代入式(3－24)，得

$$(\tau D+1)y(t)=KA_u(t) \tag{3-25}$$

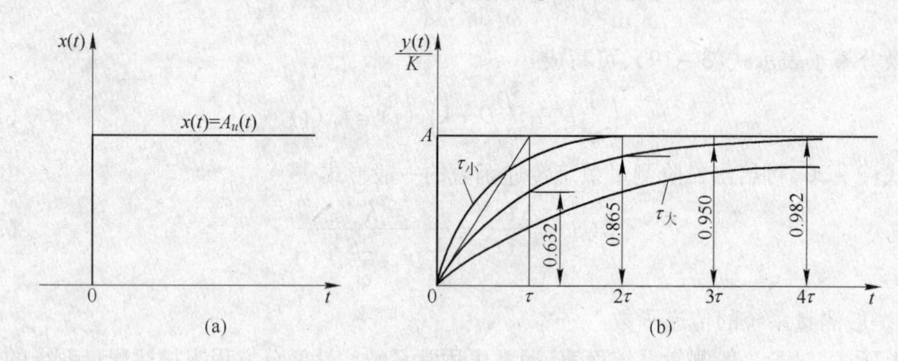

图 3－7 一阶测量系统的阶跃响应

(a)—阶跃信号；(b)—阶跃响应

式(3－25)在阶跃输入下的解是

$$y(t)=KA(1-e^{-\frac{t}{\tau}}) \tag{3-26}$$

为使输出 $y(t)$ 便于与输入 $x(t)$ 比较，取输出为

$$\frac{y(t)}{K}=A(1-e^{-\frac{t}{\tau}}) \tag{3-27}$$

式(3－27)为一阶测量系统的阶跃响应函数，这是时间的指数函数，其曲线如图 3－7(b)所示。一阶测量系统的阶跃响应有如下性质：

(1)一阶测量系统的阶跃响应函数是一条指数曲线，初始值为零。随着时间 t 的增加，输出

不断增大，最终趋于输入值 A。由此可见，从零到最终值这段时间，输出与输入之间存在着明显的差异，这种差异称作动态误差或过渡响应误差。

(2)指数曲线的变化率取决于时间常数 τ，τ 值越小，曲线上升越快，即输出趋于输入的时间越短，响应速度越快，动态误差越小；反之则响应越慢，动态误差越大。可见，τ 值是决定响应快慢的重要因素，故称 τ 为时间常数。当 $t=\tau$ 时，输出仅达到输入值的63%。当 $t=4\tau$ 时，输出已达到输入的98%，此时误差小于2%，一般就规定达到了稳态。为了减小动态误差，尽量采用时间常数 τ 小的测量系统。

二阶测量系统的阶跃响应：

对传递函数为式(3-21)的二阶测量系统，若代入阶跃输入信号 $x(t)=A_u(t)$，则

$$(D^2+2\beta\omega_n D+\omega_n^2)y(t)=K\omega_n^2A_u(t) \tag{3-28}$$

式(3-28)是在阶跃输入下的解，依阻尼度 β 不同有三种情况：

(1)过阻尼($\beta>1$)

$$\frac{y(t)}{KA}=1-\frac{\beta+\sqrt{\beta^2-1}}{2\sqrt{\beta^2-1}}\mathrm{e}^{(-\beta+\sqrt{\beta^2-1})\omega_n t}+\frac{\beta-\sqrt{\beta^2-1}}{2\sqrt{\beta^2-1}}\mathrm{e}^{(-\beta-\sqrt{\beta^2-1})\omega_n t} \tag{3-29}$$

(2)临界阻尼($\beta=1$)

$$\frac{y(t)}{KA}=1-(1+\omega_n t)\mathrm{e}^{-\omega_n t} \tag{3-30}$$

(3)欠阻尼($0<\beta<1$)

$$\frac{y(t)}{KA}=1-\frac{\mathrm{e}^{-\beta\omega_n t}}{\sqrt{1-\beta^2}}\sin\sqrt{1-\beta^2}\,\omega_n t+\arcsin\sqrt{1-\beta^2} \tag{3-31}$$

式(3-29)、式(3-30)、式(3-31)分别为 $\beta>1$、$\beta=1$、$\beta<1$ 时的二阶测量系统的阶跃响应函数。为便于分析，以曲线表示于图3-8，纵坐标取$\frac{y(t)}{KA}$，横坐标取 $\omega_n t$。

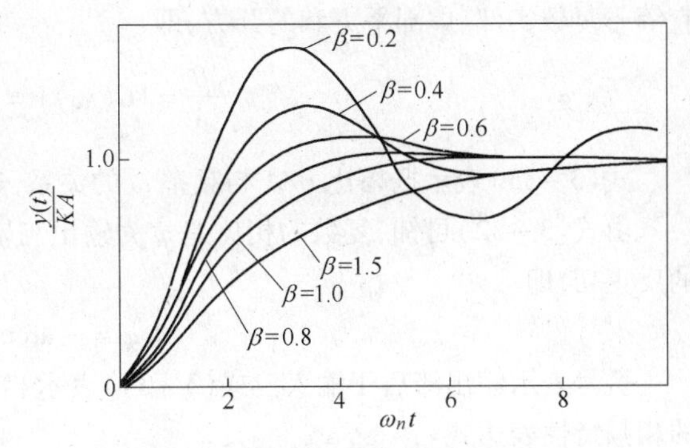

图3-8　二阶测量系统的阶跃响应曲线

由图3-8可见，二阶测量系统的阶跃响应有以下性质：

(1)若输入是一阶跃信号，则阶跃响应函数曲线有三种。当 $\beta\geqslant1$ 时，其输出为指数曲线，随时间增加，输出值逐渐趋于输入值，但不会超过它；当 $\beta<1$ 时，其输出为正弦衰减振荡曲线，随时间增加，输出逐渐稳定在最终值上。阻尼度 β 越小，振荡衰减越慢，输出达到最终值的时间越长。$\beta=0$ 时，输出曲线是一条衰减的等幅振荡。由此可见，输入是一条阶跃曲线，而输出则是上述三种曲线。可见输出不能马上达到输入值，而是需要经过一段时间才能达到输入对应值，这种差异称作过渡响应动误差。

(2)二阶测量系统的响应速度与阻尼度 β 有关。β 值过大或过小，均使输出趋于最终值的时间过长。因此，为了提高响应速度，测量系统的阻尼度 β 通常设计在0.6~0.8之间。

(3)二阶测量系统的阶跃响应速度与其固有频率 ω_n 有关。在阻尼度 β 值一定时，固有频率 ω_n 越大，则阶跃响应速度越高。

综上所述，二阶测量系统的响应速度取决于该系统的固有频率 ω_n 和阻尼度 β。为了减小二阶测量系统的动误差，保证测量精度，测量系统必须满足两个条件：阻尼度 $\beta=0.6\sim0.8$；固有频

率 ω_n 应尽可能高。

b　频率响应

频率响应时测量系统对正弦输入的稳态响应。当测量系统的输入信号为正弦波 $x(t)=A\sin\omega t$ 时，由于过渡响应的影响，开始瞬间输入信号 $y(t)$ 并非为正弦波（图 3－9）。经过一定时间后，过渡响应部分逐渐衰减乃至消失，进入稳态响应阶段，此时系统的输出信号将是一个与输入信号同频率的正弦波 $y(t)=B\sin(\omega t+\varphi)$。对比 $x(t)$ 与 $y(t)$ 可知，具有相同频率 ω，而振幅与相位发生变化：幅值有衰减，相位滞后 φ 角，时间延迟 φ/ω 秒（图 3－9）。一般情况下，即使输入信号振幅 A 不变，只要频率 ω 发生变化，输出信号的振幅与相位也会发生变化。通常把输出量与输入量的振幅之比 B/A 和相位差 φ 随输入信号频率 ω 的变化规律称为频率响应。其中，把输出量与输入量的振幅之比 B/A 随输入信号频率 ω 的变化关系称为测量系统的幅频特性，而相位差 φ 随频率的变化关系称为测量系统的相频特性。幅频特性和相频特性共同表达了测量系统的频率响应特性。

一阶测量系统的频率响应：

将式（3－14）所表示的一阶测量系统传递函数 $G(s)$ 中的 D 用纯虚数 $j\omega$ 代替，即可得到该系统的频率响应函数 $G(j\omega)$（为分析简便，设 $K=1$），得

$$G(j\omega)=\frac{1}{j\omega\tau+1} \qquad (3-32)$$

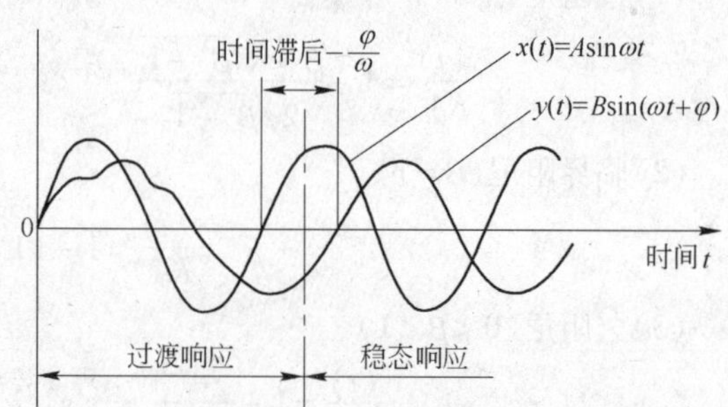

图 3－9　测量系统对正弦波的频率影响

其幅值为输出与输入的幅值之比 B/A，它等于复数实部、虚部平方和的开方，即

$$\frac{B}{A}=|G(j\omega)|=\frac{1}{\sqrt{\omega^2\tau^2+1}} \qquad (3-33)$$

式（3－33）表示振幅比 B/A 与频率 ω 的关系，这是一阶测量系统的幅频特性表达式。

由式（3－32）可知，复数的相位差 φ 为输出与输入的相位差 φ，它等于复数虚部与实部之比的反正切，即

$$\varphi=-\arctan\omega\tau \qquad (3-34)$$

负号表示输出滞后于输入。式（3－34）表示相位差 φ 与频率 ω 的关系，这是一阶测量系统的相频特性表达式。

为便于分析，把幅频特性式（3－33）和相频特性式（3－34）用曲线表示，如图 3－10 所示。

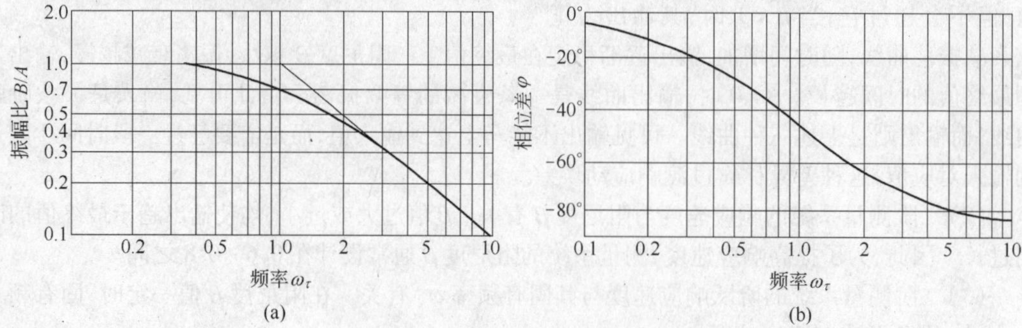

图 3－10　一阶测量系统频率响应特性

（a）——一阶测量系统的幅频特性；（b）——一阶测量系统的相频特性

(1)振幅比 B/A 随角频率 ω 增大而减小;而相位差 φ 随角频率 ω 增大而增大。B/A 和 φ 表示输出与输入的差异,称为稳态响应动误差。

(2)系统的频率响应与时间常数 τ 有关。当 $\omega\tau<0.3$ 时,频幅和相位失真都小。可见,τ 越小,频率响应越快,动态误差越小。因此,为了减小动态误差,尽量采用时间常数 τ 小的一阶测量系统。

二阶测量系统的频率响应:

将式(3-21)所表示的二阶测量系统的传递函数 $G(s)$ 中的 D 用纯虚数 $j\omega$ 代替,即可得到该系统的频率响应函数 $G(j\omega)$(为了分析简便,设 $K=1$),得

$$G(j\omega)=\frac{1}{1-\left(\frac{\omega}{\omega_n}\right)^2+2j\beta\frac{\omega}{\omega_n}} \tag{3-35}$$

由式(3-35)得幅频特性表达式

$$\frac{B}{A}=\frac{1}{\sqrt{\left[1-\left(\frac{\omega}{\omega_n}\right)^2\right]^2+4\beta^2\left(\frac{\omega}{\omega_n}\right)^2}} \tag{3-36}$$

相频特性表达式

$$\varphi=-\arctan\frac{2\beta\frac{\omega}{\omega_n}}{1-\left(\frac{\omega}{\omega_n}\right)^2} \tag{3-37}$$

为直观起见,由式(3-36)和式(3-37)做出幅频特性曲线和相频特性曲线。

二阶测量系统频率响应的特点是:

(1)系统的频率响应随阻尼度 β 的变化而不同,当 β 较小,且 $\frac{\omega}{\omega_n}=1$,$\frac{B}{A}>1$;$\beta$ 较大时,$\frac{B}{A}<1$;只有在 $\beta=0.6\sim0.8$ 时,$\frac{B}{A}=1$ 的频率范围最大,且这是相频上同一频率范围内,φ 与频率呈近似线性关系。在这种情况下,系统具有理想的频率特性。因此,为获得较宽的频率范围,且稳态响应动误差较小,二阶测量系统的阻尼度应设计为0.6~0.8。

(2)系统的频率响应随固有角频率 ω_n 的大小而不同。ω_n 越高,稳态响应动误差小的工作频率范围越宽;反之,ω_n 越低,则此工作频率范围越窄。

综上所述,二阶测量系统的响应速度取决于该系统的固有频率 ω_n 和阻尼度 β。为了减小系统的动态误差,保证测量精度,测量系统必须满足两个条件:阻尼度 β 应取在0.6~0.8之间,固有频率 ω_n 应尽可能高。

3.1.5 测试技术在轧钢生产中的作用

在轧钢生产中,多数设备是在重载、高温、多尘等恶劣环境下进行工作的,设备的技术性能和运转状况对生产过程和产品质量有着重要的影响。因此,在保证设备高效能和正常运转的情况下,如何安排生产工艺规程,以便达到高产、优质、低耗是现代轧钢生产亟待解决的课题。诚然,计算轧制工艺参数有许多理论公式和半经验公式,但这些公式都是在一定条件下推导出来的,必然带有一定局限性。鉴于目前轧制理论的发展水平,尚不能精确地解决在各种具体生产下的工艺参数的计算问题。因此,比较可靠的办法还是对轧制工艺参数进行直接测定,以取得在不同生产工艺条件下的实测数据作为编制生产工艺规程的依据。可见,测试技术对轧钢生产和科学研究有以下几个方面的作用:

(1)利用现代的测试手段,研究和鉴别生产过程中发生的各种物理现象,对现有工艺设备、产品质量等进行剖析,以明确进一步改进方向和改进方案。

(2)摸清现有设备的负荷水平,保证设备安全运转条件下,充分发挥现有设备潜力,扩大品种,以达到高产、优质、低耗之目的。

(3)通过大量的测试研究,得出相应的计算公式(轧制力、力矩的计算公式)。

(4)通过对测试结果的综合分析,可为科研人员验证现有理论和建立新理论、设计人员确定最佳工艺、工艺人员拟定最佳工艺规程等提供科学依据。

(5)通过测定现有设备或新设备主要部件受力状态、运动规律等,从而判断该设备的性能是否符合设计要求。

(6)在轧钢生产的自动控制系统中,也需要对力学参数进行检测,作为系统的反馈信号对生产过程进行自动调节和控制。

总之,没有现代化的测试技术,要发展轧钢生产是困难的,甚至是不可能的。实践证明,生产技术的发展是和测试技术的发展息息相关,相互渗透,相互促进的。因为生产发展推动了测试技术的发展,反过来,测试技术的发展又促进了生产技术的不断提高。因此,测试技术水平在一定程度上也标志着生产和科学技术的发展水平。

3.2　传感器工作原理及其测量电路

3.2.1　传感器概述

在材料科学测试技术中涉及的被测量无论是过程量,还是机械量,均是非电学量。传感器是利用物理、化学原理,在非电量作用下产生电效应,即把非电量转换成电量的装置。如电感式传感器能将位移量转换成电感量,电阻应变片将机械力作用在弹性元件上产生的表面变形转为电阻的变化。传感器工作性能的好坏直接影响到测试结果。要求其具有较高的灵敏度,较好的静态特性、动态特性和线性关系。还要求结构简单和工作可靠。由于被转换的被测非电量千差万别,因此起转换作用的传感器也多种多样,其转换原理涉及多种学科,如物理学、化学、材料学甚至生物学等。

传感器种类繁多,分类方法也同样多种多样,以下为传感器的不同分类方法:

(1) 按传感器的所属学科分类,可分为物理型、化学型和生物型。物理型是利用各种物理效应,把被测量转换成电量参数;化学型是利用化学反应,把被测量转换成为电量参数;生物型是利用生物效应及机体部分组织、微生物,把被测量转换为电量参数。

(2) 按传感器转换原理分类,可分为电阻式、电感式、电容式、电磁式、光电式、热电式、压电式、霍尔式、微波式、激光式、超声式、光纤式及核辐射式等等。

(3) 按传感器的用途分类,可分为温度、压力、流量、重量、位移、速度、加速度、力、电压、电流、功率物性参数等等。

(4) 按传感器转换过程中的物理现象分类,可分为结构型和物性型。结构型是依靠传感器结构变化来实现参数转换的;物性型是利用传感器的敏感元件特性变化实现参数转换的。

(5) 按传感器转换过程中的能量关系分类,可分为能量转换型和能量控制型。能量转换型是传感器直接将被测量的能量转换为输出量的能量;能量控制型是由外部供给传感器能量,而由被测量来控制输出的能量。

(6) 按传感器输出量的形式分类,可分为模拟式和数字式。模拟式传感器输出为模拟量;数字式传感器输出直接为数字量。

(7) 按传感器的功能分类,可分为传统型和智能型。传统型传感器一般是指只具有显示和输出功能的传感器;真正意义上的智能传感器,应该具备学习、推理、感知、通讯等功能,具有精度高、性能价格比高、使用方便等特点。智能型传感器发展迅速,目前可实现的功能,概括起来有:1)具有自校零、自标定、自校正功能;2)具有自动补偿功能;3)能够自动采集数据,并对数据进行预处理;4)能够自动进行检验、自选量程、自动诊断故障;5)具有数据存储、记忆与信息处理功能;6)具有双向通讯、标准化数字输出或者符号输出功能;7)具有判断、决策处理功能。

3.2.2 传感器发展概述

传感器的种类繁多,应用范围和领域极广,新型传感器不断涌现。促使传感器发展的原因很多,从以下几方面可以看出其梗概:

(1)新效应的发现。物理现象、化学反应和生物效应是各种传感器工作的基本原理,所以发现新现象与新效应是发展传感技术的重要工作,是研制新型传感器的重要基础。例如超导效应的发现和超导技术的研制成功,研制出了高温超导磁传感器,其灵敏度比霍尔器件高、仅次于超导量子干涉器件,而制造工艺又比超导量子器件简单,具有广泛的应用价值。

(2)功能材料的开发。材料是传感技术的重要基础,由于材料科学的进步,人们在开发新材料时,可任意控制它们的成分,从而制造出用于传感器的各种功能材料,促进了各种新型传感器的出现。例如改变半导体氧化物成分,可以制造出各种气体传感器;光导纤维的出现,带来多种光纤传感器。

(3)采用微细加工技术。微细加工技术起源于半导体技术,如氧化、光刻、扩散、沉积、平面电子工艺、各向异性腐蚀以及蒸镀、溅射薄膜工艺等。将这种技术引进传感器制造,就产生了MEMS 传感器。例如,基于微管道内介质热对流的加速度传感器、基于微线圈制造工艺的磁场传感器等。

(4)采用集成技术。采用集成技术,研制多功能集成传感器是传感器发展的又一热点。例如,采用半导体工艺,在同一芯片上制作出静压、压差和温度三种敏感元件的集成压力传感器;同时检测 Na^+、K^+、H^+ 的多离子传感器等。

(5)与微电子技术结合。利用微电子技术的优势,设计制造出具有强大功能的信号处理芯片,把它与传感器的敏感元件结合,出现了具有强大生命力的智能化传感器和多种传感器技术。

(6)采用纳米技术。纳米材料中的基本颗粒直径在100nm 以下,它所对应的是材料的分子或原子颗粒。这种微小的结构颗粒对光、机械力和电的反应完全不同于微米或毫米级的结构颗粒,它们从宏观上显示出许多奇妙的特性。近些年来,世界各国对纳米技术、纳米材料及应用技术的研究非常重视,投入大量人力和资金,使其得到快速发展,电子技术也将从微电子时代进入"后硅器时代"或称"纳米电子时代"。

目前,国内外已经制成多种纳米电子器件,如原子级纳米晶体管、纳米导线、单分子电路、纳米级芯片、纳米存储器等。用于检测压力、力矩、加速度、振动、位移、流量、磁感应强度、温度、湿度、气体成分、pH 值、离子浓度、传感器已取得重要成果;纳米传感器与传统传感器相比,纳米传感器具有体积小、分析响应速度快、能耗低和效率高等优点,成为传感器发展的重要方向。

3.2.3 电阻式应变传感器

电阻式传感器是将线位移或角位移转换成电阻变化的装置。位移较大时有滑线电阻式、碳阻式,位移极小时有应变式等。电阻应变式传感器是应用广泛的传感器之一。将电阻应变片(也称应变片或应变计)粘贴到各种弹性敏感元件上,可构成测量位移、加速度、力、力矩、压力等各种参数的电阻应变式传感器。

电阻应变式传感器具有结构简单,使用方便,性能稳定、可靠,易于实现测试过程自动化和多点同步测量、灵敏度高,测量速度快,适合静态、动态测量,可以测量多种物理量等诸多优点,已广泛应用于诸如航空、机械、电力、化工、建筑等许多领域。

电阻应变式传感器的核心元件是电阻应变片,其工作原理是基于电阻应变效应。

3.2.3.1　应变片的结构

应变片的结构和形式是多种多样的。无论何种应变片,一般均由基底、黏结层、敏感栅、覆盖层以及引线等构成,典型的纸基金属丝应变片,如图 3-11 所示。

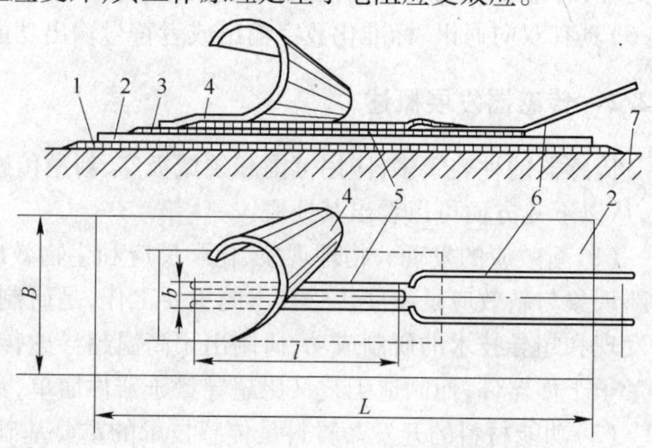

图 3-11　纸基金属丝应变片的构造

1,3—黏结层;2—基体;4—覆盖层;5—敏感栅;6—引线;7—试件

A　敏感栅

它是应变片的敏感元件,其作用是感受欲测试件的机械应变,并把它转换成电阻变化。敏感栅的材料有金属(高电阻合金丝或箔)和半导体(硅、锗等)两大类。它应满足下列要求:

(1)灵敏系数大,而且为常数,能在较大的应变范围内保持线性;

(2)电阻率高,以便制造小型应变片,供测量应力集中用;

(3)电阻温度系数小,具有足够的热稳定性;

(4)加工和焊接性能好,以利于制成细丝或箔片;

(5)具有足够的机械强度,以免制片时被拉断。

上述要求很难全部满足,只能根据使用条件挑选。一般来说,测量静应变时,应选用电阻温度系数低的材料。测量动应变时,应选用灵敏系数高的材料。目前,国内外广泛用作应变片的敏感栅材料,见表 3-1。

表 3-1　常用的应变片敏感栅材料的物理性能

合金类型	商品名或牌号	合金 元素	合金 含量/%	灵敏系数 K	电阻率 ρ /$\Omega\cdot mm^2\cdot m^{-1}$	电阻温度系数/℃	线膨胀系数/$℃^{-1}$	最高使用温度/℃
铜镍合金	康铜(Constantan)	Cu	60	1.9~2.1	0.45~0.52	$\pm20\times10^{-6}$	14.9×10^{-6}	300(静态测量) 400(动态测量)
		Ni	40					
	阿范斯(Advance)	Cu	57	约2	约0.49			
		Ni	43					
镍铬合金	尼克罗姆(Nichrome)	Ni	80	2.1~2.3	1.0~1.1	$(110\sim130)\times10^{-6}$	14×10^{-6}	450(静态测量) 800(动态测量)
		Cr	20					
镍铬铝合金	卡马合金(Karma) (6J22)	Ni	73	约2.4	1.33	$\pm20\times10^{-6}$	13.3×10^{-6}	450(静态测量) 800(动态测量)
		Cr	20					
		Al	3~4					
		Fe	余量					
	6J23	Ni	75					
		Cr	20					
		Al	3					
		Cu	2					

续表 3-1

合金类型	商品名或牌号	合金		灵敏系数 K	电阻率 ρ /$\Omega \cdot mm^2 \cdot m^{-1}$	电阻温度系数 /℃	线膨胀系数 /$℃^{-1}$	最高使用温度/℃
		元素	含量/%					
铁镍铬合金	恒弹性合金（Iso-Elastic）	Fe Ni Cr Mn	52 36 8 4	3.6	0.84	300×10^{-6}		

目前使用最多的是铜镍合金，因为它的灵敏系数比较稳定，能在较大的应变范围内保持不变。此外，它还具有电阻率高、电阻温度系数低、易于加工、价廉等优点。

镍铬合金的主要特点是电阻率高，约为康铜的二倍，但其电阻温度系数大，常用于不能使用铜镍合金的较高温度场合。

镍铬铝合金是镍铬合金的改良型，它兼有以上两种合金的优点，既有较高的灵敏系数和电阻率，又有较低的电阻温度系数，因此也是一种较理想的敏感栅材料。然而，由于制造工艺复杂，焊接性能差，故目前主要用于制造中、高温应变片。

我国常用康铜，俄罗斯常用康铜和镍铬，美国常用阿范斯和恒弹性合金，英国和欧洲各国常用镍铬，日本常用阿范斯。

B 基底

基底的作用是固定和支撑敏感栅。在应变片的制造和储存过程中，保持其几何形状不变。当把它粘贴在试件上之后，与粘接层一起将试件的变形传递给敏感栅，同时又起到敏感栅与试件之间的电绝缘作用，避免短路。

对基底材料的要求是机械性能好，防潮性好，热稳定性好，线膨胀系数小，柔软便于粘贴等。

由于使用场合不同，采用的基底材料也不相同，常温应变片的基底材料有纸基和胶基两种：

纸基一般用多孔性、不含油分的薄纸（厚度约为 0.02～0.05mm）。例如，拷贝纸、高级香烟纸等。纸基的优点是柔软、易于粘贴、应变极限大、价廉等。缺点是防潮、绝缘和耐热性稍差。使用温度为 -50～+80℃。

胶基一般用酚醛树脂、环氧树脂以及聚酰亚胺等有机聚合物薄膜（厚度约为 0.03mm），其中，尤以聚酰亚胺为最佳。胶基的优点是强度高、耐热、防潮和绝缘等方面均优于纸基。使用温度为 -50～+170℃。聚酰亚胺可使用到 300℃。

高温应变片的基底材料为石棉、无碱玻璃布以及金属薄片（镍铬铝片或不锈钢片）等。使用温度为 400℃。

C 黏结层（剂）

黏结层（剂）的作用是将敏感栅固定在基底上，或将应变片基底固定在被测试件的表面上。

D 覆盖层

覆盖层的作用是帮助基底维持敏感栅的几何形状，同时保护敏感栅不与外界金属物接触，以免短路或受到机械损伤。覆盖层的材料一般与基底材料相同。

E 引线

引线的作用是把敏感栅介入测量电路，以便从敏感栅引出电信号。引线材料一般用低阻值的镀锡铜丝，直径为 0.15～0.20mm，长度为 40～50mm。高温应变片引线用镍铬铝丝。

3.2.3.2 电阻应变片的分类

应变片的种类很多，分类方法也各异。通常是按敏感栅材料分为导体（金属栅）应变片和半导体应变片;此外,按敏感栅数目、形状和配置分,有单轴应变片、多轴应变片(应变花)和特殊型应变片;按基底材料分,有纸基应变片、胶基应变片和金属基应变片;按应变片的工作温度分,有常温、中温、高温、低温和超低温应变片;按粘贴方式分,有粘贴式、焊接式、喷涂式和埋入式应变片。

3.2.3.3 几种常用应变片及其特点

A 纸基金属丝应变片(简称丝式应变片)

按金属丝的缠绕形式分,有丝绕式和短接式应变片。其敏感栅由一根直径为0.02~0.05mm的高电阻合金丝绕制成栅状,用黏结剂把它粘贴到绝缘的二层薄纸(基底和覆盖层)之间。

优点是制造简单,价格低廉,粘贴容易,因而目前国内还在使用。

缺点是防潮性和耐热性差,只适用于室内60℃以下的常温、干燥和短期测量场合,而且需采取防潮措施。此外,横向效应大,难以制成基长小于2mm的应变片。

B 胶基金属箔应变片(简称箔式应变片)

胶基金属箔应变片是由非常薄(厚度为0.001~0.010mm)的高电阻合金箔制成栅状。制片时,先在金属箔的一面涂上一层树脂,经聚合处理后形成胶膜作为基底。然后在箔的另一面上涂上一层感光剂,采用光刻腐蚀技术制成所要求的敏感栅形状。

与丝式应变片相比,箔式应变片具有以下优点:

(1) 输出信号大(金属箔的表面积大、散热条件好,允许通过较大的电流),以致不必放大即可直接推动指示器或记录器,从而大大地简化了测量装置。可制成基长很小(达0.3mm)和各种特殊形状的应变片,以适应各种不同的测量对象和试验要求,这是丝式应变片无法比拟的。

(2) 横向效应小(因敏感栅端部横向部分宽),从而提高了应变测量精度。

(3) 绝缘和防潮性能好,因为它的基底是胶膜而不是纸。

(4) 在试件弯曲处粘贴应变片困难。

C 应变花

具有两组以上敏感栅,而各组敏感栅轴线彼此成一定角度的应变片称作应变花,如图3-12所示。它用于测量两个以上方向的应变,例如,压力容器和管道等。

D 半导体应变片

用半导体材料制作敏感栅的应变片称作半导体应变片,它是用P型或N型硅或锗的单晶体为材料,按应力引起电阻变化最大的晶轴方向,经过切片、磨片、腐蚀、制作、焊接电极、片子老化处理、粘贴、加温加压处理等工艺制成。其突出优点是灵敏系数大(比金属栅应变片大数十倍),输出信号大,以致不需放大就能直接测量,因而使测量系统简化。此外,机械滞后小、横向效应小、尺寸小等。缺点是电阻温度系数大、线性差、热稳定性差。加之价格较贵,故未得到广泛应用。

E 温度自补偿应变片

当温度变化时,应变片中产生的电阻增量等于零或互相抵消,而不产生虚假应变的应变片称作温度自补偿应变片。温度自补偿应变片主要有三种:选择式、联合式和组合式自补偿应变片。其中,以后者为佳。它是利用某些电阻材料的电阻温度系数有正负的特性,将两者串接制成一个应变片。这样在温度变化时产生的电阻增量大小相等,符号相反,从而互相抵消,实现温度自补偿。

3.2.3.4 电阻应变片的主要特性及参数

电阻应变片的工作特性是指用数据或曲线表达的应变片的性能和特点,应变片的主要参数是指能反映应变片性能优劣的指标。实际上,通过应变片的主要参数就能得知其工作特性。

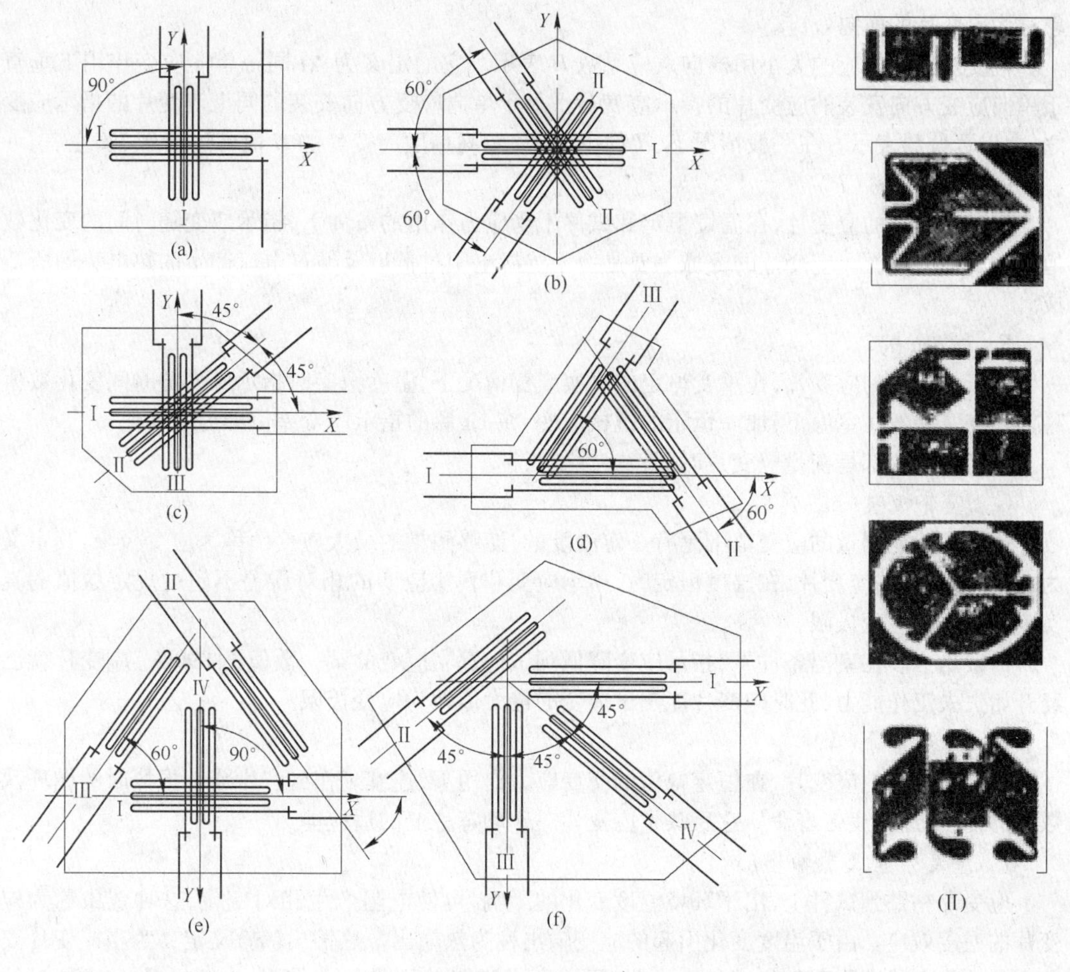

图 3－12 各种应变花

A 应变片电阻值(R)

应变片在没有粘贴及未参与变形前，在室温下测定的电阻值称为初始电阻值(单位为 Ω)。应变片阻值有一定的系列，如 60Ω、120Ω、250Ω、3500Ω 和 10000Ω，其中以 120Ω 最为常用。应变片电阻值的大小应与测量电路相配合。

B 灵敏系数(K)

灵敏系数 K 是应变片的重要参数。K 值误差的大小也是衡量应变片质量的重要标志。电阻应变片的 K 值及其误差一般以平均灵敏系数值 $\overline{K}$ 及相对均方根差 σ 表示

$$K = \overline{K} + \sigma$$

C 机械滞后(Z_j)

对于已安装的试样表面的应变片，在温度恒定时，增加或减少机械应变过程中，在同一机械应变量的作用下指示应变的差数，称为应变片的机械滞后。

造成机械滞后的原因很多，主要是敏感栅、基底和黏合剂在承受机械应变以后所留下的残余变形。

D 横向效应及横向效应系数(H)

应变片在感受被测试件的应变时，横向应变将使其电阻变化率减小，从而降低灵敏系数的现

象称为应变片的横向效应。

应变片横向效应的大小用横向效应系数 H 表示。它的定义为:在同一单向应变作用下垂直于单向应变方向安装的应变片的指示应变与平行于单向应变方向安装的同批应变片的指示应变之比,以百分数表示。在一般情况下,H 都小于2%。高精度应变片的 H 值可达到0.2%左右。

E　零点漂移(P)

对于已安装的应变片,在温度恒定和试件不受应力作用的条件下,指示应变随时间的变化数值通常简称为零漂。应变片的零漂主要是由于绝缘电阻过低以及通过电流产生的热电势等所造成。

F　蠕变(θ)

对于已安装的应变片,在承受恒定的真实应变情况下,温度恒定时指示应变随时间变化数值称为蠕变。一般在室温下,加一恒定的机械应变,在1h后的指示应变差值即为蠕变值。

零漂和蠕变都是衡量应变片时间稳定性的指标。

G　应变极限($\varepsilon_{\lim}$)

应变片所能测量的应变范围是有一定限度的,能够测量的最大应变值称为应变极限,其定义为:对于已安装的应变片,在温度恒定时,指示应变和真实应变的相对误差不超过规定数值的真实应变值称为应变极限。

一般认为。在室温条件下,指示应变降低到试件真实应变的某一数值(如90%)应变片就已经开始失去工作能力,此时应变片能测试应变的最大值即为应变极限。

H　疲劳寿命(N)

对于已安装的应变片,在恒定幅值的交变应力作用下,连续工作到产生疲劳损坏时的循环次数,称为应变片的疲劳寿命。它反映了应变片对于动态应变的适应能力。

I　温度效应及热输出(ε_i)

应变片粘贴到试件上,出于环境温度变化的影响,可使电阻产生相对变化,这种现象称为应变片的温度效应。由于温度变化引起的应变输出称为热输出。热输出(ε_i)又定义为当应变片安装在某一具有线膨胀系数的试件上,试件可以自由膨胀并不受外力作用,在缓慢升(或降)温的均匀温度场内,由温度变化引起的指示应变。其表达式为:

$$\varepsilon_i = \left(\frac{\Delta R}{R}\right)_i / k = \left[\frac{a_i}{k} + (\beta_s - \beta_f)\right]\Delta t$$

式中　$(\Delta R/R)$——应变片由温度所引起的总的电阻相对变化;

ε_i——应变片的热输出;

k——应变片的灵敏系数;

a_i——应变片敏感栅材料的电阻温度系数;

β_s——试件材料的线膨胀系数(1/℃);

β_f——敏感栅材料的线膨胀系数(1/℃);

Δt——环境温度的变化量。

J　应变片的最大工作电流($I_{\max}$)

当应变片接入电路通以电流时,若电流超过某一规定值后,由于产生的热效应将使应变片温度不断升高,严重地影响其工作特性,甚至烧坏应变片敏感栅,因此需要规定允许通过应变片敏感栅而不影响其工作特性的最大电流值。这个电流值称为应变片的最大工作电流($I_{\max}$)。

确定应变片的 $I_{\max}$ 值是多种因素综合考虑的结果,一般由生产厂家提供。丝式应变片通常规定的 $I_{\max}$ 为25mA。但在动态测量或使用箔式应变片时可取得大一些,约为75~100mA。应变片

的最大工作电流 I_{max} 的选取也可以以应变片的零漂不超过允许值作为依据。

K 绝缘电阻(R_m)

已安装的应变片的敏感栅从引线与被测试件之间的电阻值称为应变片的绝缘电阻(R_m)。它是检查应变片的粘贴质量与黏合剂是否干燥或固化的重要指标。绝缘电阻越高越好。在室温下,应变片的绝缘电阻在500~5000MΩ之间。

L 温度补偿

应变片粘贴到试件上,由于环境温度变化的影响,将使电阻产生变化,这种现象称为应变片的温度效应。由温度变化引起的虚假应变有时会产生与真实应变同数量级的误差。因此,必须采用补偿温度误差的措施。通常温度补偿误差补偿方法有两类:自补偿法和电路补偿法。其中电路补偿法,用于常温下的测量;使用温度自补偿应变片,用于高温下的测量。自补偿法是通过精心选配敏感材料和结构参数来实现温度补偿的。实际使用应变片时,主要根据试件材料带温度自补偿的应变片。下面介绍利用补偿应变片进行温度补偿的电路补偿法。

最常用和最好的补偿方法是电路补偿法。它是利用电桥的原理,其结构如图3-13所示,工作应变片 R_1 粘贴在试件上,补偿应变片 R_2 粘贴在材料、温度与时间都相同的补偿件上。

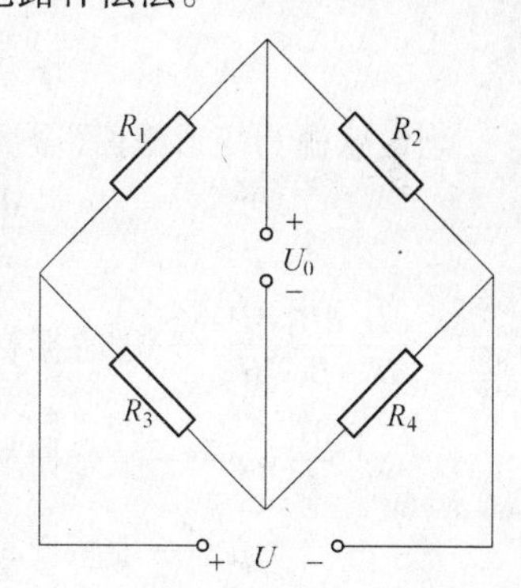

图3-13 电桥补偿法

工作时只有应变片 R_1 感受应变,补偿片不感受应变,电桥输出电压只是与被测试件上的应变有关;工作片 R_1 和补偿片 R_2 的特性完全相同,因此环境温度变化时两个应变片的电阻变化 ΔR_{1t} 和 ΔR_{2t} 完全相等,电桥输出电压与环境温度无关。另外对于某些特殊的应变测试条件,可以巧妙安装应变片而做到既不需要补偿片又能提高灵敏度的"双赢"效果。如图3-14所示在测量梁的弯曲应变时,将两个应变片分别粘贴在梁上下两面对称位置,R_1 和 R_B 特性相同,他们的电阻变化值相同但符号相反,如果将它们作为相邻的桥臂构成差动电桥,不仅可以提高灵敏度(比单片时增加一倍),而且当上下梁温度一致时,R_1 和 R_B 可起到温度补偿的作用。电桥补偿法简单易行,使用普通应变片就可对各种试件材料在较大温度范围内进行温度补偿,因而最为常用。

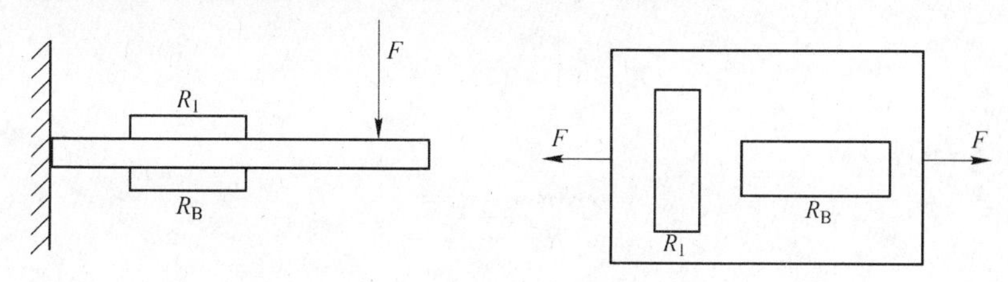

图3-14 差动式电桥补偿法

3.2.3.5 电阻应变式传感器工作原理

A 金属栅应变片的工作原理

金属栅应变片的工作原理是基于导体的电阻应变效应特性。即导体受到外力作用发生变形(伸长或缩短)时,其电阻值也将随之发生变化的物理现象。

现截取应变片敏感栅(金属丝)的一部分(图3-15),以求其电阻变化率与应变量之间的关系。

由物理学可知,金属材料的电阻值与两个因素有关:一是几何尺寸,二是材料性质——电阻率。当金属丝未受外力作用时,其原始电阻值

$$R=\rho\frac{L}{A}\tag{3-38}$$

式中　ρ——金属丝的电阻率，$\Omega\cdot mm^2/m$；

L——金属丝的长度，m；

A——金属丝的横截面积，mm^2。

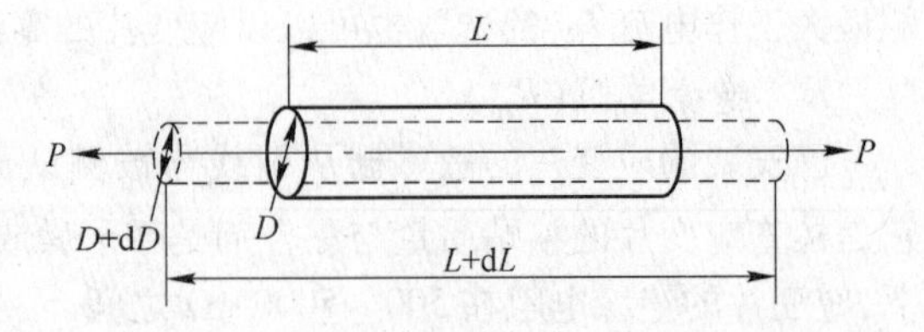

图 3-15　金属丝拉伸后几何尺寸的变化

当金属丝受到轴向力 P（或应变 ε）作用时，不仅它的几何尺寸（长度和横截面积），而且电阻率 ρ 都发生变化（图 3-15），故其电阻值 R 也随之发生变化。为求得电阻变化率，将式(3-38)两端取对数后，再进行全微分，得电阻变化率（电阻值的相对变化）

$$\frac{dR}{R}=\frac{d\rho}{\rho}+\frac{dL}{L}-\frac{dA}{A}\tag{3-39}$$

当敏感栅为圆截面（金属丝），直径为 D 时，其横截面积变化率

$$\frac{dA}{A}=2\frac{dD}{D}=-2\mu\frac{dL}{L}=-2\mu\varepsilon\tag{3-40}$$

当敏感栅为矩形截面（金属箔），宽度为 B，厚度为 H 时，其横截面积变化率

$$\frac{dA}{A}=\frac{dB}{B}+\frac{dH}{H}=-\mu\frac{dL}{L}-\mu\frac{dL}{L}=-2\mu\varepsilon\tag{3-41}$$

式中　$\frac{dD}{D}$、$\frac{dB}{B}$、$\frac{dH}{H}$——敏感栅材料的横向应变；

$\frac{dL}{L}=\varepsilon$——敏感栅材料的纵向应变；

μ——敏感栅材料的泊松比。

由式(3-40)和式(3-41)可见，不论敏感栅横截面形状如何，其结果是相同的。故将此二式之一代入式(3-41)，整理后，得

$$\frac{dR}{R}=(1+2\mu)\varepsilon+\frac{d\rho}{\rho}\tag{3-42}$$

或

$$\frac{dR}{R}/\varepsilon=(1+2\mu)+\frac{d\rho}{\rho}/\varepsilon\tag{3-43}$$

令

$$K_0=(1+2\mu)+\frac{d\rho}{\rho}/\varepsilon\tag{3-44}$$

代入式(3-43)，得

$$\frac{dR}{R}/\varepsilon=K_0$$

$$\frac{dR}{R}=K_0\varepsilon\text{ 或 }\frac{\Delta R}{R}=K_0\varepsilon\tag{3-45}$$

式中，K_0 为一段敏感栅材料的应变灵敏系数，它仅与敏感栅材料性质有关，其物理意义是单位应变所引起敏感栅材料的电阻变化率，它表示敏感栅材料的电阻随着机械应变而发生变化的灵敏程度。在同一应变 ε 的条件下，K_0 越大，单位应变引起的电阻变化越大。

式(3-45)是电阻变化率与应变的基本关系式。它表明，敏感栅材料的电阻变化率与应变成线性关系。如果已知 K_0，再测出$\frac{\Delta R}{R}$，就可以求出应变 ε，这就是金属应变片的工作原理。

实测中，K_0 和 R 是已知的，只是将电阻变化量 ΔR 通过适当的变换后，在电阻应变仪上直接读出所对应的应变量 ε。

B 半导体应变片的工作原理

半导体应变片的工作原理是基于晶体的“压阻效应”原理制成的。所谓“压阻效应”是指晶体承受轴向应力时，其电阻率就会发生明显的变化，从而造成电阻值改变的现象。

当半导体应变片受到外力作用时，其电阻变化率

$$\frac{\Delta R}{R}=(1+2\mu)\varepsilon+\frac{\Delta\rho}{\rho} \tag{3-46}$$

式中，$\frac{\Delta\rho}{\rho}$为半导体应变片中，一片晶体受到外力作用时的电阻率的变化率，其大小与沿一片晶体纵轴所受到的应力之比为一常数，这个常数称为压阻效应系数，即

$$\frac{\Delta\rho}{\rho}=\pi_l\cdot\sigma$$

或

$$\frac{\Delta\rho}{\rho}=\pi_l\cdot\varepsilon E \tag{3-47}$$

将式(3-47)代入式(3-46)，得

$$\frac{\Delta R}{R}=[(1+2\mu)+\pi_l E]\varepsilon$$

半导体应变片的灵敏系数 K_ρ 为

$$K_\rho=\frac{\Delta R}{R}/\varepsilon=(1+2\mu)+\pi_l E \tag{3-48}$$

由式(3-48)可见，右边第一项是由半导体几何形状变化引起的，其值在1.6左右。第二项是由半导体的压阻效应引起的，其值远大于第一项。因此，对半导体来说，主要是压阻效应的影响最大，而形状效应很小，以致可以忽略，故式(3-48)可改写为

$$K_\rho=\pi_l E \tag{3-49}$$

以上各式中 π_l——半导体材料的压阻效应系数；

E——半导体材料的弹性模量；

σ——半导体应变片沿其纵轴产生的应力。

3.2.3.6 电桥电路

电阻应变片把机械应变信号转换为 $\Delta R/R$ 后，由于应变量及相应电阻变化一般都很微小，难以直接测量，且不便处理。因此，要采用相应的转换电路将电阻变化 $\Delta R/R$ 进一步转换成电压或电流信号，电阻变化量一般都采用电桥电路作为转换电路，电桥按工作状态分平衡电桥和不平衡电桥；按桥臂的参数分电阻桥和阻抗桥；按桥电源性质分直流、交流、恒压和恒流；按工作桥臂数分单臂、双臂(同向或差动变化)、四臂(差动全桥)。由此可组合出各种形式的桥，如恒压(或恒流)源不平衡电阻(或阻抗)单臂(或差动变化)桥等，不同类型电桥的原理与平衡条件各有异同，下面分别叙述。

A 平衡电桥及平衡条件

由电工学知，当电桥两组相对桥臂参数乘积相等时桥达到平衡(即桥输出电压 U_L 为零)。

a 电阻桥的平衡条件

图3-16(a)所示为 $R_1R_4=R_2R_3$，由于桥表示形式还有图3-16中的(b)(c)(d)(e)等，这些均会出现在各种书籍和资料中，但平衡条件不变，只是具体公式有差别，阅读和应用时务必注意，本章只讨论(a)型。

b 阻抗电桥平衡条件

阻抗电桥相当于电阻桥中桥臂改为阻抗，$Z_1=z_1e^{j\phi_1}$，$Z_2=z_2e^{j\phi_2}$，$Z_3=z_3e^{j\phi_3}$，$Z_4=z_4e^{j\phi_4}$。其平衡

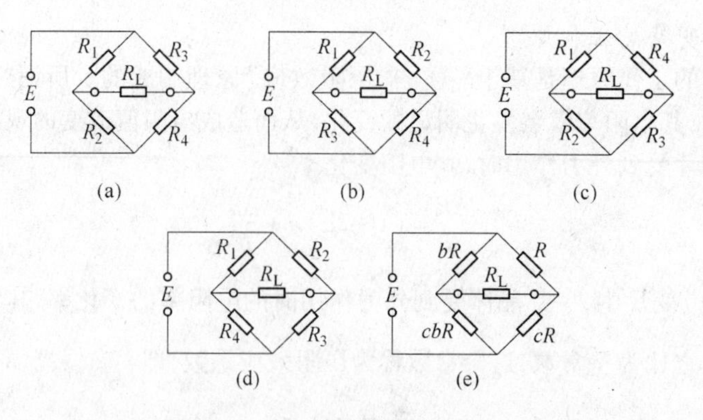

图 3-16　电桥电阻的形式

条件为 $Z_1Z_4=Z_2Z_3$。具体为：幅值方面 $z_1z_4=z_2z_3$ 与相角方面两个条件，这正是交流电桥的平衡远比电阻桥难以调节的主要原因。

平衡桥的工作原理是：以电阻桥为例，若 R_3、R_4 已知，当被测量使 R_1 变成 R_x，那么调节由标准电阻组成的 R_2 使桥达到平衡，从 $R_x=\frac{R_3}{R_4}R_2$ 即可求出 R_x，一般设计 $R_3=R_4$，此时调节桥平衡的 R_2 值即反映 R_x 的大小。

B　电桥的初始平衡调节

应用电桥时，初始总要使其先处于平衡状态，但由于种种原因（制作时桥臂参数微小差异或分布参数等影响），桥常未处于平衡状态。为此要在桥回路中加入调节初始平衡的措施或环节。

C　不平衡电桥输出特性

不平衡桥的工作原理是在桥的初始平衡前提下，因被测量变化使桥臂参数变化，造成桥的失衡，产生不平衡输出 U_L，依靠 U_L 和桥臂参数的关系来反映被测量。下面给出几种不平衡电桥的输出特性。

a　直流恒压源不平衡桥的输出特性

可以证明，如图 3-16(a)所示的桥路，其负载电阻 R_L 上所得电流 I_L、电压 U_L 和功率 P_L 分别为

$$I_L=E\frac{R_1R_4-R_2R_3}{R_L(R_1+R_2)(R_3+R_4)+R_1R_2(R_3+R_4)+R_3R_4(R_1+R_2)}$$

$$U_L=I_LR_L$$

$$P_1=I_L^2R_L \tag{3-50}$$

当负载 R_L 为无限大（即桥开路）时，电桥由初始平衡转到工作状态，由于被测量的变化使各个桥的桥臂分别产生变化 ΔR_1、ΔR_2、ΔR_3、ΔR_4，由此产生不平衡输出 U_L，可以证明

$$U_L=E\frac{R_1R_2}{(R_1+R_2)^2}\left(\frac{\Delta R_1}{R_1}-\frac{\Delta R_2}{R_2}+\frac{\Delta R_3}{R_3}-\frac{\Delta R_4}{R_4}\right)(1-\eta)$$

$$\eta=\frac{1}{1+\dfrac{\dfrac{R_2}{R_1}+1}{\left(\dfrac{\Delta R_1}{R_1}\right)+\left(\dfrac{\Delta R_3}{R_3}\right)+\dfrac{R_2}{R_1}\left(\dfrac{\Delta R_2}{R_2}+\dfrac{\Delta R_4}{R_4}\right)}} \tag{3-51}$$

式中，η 为非线性系数，按照非线性误差定义，此即为非线性误差。

一般 $\Delta R_i \ll R_i(i=1,2,3,4)$，故 $\eta=0$，即桥臂参数相对变化较小时，桥不平衡输出 U_L 与桥臂

变化可视为线性关系，阻值相对变化较小的金属电阻和应变片即为此类（但半导体热敏电阻和应变片则因电阻相对变化较大，因此输出会有非线性）。例如 $R_1 \sim R_4$ 是 4 片金属应变片，测试时它们分别接受应变 $\varepsilon_1 \sim \varepsilon_4$，产生阻值变化上 $\Delta R_1 \sim \Delta R_4$。因为

$$\frac{\Delta R_1}{R_1} = K\varepsilon_1, \frac{\Delta R_2}{R_2} = K\varepsilon_2, \frac{\Delta R_3}{R_3} = K\varepsilon_3, \frac{\Delta R_4}{R_4} = K\varepsilon_4$$

所以此时桥输出

$$U_L = E\frac{R_1R_2}{(R_1+R_2)^2}(K_1\varepsilon_1 - K_2\varepsilon_2 - K_3\varepsilon_3 + K_4\varepsilon_4)$$

若 4 个应变片完全相同

$$R_1 = R_2 = R_3 = R_4 = R, K_1 = K_2 = K_3 = K_4 = K$$

则

$$U_L = \frac{E}{4}K(\varepsilon_1 - \varepsilon_2 - \varepsilon_3 + \varepsilon_4)$$

b　直流恒流源不平衡桥的输出特性

直流恒流源不平衡桥的形式与恒压源桥一样，只是电源由恒压 E 变成恒流 I，因此在 $R_L = \infty$ 时，可以证明其不平衡输出 U_L 为

$$U_L = \frac{R_1R_4 + R_2R_3}{R_1 + R_2 + R_3 + R_4}I$$

将此式和恒压源桥的输出 U_L 比较可见，当 4 个桥臂参数受干扰时（如环境温度变化），恒流源桥分母受影响小（恒流源桥仅为 4 个电阻相加，恒压源桥则有相乘关系），此表明恒流源桥受温度影响比恒压源桥小。

设桥路的初始平衡状态 $R_1R_4 = R_2R_3$，当 4 个桥臂因被测量作用而变化 ΔR_1、ΔR_2、ΔR_3、ΔR_4 时，可以证明，桥路的不平衡输出 U_L 为

$$U_L = \frac{(R_1\Delta R_4 + R_4\Delta R_1) - (R_2\Delta R_3 + R_3\Delta R_2)}{\sum_{i=1}^{4} R_i + \sum_{i=1}^{4}\Delta R_i} \tag{3-52}$$

进一步分析可以证明，在同样的 $\Delta R_1 \sim \Delta R_4$ 下，恒流源桥的输出比恒压源的非线性要小。

正因为上面分析的两点，由半导体应变片构成的桥常采用恒流源，以抑制半导体应变片易受温度影响，同时能改善因其电阻相对变化大而使桥输出非线性显著的不足。

c　交流恒压源不平衡桥输出特性

交流恒压源不平衡桥的形式和直流恒压源桥一样，输出 U_L 和桥臂参数关系也相似，只是将桥臂参数的 $R_1 \sim R_4$、$\Delta R_1 \sim \Delta R_4$ 和桥负载 R_L 换成 $Z_1 \sim Z_4$、$\Delta Z_1 \sim \Delta Z_4$ 和 Z_L，桥平衡条件也变成 $Z_1Z_4 = Z_2Z_3$，即幅值 $z_1z_4 = z_2z_3$。幅角

$$\angle\varphi_1 + \angle\varphi_4 = \angle\varphi_2 + \angle\varphi_3$$

当 $Z_L = \infty$ 时，4 个桥臂变化了 $\Delta Z_1 \sim \Delta Z_4$，桥输出 U_L 为

$$\dot{U}_L = \dot{E}\frac{Z_1Z_2}{(Z_1+Z_2)^2}\left(\frac{\Delta Z_1}{Z_1} - \frac{\Delta Z_2}{Z_2} - \frac{\Delta Z_3}{Z_3} + \frac{\Delta Z_4}{Z_4}\right)(1-\eta) \tag{3-53}$$

$$\eta = \frac{1}{1 + \cfrac{\cfrac{Z_2}{Z_1} + 1}{\left(\cfrac{\Delta Z_1}{Z_1}\right) + \left(\cfrac{\Delta Z_3}{Z_3}\right) + \cfrac{Z_2}{Z_1}\left(\cfrac{\Delta Z_2}{Z_2} + \cfrac{\Delta Z_4}{Z_4}\right)}} \tag{3-54}$$

因此，U_L 的大小不仅与 $Z_1 \sim Z_4$、$\Delta Z_1 \sim \Delta Z_4$ 的幅值有关，而且和他们的实部 ΔR、虚部 ΔX 的

组成有关。

D 不平衡桥的接入特性

包括桥的工作臂在不同设置下桥的输出灵敏度 $S_U=\dfrac{U_L}{\Delta R/R}$ 与非线性值。以直流桥为例，工作桥臂常用一个臂（单臂桥 X）、两个臂（半桥，相邻两臂——参数为差动变化，相对两臂——参数为相同变化）和四个臂（全桥，即两对差动臂），其接入特性见表 3－2。

表 3－2 等臂桥组成方式及灵敏度和非线性

序号	工作臂数	电桥简图	恒压源桥		恒流源桥		备 注
			S_U	η	S_v	η	
1	1	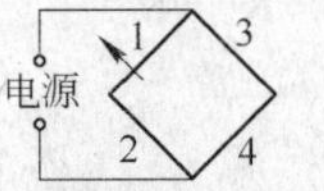 电源 1 2 3 4	$\frac{1}{2}E$	$\frac{\Delta R}{2R+\Delta R}$	$\frac{1}{4}IR$	$\frac{1}{4}\frac{\Delta R}{R}$	单臂桥
2	2	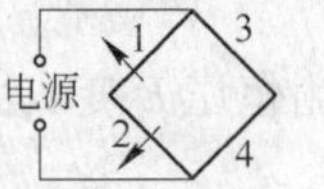 电源 1 2 3 4	$\frac{1}{2}E$	0	$\frac{1}{2}IR$	0	差动半桥
3	2	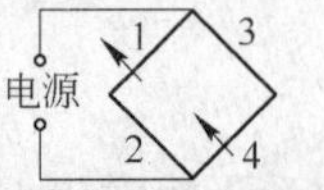 电源 1 2 3 4	$\frac{1}{2}E$	$\frac{\Delta R}{R+\Delta R}$	$\frac{1}{2}IR$	$\frac{1}{2}\frac{\Delta R}{R}$	相对半桥
4	4	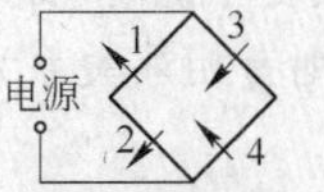 电源 1 2 3 4	E	o	IR	0	差动全桥

由表 3－2 可见，若差动传感器接成差动半桥或两对差动传感器接成差动全桥，可消除桥输出的非线性，灵敏度也很高。

3.2.4 电感式传感器

电感式传感器是一种以电磁感应原理为基础，把被测物力量转化为电感量变化，再通过测量电路转换成电压或电流的装置。电感式传感器具有工作可靠、寿命长、灵敏度高、分辨率高、线性好和性能稳定等优点。它可用于测位移、加速度、压力、流量等物理量。根据变化原理不同，可分为自感式和互感式。

3.2.4.1 自感式传感器

自感式电感传感器又由变磁阻式和涡流式两种形式构成。

A 变磁阻式传感器

变磁阻式传感器的结构原理如图 3－17 所示，它由线圈、铁芯和衔铁三部分组成。设铁芯和衔铁之间的气隙为 δ，由电工学分析得知，线圈的自感系数 L 与线圈匝数 N 的平方成正比，与磁路的总磁阻 R_m 成反比，即

$$L=\frac{N^2}{R_m} \tag{3-55}$$

如果气隙 δ 较小，且不考虑磁路的铁损，总磁阻为磁路中铁芯、气隙和衔铁的磁阻之和，即

$$R_m=\frac{l}{\mu A}+\frac{2\delta}{\mu_0 A_0} \tag{3-56}$$

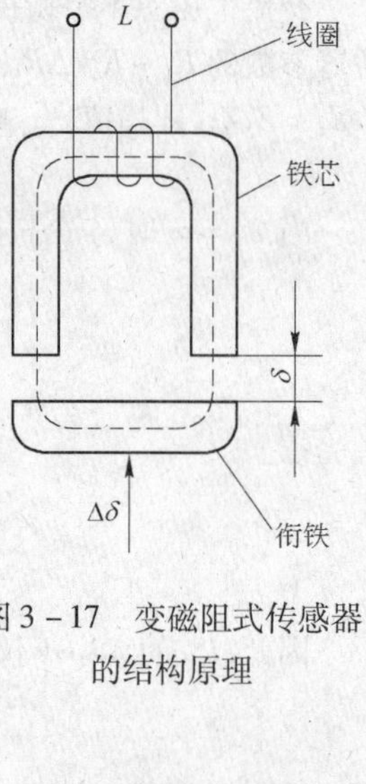

图 3－17 变磁阻式传感器的结构原理

式中 l——铁芯的磁导长度；

μ_0,μ——分别为空气磁导率和铁芯的相对磁导率，其中 $\mu_0=4\pi\times10^{-7}\mathrm{H/m}$；

A,A_0——分别为空气隙和铁芯截面积，m^2。

因为铁芯由铁磁材料制成，其磁阻与气隙磁阻相比很小，式(3-56)中右边第一项可忽略。将 R_m 表达式带入式(3-55)，得

$$L=\frac{N^2\mu_0A_0}{2\delta} \tag{3-57}$$

可见，自感系数 L 与气隙 δ 成反比，与气隙导磁面积 A_0 成正比。若固定 A_0，改变 δ，这就是常用的变气隙电感式传感器。此时，L 与 δ 为非线性关系。

B 涡流式传感器

涡流式传感器的变换原理是利用金属导体在交变磁场中产生的涡电流效应。较常用的高频反射式涡流传感器的工作原理如图3-18所示。

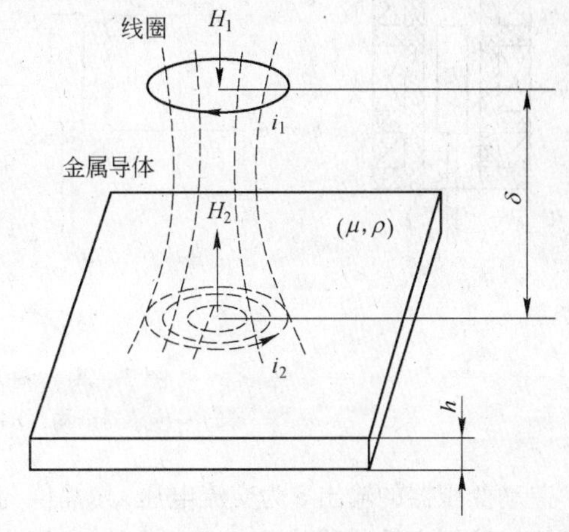

图3-18 高频反射式涡流传感器工作原理

通以高频交流电流 i_1 的线圈，在其周围会产生交变磁场 H_1，当把该线圈放到一块金属导体附近时，则在金属导体表面感应出交变电流 i_2，该电流在金属导体表面是闭合的，称为“涡电流”。同样，此交变涡电流也会产生交变磁场 H_2，其方向总是与线圈产生的磁场 H_1 变化的方向相反。由于涡电流磁场 H_2 的作用，使原线圈等效阻抗 Z 发生变化。实验分析得出，Z 值大小与金属导体的电导率 ρ、磁导率 μ、厚度 h、线圈与金属导体间的距离 δ、线圈激励电流的频率 f 等参数有关。实际应用中，可只变化其中某一参数，而其他参数固定，阻抗就关于某参数成单值函数关系了。根据该原理，可制成不同用途的传感器，如位移计、振动计和探伤仪等。

电涡流传感器结构简单，灵敏度高，测量范围大(1~10mm)，分辨率高，动态性能好，抗干扰能力强，可用于非接触动态测试。常用它测位移，振动，零件厚度和表面裂纹等。

C 互感式传感器

把被测的非电量变化转换为线圈互感变化的传感器称为互感式传感器。这种传感器是根据变压器的基本原理制成的，并且次级绕组用差动形式连接，故称差动变压器式传感器。

互感型传感器是利用互感现象将被测物理量转换为线圈互感变化来实现测试的，如图3-19所示。它有原、副两个线圈，当原线圈 W 输入交变电流 i 时，副线圈 W_1 产生感应电动势 e，其大小与电流 i 的变化率成正比，即

$$e=-M\frac{\mathrm{d}i}{\mathrm{d}t} \tag{3-58}$$

式中 M——互感系数。

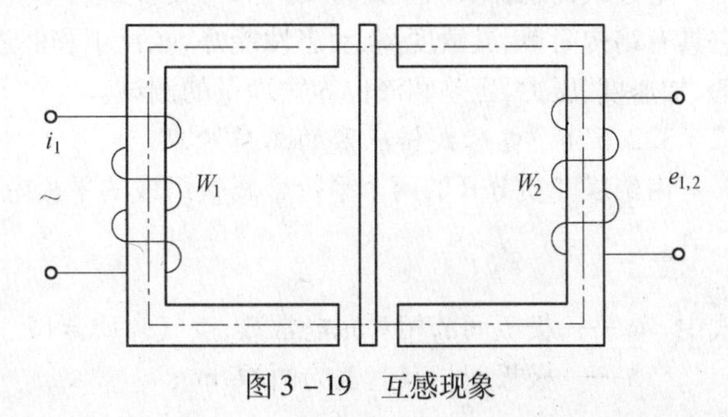

图3-19 互感现象

互感系数 M 反映了两线圈的耦合程

度，与衔铁位置、线圈结构等因素有关。当被测参数使互感系数 M 变化时，副线圈输出电动势也会随之产生相应变化。实际应用中，基本上采用两个副线圈组成差动形式，故称为差动变压器。而其应用最多的是螺管式差动变压器，如图 3－19 所示，它由原线圈 W 和两个参数相同的副线圈 W_1、W_2 组成。

当原线圈 W 被交流电压激励时，两个副线圈 W_1、W_2 将产生感应电势 e_1、e_2，如图 3－19 所示。当铁芯处于两副线圈中间位置时，两线圈的感应电势相等，即 $e_1=e_2$。因两线圈反向串接，此时输出电压 $e=e_1-e_2=0$；当衔铁向上运动时，线圈 W_1 的互感系数比线圈 W_2 大，因此 $e_1>e_2$；其输出特性如图 3－20 所示。

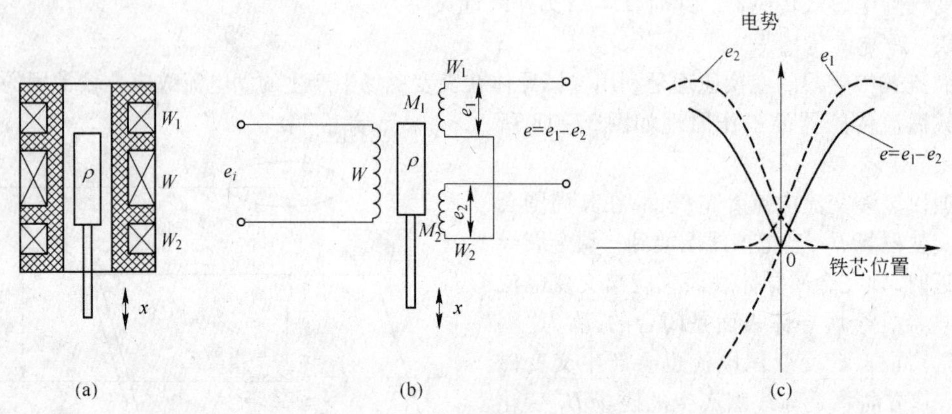

图 3－20　调频电路工作原理

(a)—传感器结构；(b)—线路；(c)—特征曲线

差动变压器的输出 e 为交流电压，其幅值与铁芯位移 x 成正比，能反映铁芯位移的大小，但还不能直接判定铁芯移动的方向。此外，实际应用中，还存在零位残余电压输出，即铁芯处于中间位置时，输出不为零，这使得零位附近的小位移很难测出。因此，差动变压器的后接测试电路，一般应能反映铁芯位移方向、又能补偿零位残余电压的差动直流输出电路。这种形式的测试电路很多，通常可采用相敏整流电路。在交流信号转换成直流信号后，利用直流信号的大小和极性可反映位移的大小和方向。

差动变压器式位移传感器量程范围为 0 ~ ±200mm，精确度高（最高可达 0.1mm），灵敏度（在单位电压励磁下，铁芯移动单位距离时，其输出电压值）大于 50mV/min，性能稳定，在生产中得到广泛应用。

3.2.5　电容式传感器

电容式传感器实质上是一个具有可变参数的电容器，能将被测物理量转换成电容量的变化。它具有结构简单、灵敏度高、动态性能好、能耗小和能进行非接触测试等优点。广泛用于位移、振动、加速度、压力、压差和液位等物理量的测试。

3.2.5.1　电容式传感器的工作原理

由绝缘介质分开的两个平行金属板组成的平板电容器，如果不考虑边缘效应，其电容量为

$$C=\frac{\varepsilon S}{d}$$

式中　ε——极板间的相对介电常数，空气介质 $=1$；

S——极板间相互遮盖的面积，m^2；

d——极板间距离，m。

当被测参数变化使得 S、d 或 ε 发生变化时，电容量 C 也随之变化。

如果保持其中两个参数不变，而仅改变其中一个参数，就可把该参数的变化转换为电容量的变化，通过测量电路就可转换为电量输出。

电容式传感器可分为变间隙型、变面积型和液位变换型三种。

A　变间隙型电容传感器

变间隙型电容传感器如图 3-21 所示。

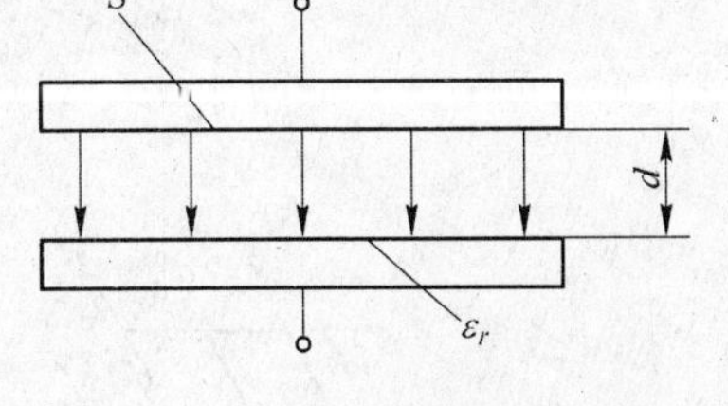

图 3-21　变间隙型电容式传感器

当传感器的 ε_r 和 S 为常数，初始极距为 d_0 时，初始电容量 C_0 为

$$C_0 = \frac{\varepsilon_0 \varepsilon_r S}{d_0} \tag{3-59}$$

若电容器极板间距离由初始值 d_0 缩小了 Δd，电容量增大了 ΔC，则有

$$C = C_0 + \Delta C = \frac{\varepsilon_0 \varepsilon_r S}{d_0 - \Delta d} = \frac{C_0}{1 - \frac{\Delta d}{d_0}} \tag{3-60}$$

在式(3-60)中，若 $\Delta d/d_0 \ll 1$ 时，则展成级数

$$C = C_0\left[1 + \frac{\Delta d}{d_0} + \left(\frac{\Delta d}{d_0}\right)^2 + \left(\frac{\Delta d}{d_0}\right)^3 + \cdots\right] \approx C_0\left[1 + \frac{\Delta d}{d_0}\right] \tag{3-61}$$

此时 C 与 Δd 近似呈线性关系，所以变间隙型电容式传感器只有在 $\Delta d/d_0$ 很小时，才有近似的线性关系。

另外，在 d_0 较小时，对于同样的 Δd 变化所引起的 ΔC 可以增大，从而使传感器灵敏度提高。但 d_0 过小，容易引起电容器击穿或短路。为此，极板间可采用高介电常数的材料（云母、塑料膜等）作介质，如图 3-22 所示，此时电容 C 变为：

$$C = \frac{S}{\frac{d_g}{\varepsilon_0 \varepsilon_g} + \frac{d_0}{\varepsilon_0}} \tag{3-62}$$

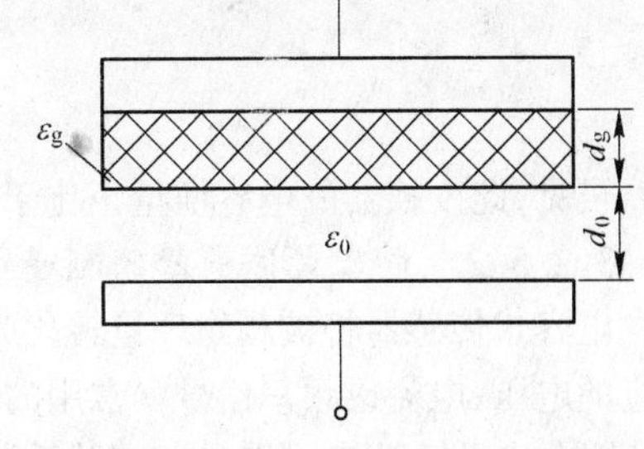

图 3-22　放置云母片的电容器

式中　ε_g——云母的相对介电常数，$\varepsilon_g = 7$；

ε_0——空气的介电常数，$\varepsilon_0 = 1$；

d_0——空气隙厚度；

d_g——云母片的厚度。

云母片的相对介电常数是空气的 7 倍，其击穿电压不小于 1000kV/mm，而空气仅为3kV/mm。因此有了云母片，极板间起始距离可大大减小。

一般变极板间距离电容式传感器的起始电容在 20～100pF 之间，极板间距离在 25～200μm 的范围内。最大位移应小于间距的 1/10，故在微位移测量中应用最广。

B　变面积型电容传感器

变面积型电容传感器如图 3-23 所示，被测量通过动极板移动引起两极板有效覆盖面积 S 改变，从而得到电容量的变化。当动极板相对于定极板沿长度方向平移 Δx 时，则电容变化量为

$$\Delta C = C - C_0 = \frac{\varepsilon_0 \varepsilon_r \Delta x \cdot b}{d} \tag{3-63}$$

式中，$C_0 = \varepsilon_0 \varepsilon_r b/d$ 为初始电容。电容相对变化量为

$$\frac{\Delta C}{C_0}=\frac{\Delta x}{a} \tag{3-64}$$

这种形式的传感器其电容量 C 与水平位移 Δx 呈线性关系

C　电容式液位变换型传感器

电容式液位变换型传感器如图 3－24 所示，此时变换器电容值为

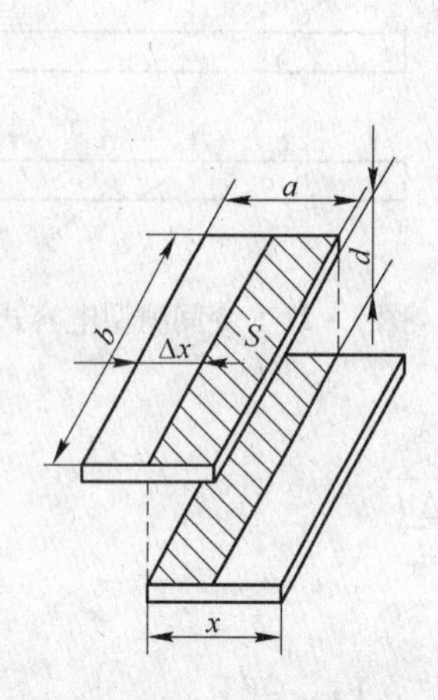

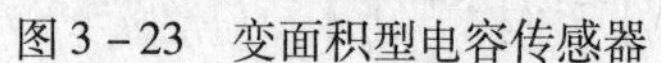
图 3－23　变面积型电容传感器

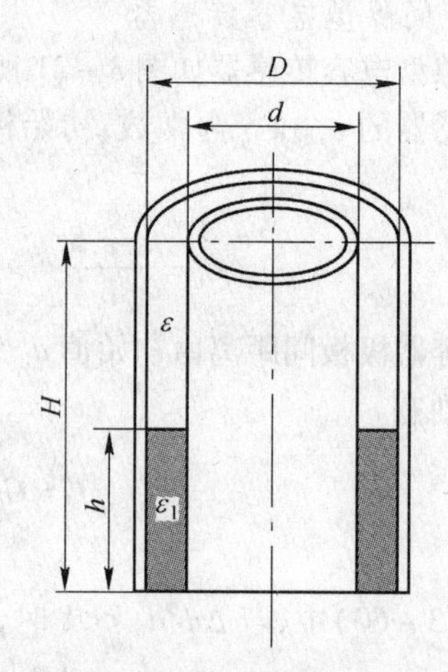

图 3－24　电容式液位变换型传感器

$$C=\frac{2\pi\varepsilon_1 h}{\ln\dfrac{D}{d}}+\frac{2\pi_1(H-h)}{\ln\dfrac{D}{d}}=\frac{2\pi\varepsilon H}{\ln\dfrac{D}{d}}+\frac{2\pi h(\varepsilon_1-\varepsilon)}{\ln\dfrac{D}{d}}=C_0+\frac{2\pi h(\varepsilon_1-\varepsilon)}{\ln\dfrac{D}{d}} \tag{3-65}$$

式中　C_0——由变换器的基本尺寸决定的初始电容值，即

$$C_0=\frac{2\pi\varepsilon H}{\ln\dfrac{D}{d}} \tag{3-66}$$

可见，此变换器的电容增量正比于被测液位高度 h。

3.2.5.2　电容式传感器的测量电路

电容式传感器将被测物理量转化为电容量的变化后，为便于测试，还需后接电路将它转换成相应的电压、电流或频率信号。常用的电路有以下几种：调频电路、电桥电路、运算放大器电路和直流极化电路。读者可以参考有关手册。

3.2.6　压电式传感器

3.2.6.1　压电效应

某些电介质，当沿着一定方向对其施力而使它变形时，内部就产生极化现象，同时在它的两个表面上便产生符号相反的电荷，当外力去掉后，又重新恢复到不带电状态。这种现象称压电效应。当作用力方向改变时，电荷的极性也随之改变。有时人们把这种机械能转换为电能的现象，称为正压电效应。相反，当在电介质极化方向施加电场，这些电介质也会产生几何变形，这种现象称为逆压电效应。具有压电效应的材料称为压电材料。

A　单晶压电晶体

石英晶体化学式为 SiO_2，是单晶体结构。图 3－25 所示为天然结构的石英晶体外形，它是一

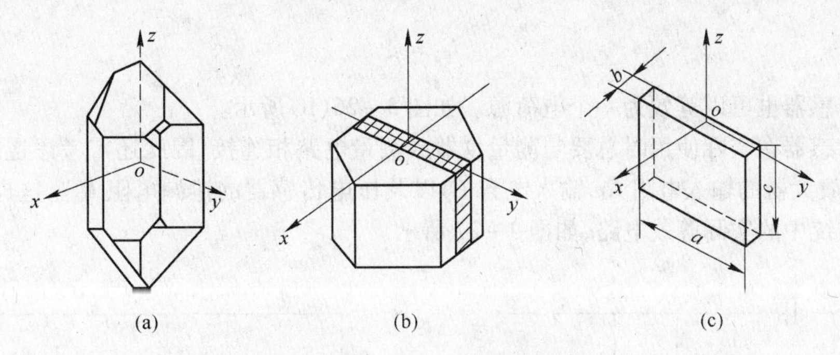

图 3－25　石英晶体外形

(a)—晶体外形；(b)—切割方向；(c)—晶片

个正六面体。石英晶体各个方向的特性是不同的。其中纵向轴 z 称为光轴,经过六面体棱线并垂直于光轴的 x 称为电轴,与 x 和 z 轴同时垂直的轴 y 称为机械轴。通常把沿电轴 x 方向的力作用下产生电荷的压电效应称为纵向压电效应,而把沿机械轴 y 方向的力作用下产生电荷的压电效应称为横向压电效应。而沿光轴 z 方向的力作用时不产生压电效应。

B　多晶压电陶瓷

压电陶瓷是人工制造的多晶体压电材料。材料内部的晶粒有许多自发极化的电畴,它有一定的极化方向,从而存在电场。在无外电场作用时,电畴在晶体中杂乱分布,它们各自的极化效应被相互抵消,压电陶瓷内极化强度为零。因此原始的压电陶瓷呈中性,不具有压电性质。

在陶瓷上施加外电场时,电畴的极化方向发生转动,趋向于按外电场方向的排列,从而使材料得到极化。外电场愈强, 就有更多的电畴更完全地转向外电场方向。让外电场强度大到使材料的极化达到饱和的程度,即所有电畴极化方向都整齐地与外电场方向一致时,当外电场去掉后,电畴的极化方向基本变化,即剩余极化强度很大,这时的材料才具有压电特性。

C　新型压电材料

新型压电材料主要有有机压电薄膜和压电半导体等。

D　等效电路

由压电元件的工作原理可知,压电式传感器可以看作一个电荷发生器。同时,它也是一个电容器,晶体上聚集正负电荷的两表面相当于电容的两个极板,极板间物质等效于一种介质,则其电容量为

$$C_a = \frac{\varepsilon_r \varepsilon_0 A}{d} \tag{3-67}$$

式中　A——压电片的面积;

d——压电片的厚度;

ε_r——压电材料的相对介电常数。

因此,压电传感器可以等效为一个与电容相串联的电压源。如图 3－26(a)所示,电容器上的电压 U_a、电荷量 q 和电容量 C_a 三者关系为

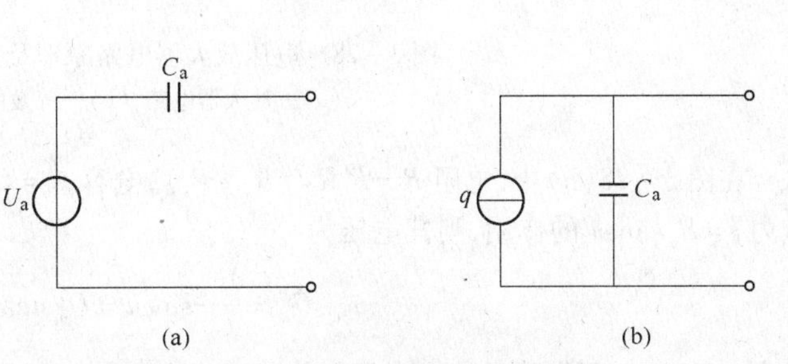

图 3－26　压电元件的等效电路

(a)—电压源;(b)—电荷源

$$U_a = \frac{q}{C_a} \tag{3-68}$$

压电传感器也可以等效为一个电荷源。如图 3－26(b)所示。

压电传感器在实际使用时总要与测量仪器或测量电路相连接,因此还需考虑连接电缆的等效电容 C_c,放大器的输入电阻 R_i,输入电容 C_i 以及压电传感器的泄漏电阻 R_a。这样,压电传感器在测量系统中的实际等效电路,如图 3－27 所示。

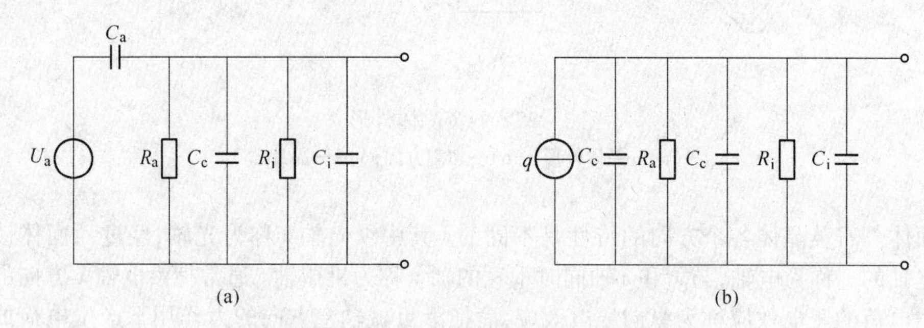

图 3－27　压电传感器的实际等效电路

(a)—电压源;(b)—电荷源

3.2.6.2　压电式传感器的测量电路

压电传感器本身的内阻抗很高,而输出能量较小,因此它的测量电路通常需要接入一个高输入阻抗前置放大器。其作用为:一是把它的高输出阻抗变换为低输出阻抗;二是放大传感器输出的微弱信号。压电传感器的输出可以是电压信号,也可以是电荷信号,因此前置放大器也有两种形式:电压放大器和电荷放大器。

A　电压放大器(阻抗变换器)

图 3－28 所示为电压放大器电路原理及其等效电路。

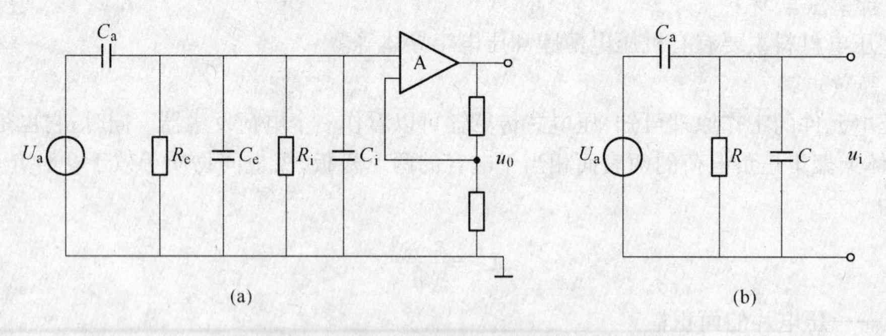

图 3－28　电压放大器电路原理及其等效电路

(a)—放大器电路;(b)—等效电路

在图 3－28(b)中,电阻 $R = R_aR_i/(R_a + R_i)$,电容 $C = C_c + C_i$,而 $U_a = q/C_a$,若压电元件受正弦力 $f = F_m \sin\omega t$ 的作用,则其电压为

$$U_a = \frac{dF_m}{C_a}\sin\omega t = U_m \sin\omega t \tag{3-69}$$

式中　U_m ——压电元件输出电压幅值,$U_m = dF_m/C_a$;

　　　d ——压电系数。

B 电荷放大器

电荷放大器常作为压电传感器的输入电路如图3-29所示，由一个反馈电容 C_f 和高增益运算放大器构成。由于运算放大器输入阻抗极高，放大器输入端几乎没有分流，故可略去 R_a 和 R_i 并联电阻。

$$u_0 \approx u_d = -\frac{q}{C_f} \qquad (3-70)$$

式中 u_0——放大器输出电压；

u_d——反馈电容两端电压。

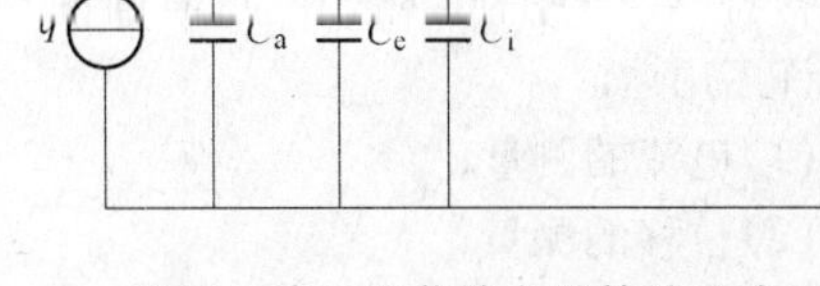

图3-29 电荷放大器等效电路

3.2.6.3 压电式传感器的应用

A 压电式测力传感器

压电式测力传感器主要由石英晶片、绝缘套、电极、上盖及基座等组成。

B 压电式加速度传感器

压电式加速度传感器主要由压电元件、质量块、预压弹簧、基座及外壳等组成。整个部件装在外壳内，并由螺栓加以固定。

3.2.7 霍尔传感器

霍尔传感器是一种磁电式传感器。它是利用霍尔元件基于霍尔效应原理而将被测量转换成电动势输出的一种传感器。由于霍尔元件在静止状态下，具有感受磁场的独特能力，并且具有结构简单、体积小、噪声小、频率范围宽（从直流到微波）、动态范围大（输出电势变化范围可达1000:1）、寿命长等特点，因此获得了广泛应用。例如，在测量技术中用于将位移、力、加速度等量转换为电量的传感器；在计算技术中用于作加、减、乘、除、开方、乘方以及微积分等运算的运算器等。

3.2.7.1 霍尔元件的工作原理

霍尔元件赖以工作的物理基础是霍尔效应，霍尔传感器属于半导体磁敏传感器。组成霍尔传感器的材料一般有硅化砷、锑化铟、砷化镓等高电阻率半导体材料。

A 霍尔效应

半导体薄片置于磁感应强度为 B 的磁场中，磁场方向垂直于薄片，当有电流 I 流过薄片时，在垂直于电流和磁场的方向上将产生电动势 E_H，这种现象称为霍尔效应。

流入激励电流端的电流 I 越大、作用在薄片上的磁场强度 B 越强，霍尔电势也就越高。

霍尔电势 E_H 可表示为：$E_H = K_H IB$

K_H 为灵敏度系数，与载流材料的物理性质和几何尺寸有关，表示在单位磁感应强度和单位控制电流时的霍尔电势的大小。

B 霍尔元件的结构及特性

霍尔元件是一种四端元件。比较常用的霍尔元件有三种结构：单端引出线型、卧式型和双端引出线型。

3.2.7.2 霍尔集成电路

霍尔集成电路可分为线性型和开关型两大类。

（1）线性型霍尔集成电路是将霍尔元件和恒流源、线性差动放大器等做在一个芯片上，输出电压为负极，比直接使用霍尔元件方便得多。较典型的线性型霍尔器件如UGN3501等。

(2)开关型霍尔集成电路是将霍尔元件、稳压电路、放大器、施密特触发器、OC 门(集电极开路输出门)等电路做在同一个芯片上。当外加磁场强度超过规定的工作点时,OC 门由高阻态变为导通状态,输出变为低电平;当外加磁场强度低于释放点时,OC 门重新变为高阻态,输出高电平。较典型的开关型霍尔器件如 UGN3020 等。

3.2.7.3 霍尔传感器的应用

霍尔电势是关于 I、B、θ 三个变量的函数,即 $E_H = K_H IB\cos\theta$。利用这个关系可以使其中两个量不变,将第三个量作为变量,或者固定其中一个量,其余两个量都作为变量。这使得霍尔传感器有许多用途。

(1)电流的测量;

(2)位移的测量;

(3)角位移及转速的测量;

(4)运动位置的测量。

另外还有霍尔特斯拉计(高斯计)、霍尔传感器用于测量磁场强度、霍尔转速表、霍尔式接近开关等。

3.2.8 热敏传感器

温度是表征物体冷热程度的物理量,它是七个基本物理量之一。热敏式传感器是一种将温度变化转换为电量或电参数变化的传感器。在各种热敏传感器中,将温度变化转换为热电动势变化的称为热电偶式传感器;将温度变化转换为电阻变化的称为热电阻传感器。

3.2.8.1 热电偶

由两种导体的组合并将温度转化为热电动势的传感器称作热电偶。热电偶作为温度传感器,测得与温度相应的热电动势,由仪表显示出温度值。它广泛用来测量 -200 ~ 1300℃范围内的温度,特殊情况下,可测至 2800℃的高温或 4K 的低温。它具有结构简单,价格便宜,准确度高,测温范围广等特点。由于热电偶将温度转化成电量进行检测,使温度的测量、控制以及对温度信号的放大,变换都很方便,适用于远距离测量和自动控制。

A 热电偶工作原理

热电效应:两种不同材料的导体(或半导体)组成一个闭合回路,当两接点温度 T 和 T_0 不同时,则在该回路中就会产生电动势的现象。

热电动势是由两种导体的接触电势(珀尔贴电势)和单一导体的温差电势(汤姆逊电势)所组成。热电动势的大小与两种导体材料的性质及接点温度有关。

接触电动势:由于两种不同导体的自由电子密度不同而在接触处形成的电动势。

温差电动势:同一导体的两端因其温度不同而产生的一种电动势。

导体内部的电子密度是不同的,当两种电子密度不同的导体 A 与 B 接触时,接触面上就会发生电子扩散,电子从电子密度高的导体流向密度低的导体。电子扩散的速率与两导体的电子密度有关并和接触区的温度成正比。设导体 A 和 B 的自由电子密度为 N_A 和 N_B,且 $N_A > N_B$,电子扩散的结果使导体 A 失去电子而带正电,导体 B 则获得电子而带负电,在接触面形成电场。这个电场阻碍了电子的扩散,达到动平衡时,在接触区形成一个稳定的电位差,即接触电势,其大小为

$$e_{AB} = (kT/e)\ln(N_A/N_B) \tag{3-71}$$

式中 k ——玻耳兹曼常数,$k = 1.38 \times 10^{-23}$ J/K;

e ——电子电荷量,$e = 1.6 \times 10^{-19}$ C;

T——接触处的温度,K;

N_A,N_B——分别为导体A和B的自由电子密度。

因导体两端温度不同而产生的电动势称为温差电势。由于温度梯度的存在,改变了电子的能量分布,高温(T)端电子将向低温端(T_0)扩散,致使高温端因失去电子带正电,低温端因获电子而带负电。因而在同一导体两端也产生电位差,并阻止电子从高温端向低温端扩散,于是电子扩散形成动平衡,此时所建立的电位差称为温差电势即汤姆逊电势,它与温度的关系为

$$e = \int_{T_0}^{T} \sigma \mathrm{d}T \tag{3-72}$$

式中,σ 为汤姆逊系数,表示温差1℃所产生的电动势值,其大小与材料性质及两端的温度有关。

导体A和B组成的热电偶闭合电路在两个接点处有两个接触电势 $e_{AB}(T)$ 与 $e_{AB}(T_0)$,又因为 $T>T_0$,在导体A和B中还各有一个温差电势。所以闭合回路总热电动势 $E_{AB}(T,T_0)$ 应为接触电动势和温差电势的代数和,即:

$$E_{AB}(T,T_0) = e_{AB}(T) - e_{AB}(T_0) - \int_{T_0}^{T}(\sigma_A - \sigma_B)\mathrm{d}T \tag{3-73}$$

对于已选定的热电偶,当参考温度恒定时,总热电动势就变成测量端温度 T 的单值函数,即 $E_{AB}(T,T_0)=f(T)$。这就是热电偶测量温度的基本原理。

在实际测温时,必须在热电偶闭合回路中引入连接导线和仪表。

B 热电偶基本定律

a 中间导体定律

在热电偶回路中接入第三种材料的导体,只要其两端的温度相等,该导体的接入就不会影响热电偶回路的总热电动势。根据这一定则,可以将热电偶的一个接点断开接入第三种导体,也可以将热电偶的一种导体断开接入第三种导体,只要每一种导体的两端温度相同,均不影响回路的总热电动势。在实际测温电路中,必须有连接导线和显示仪器,若把连接导线和显示仪器看成第三种导体,只要他们的两端温度相同,则不影响总热电动势。

b 中间温度定律

在热电偶测温回路中,t_C 为热电极上某一点的温度,热电偶AB在接点温度为 t、t_0 时的热电势 $e_{AB}(t,t_0)$ 等于热电偶AB在接点温度 t、t_C 和 t_C、t_0 时的热电势 $e_{AB}(t,t_C)$ 和 $e_{AB}(t_C,t_0)$ 的代数和,即

$$e_{AB}(t,t_0) = e_{AB}(t,t_C) + e_{AB}(t_C,t_0) \tag{3-74}$$

c 标准导体(电极)定律

如果两种导体分别与第三种导体组成的热电偶所产生的热电动势已知,则由这两种导体组成的热电偶所产生的热电动势也就已知,这个定律就称为标准电极定律。

d 均质导体定律

由一种均质导体组成的闭合回路,不论导体的横截面积,长度以及温度分布如何均不产生热电动势。如果热电偶的两根热电极由两种均质导体组成,那么,热电偶的热电动势仅与两接点的温度有关,与热电偶的温度分布无关;如果热电极为非均质电极,并处于具有温度梯度的温场时,将产生附加电势,如果仅从热电偶的热电动势大小来判断温度的高低就会引起误差。

C 热电偶的材料与结构

a 热电偶的材料

适于制作热电偶的材料有300多种,其中广泛应用的有40~50种。国际电工委员会向世界各国推荐8种热电偶作为标准化热电偶,我国标准化热电偶也有8种。分别是:铂铑10-铂(分

度号为S)、铂铑13-铂(R)、铂铑30-铂铑6(B)、镍铬-镍硅(K)、镍铬-康铜(E)、铁-康铜(J)、铜-康铜(T)和镍铬硅-镍硅(N)。

b 热电偶的结构

普通型热电偶:主要用于测量气体、蒸气和液体等介质的温度。

铠装热电偶:由金属保护套管、绝缘材料和热电极三者组合成一体的特殊结构的热电偶。

薄膜热电偶:用真空蒸镀的方法,把热电极材料蒸镀在绝缘基板上而制成。测量端既小又薄,厚度约为几个微米,热容量小,响应速度快,便于敷贴。

D 热电偶冷端的温度补偿

根据热电偶测温原理,只有当热电偶的参考端的温度保持不变时,热电动势才是被测温度的单值函数。经常使用的分度表及显示仪表,都是以热电偶参考端的温度为0℃为先决条件的。但是在实际使用中,因热电偶长度受到一定限制,参考端温度直接受到被测介质与环境温度的影响,不仅难于保持0℃,而且往往是波动的,无法进行参考端温度修正。因此,要使变化很大的参考端温度恒定下来,通常采用以下方法:

(1)0℃恒温法;

(2)冷端温度修正法;

(3)补偿导线法。

3.2.8.2 热电阻式传感器

A 热电阻

温度升高,金属内部原子晶格的振动加剧,从而使金属内部的自由电子通过金属导体时的阻碍增大,宏观上表现出电阻率变大,电阻值增加,称其为正温度系数,即电阻值与温度的变化趋势相同。

电阻温度计是利用导体或半导体的电阻值随温度的变化来测量温度的元件,它由热电阻体(感温元件),连接导线和显示或记录仪表构成。习惯上将用作标准的热电阻体称为标准温度计,而将工作用的热电阻体直接称为热电阻。其广泛用来测量-200~850℃范围内的温度,少数情况下,低温可至1K,高温可达1000℃。在常用的电阻温度计中,标准铂电阻温度计的准确度最高,并作为国际温标中961.78℃以下内插用标准温度计。同热电偶相比,具有准确度高,输出信号大,灵敏度高,测温范围广,稳定性好,输出线性好等特性;但结构复杂,尺寸较大,因此热相应时间长,不适于测量体积狭小和温度瞬变区域。

热电阻按感温元件的材质分金属与半导体两类。金属导体有铂、铜、镍、铑铁及铂钴合金等,在工业生产中大量使用的有铂、铜两种热电阻;半导体有锗、碳和热敏电阻等。按准确度等级分为标准电阻温度计和工业热电阻。按结构分为薄膜型和铠装型等。

a 铂热电阻

铂的物理化学性能极为稳定,并有良好的工艺性。以铂作为感温元件具有示值稳定,测量准确度高等优点,其使用范围是-200~850℃。除作为温度标准外,还广泛用于高精度的工业测量。

b 铜热电阻

铜热电阻的使用范围是-50~150℃,具有电阻温度系数大,价格便宜,互换性好等优点,但它固有电阻太小,另外铜在250℃以上易氧化。铜热电阻在工业中的应用逐渐减少。

B 热敏电阻

热敏电阻有负温度系数(NTC)和正温度系数(PTC)之分。NTC又可分为两大类:

第一类用于测量温度,它的电阻值与温度之间呈严格的负指数关系;

第二类为突变型(CTR)。当温度上升到某临界点时,其电阻值突然下降。

热敏电阻是一种电阻值随其温度成指数变化的半导体热敏元件。广泛应用于家电、汽车、测量仪器等领域。其优点如下:

(1)电阻温度系数大,灵敏度高,比一般金属电阻大10~100倍;

(2)结构简单,体积小,可以测量“点”温度;

(3)电阻率高,热惯性小,适宜动态测量;

(4)功耗小,不需要参考端补偿,适于远距离的测量与控制。缺点是阻值与温度的关系呈非线性,元件的稳定性和互换性较差。除高温热敏电阻外,不能用于350℃以上的高温。

热敏电阻是由两种以上的过渡金属Mn、Co、Ni、Fe等复合氧化物构成的烧结体,根据组成的不同,可以调整它的常温电阻及温度特性。多数热敏电阻具有负温度系数,即当温度升高时电阻值下降,同时灵敏度也下降。此外,还有正温度系数热敏电阻和临界温度系数热敏电阻。

C 热电阻测温电路

最常用的热电阻测温电路是电桥电路,有二线制、三线制和四线制几种。

3.2.8.3 热电阻式传感器的应用

A 流量计

流量计是利用热电阻上的热量消耗与介质流速的关系测量流量、流速、风速等。

B 液面位置检测

热敏电阻通以电流时,将引起自身发热,当热敏电阻处于不同介质中时,散热程度不一致,电阻值不同。利用热电阻对液面位置检测就是根据该原理设计制作的。

3.3 轧制过程非电参数的测量

3.3.1 轧制力参数测量

3.3.1.1 零件的应力应变测量

应力应变测量的目的是用实验手段测出零件或结构的应力大小和分布情况,确定危险截面的部位和最大应力值,以校核危险截面的强度,从而探讨合理的结构形式、截面形状和截面尺寸。

测量零件应力应变的方法很多,如电测法、光弹法、涂漆法、全息照相法等,目前应用最广的是电测法,因为它具有很多优点。电测法是用电阻应变片测出零件的表面应变,再根据力、应变的关系式计算出应力。

在采用电测法时,首先遇到下面几个问题:应变片按什么方向粘贴在被测零件上?应变片如何组桥连线?哪一种方案是最佳方案?本小节重点介绍不同受力状态下应变测量的布片与组桥方案,应力与载荷的计算方法。

A 主应力方向已知的应力应变测量

当主应力方向已知时,只要沿主应力方向粘贴应变片,测出应变值,代入应力-应变公式,即可求出主应力。

a 单一变形时的应力应变测量

(1)单向拉伸(或压缩)的应力应变测量。

1)拉(或压)应变的测量:

①单臂测量。选取两枚阻值R和灵敏系数k皆相等的应变片R_1和R_2,其中一枚R_1(工作片)沿受力方向粘贴在被测零件上(图3-30(a));另一枚R_2(补偿片)粘贴在另一块不受力的补偿块上,该补偿块的材质与被测零件相同,并置于同一温度场中,组成半桥(图3-30(b))。

零件受到载荷 P 作用后，工作片 R_1 产生由载荷 P 引起的机械应变和由温度变化引起的热应变 ε_{t1}，即：

$$\varepsilon_1 = \varepsilon_P + \varepsilon_{t1}$$

补偿片 R_2 不受载荷 P 作用，只产生由温度变化引起的热应变 ε_{t2}，即

$$\varepsilon_2 = \varepsilon_{t2}$$

因为应变片 R_1 与 R_2 的阻值 R 和灵敏系数 K 以及温度场皆相同，所以 $\varepsilon_{t1} = \varepsilon_{t2}$。应变片 R_1 和 R_2 接成相邻臂，根据电桥加减特性可知，相邻臂应变片有等值、同号应变时，不破坏电桥平衡，故应变仪读数

$$\varepsilon_{仪} = \varepsilon_1 - \varepsilon_2 = \varepsilon_P \tag{3-75}$$

这就消除了温度的影响，应变仪读数只是由载荷 P 引起的机械应变 ε_P。

此法不能消除偏心载荷产生的附加弯矩的影响，故很少采用。

②半桥测量。选取两枚阻值 R 和灵敏系数 K 皆相等的应变片 R_1 和 R_2，均粘贴在被测零件上，其中一枚 R_1 沿受力方向粘贴，而另一枚 R_2 则垂直于受力方向粘贴（图 3－30（c）），组成半桥（图 3－30（d））。

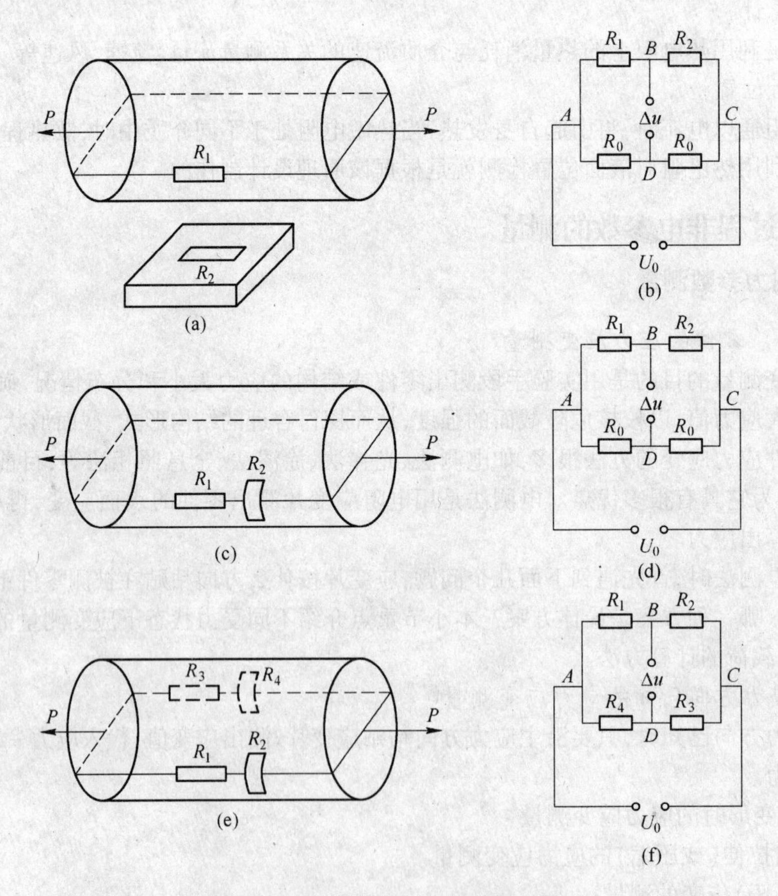

图 3－30　测量拉应变的布片与组桥图

工作片 R_1 产生有载荷 P 引起的机械应变 ε_P 和由温度变化引起的热应变 ε_{t1}，即

$$\varepsilon_1 = \varepsilon_P + \varepsilon_{t1}$$

补偿片 R_2 产生由载荷 P 引起的横向机械应变 $\varepsilon_2 = -\mu\varepsilon_P$（$\mu$ 为材料的泊松比）和温度变化

引起的热应变 ε_{t2}，即

$$\varepsilon_2 = -\mu\varepsilon_P + \varepsilon_{t2}$$

因为应变片 R_1 与 R_2 的阻值 R 和灵敏系数 K 以及温度场皆相同，所以 $\varepsilon_{t1} = \varepsilon_{t2}$。

应变片 R_1 与 R_2 接成相邻臂应变仪读数

$$\varepsilon_{仪} = \varepsilon_1 - \varepsilon_2 = (1+\mu)\varepsilon_P \tag{3-76}$$

可见，应变仪读数为真实应变的 $(1+\mu)$ 倍，因此真实应变等于应变仪读数除以 $(1+\mu)$，即

$$\varepsilon_P = \frac{\varepsilon_{仪}}{1+\mu} \tag{3-77}$$

此方案与前一方案比较，既能消除温度的影响，又能测出纵向机械应变，而且使电桥灵敏度提高 $(1+\mu)$ 倍，并减小了测量误差。同时补偿片粘贴在同一零件上，温度完全一样，故不必另备补偿块。

半桥测量方案虽然很简单，但实际上也很少采用，因为它不能消除偏心载荷产生的附加弯矩的影响，从而造成虚假数值。

③全桥测量。选取4枚阻值 R 和灵敏系数 K 皆相等的应变片 R_1、R_2、R_3、R_4，其中 R_1、R_3 为工作片，沿受力方向粘贴，R_2、R_4 为补偿片，则垂直于受力方向粘贴（图3-30(e)），组成全桥（图3-30(f)）。当受载荷 P 作用与温度变化时，各枚应变片感受的应变分别为

$$\varepsilon_1 = \varepsilon_P + \varepsilon_{t1},\ \varepsilon_2 = -\mu\varepsilon_P + \varepsilon_{t2},\ \varepsilon_3 = \varepsilon_P + \varepsilon_{t3},\ \varepsilon_4 = -\mu\varepsilon_P + \varepsilon_{t4}$$

因为各枚应变片的阻值 R 和灵敏系数 K 以及温度场皆相同，所以 $\varepsilon_{t1} = \varepsilon_{t2} = \varepsilon_{t3} = \varepsilon_{t4}$。各枚应变片组全桥，应变仪读数

$$\begin{aligned}\varepsilon_{仪} &= \varepsilon_1 - \varepsilon_2 + \varepsilon_3 - \varepsilon_4 \\ &= \varepsilon_P + \mu\varepsilon_P + \varepsilon_P + \mu\varepsilon_P \\ &= 2(1+\mu)\varepsilon_P\end{aligned} \tag{3-78}$$

可见，应变仪读数为真实应变 ε_P 的 $2(1+\mu)$ 倍，因此真实应变等于应变仪读数除以 $2(1+\mu)$，即

$$\varepsilon_P = \frac{\varepsilon_{仪}}{2(1+\mu)} \tag{3-79}$$

此方案既消除了温度和附加弯矩的影响，又提高了电桥灵敏度 $2(1+\mu)$ 倍，比半桥输出大一倍，因此通常多被采用。

2）拉（或压）力计算。由材料力学可知，在弹性变形范围内，受轴向拉（或压）的杆件，其任意单元体的应力状态均为单向应力状态。由单向应力状态下的虎克定律可知，零件横截面上的正应力 σ 与其轴向应变 ε 成正比。

$$\sigma = E\varepsilon \tag{3-80}$$

式中　E——拉伸弹性模量，对于碳钢 $E = (2.0 \sim 2.2) \times 10^5$ MPa。

拉（压）力 P 由下式求得

$$P = \sigma F = EF\varepsilon_P \tag{3-81}$$

单臂测量

$$P = EF\varepsilon_P = EF\varepsilon_{仪} \tag{3-82}$$

半桥测量

$$P = EF\varepsilon_P = \frac{EF}{1+\mu}\varepsilon_{仪} \tag{3-83}$$

全桥测量

$$P = EF\varepsilon_P = \frac{EF}{2(1+\mu)}\varepsilon_{仪} \tag{3-84}$$

式中　F——被测零件的横截面面积。

(2)弯矩的测量:

1)弯曲应变的测量。从前面的讨论中可知,测量方案有三种:一是单臂测量,即一片工作,外加补偿块(图 3-31(a));二是半桥测量:两片工作组半桥(图 3-31(b));三是四片工作组全桥(图 3-31(c))。下面仅介绍半桥测量方案。

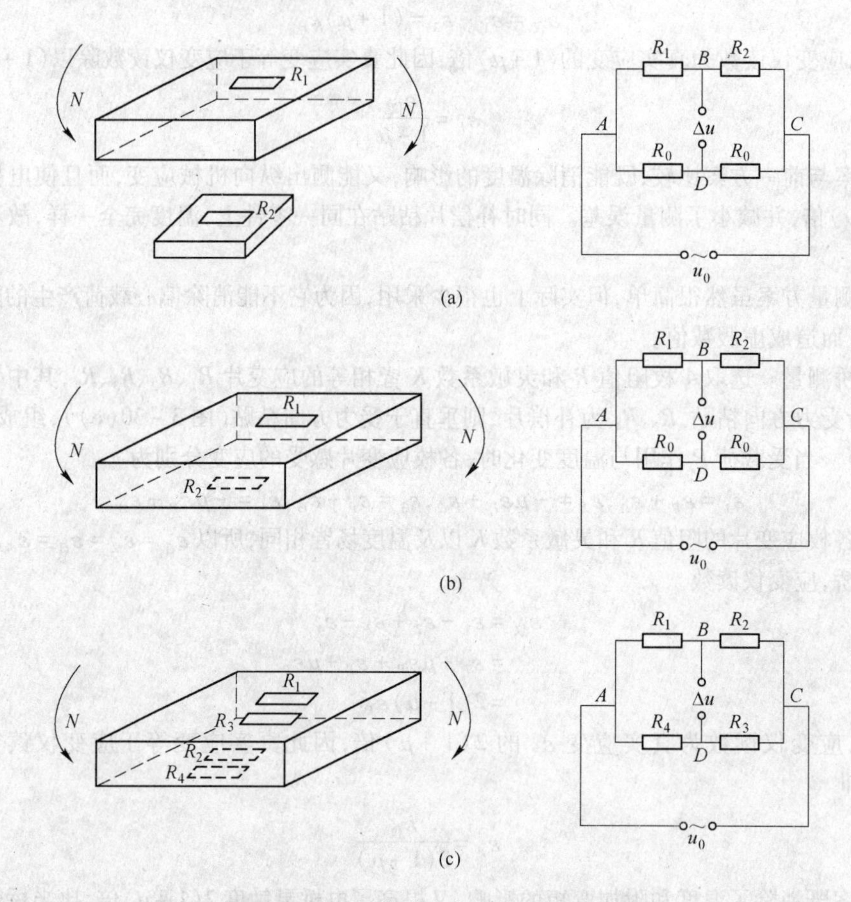

图 3-31　测量弯曲应变的布片与组桥图

选取两枚阻值 R 和灵敏系数 K 皆相等的应变片 R_1 和 R_2,对称地粘贴在受弯零件的上下两面的中心线上,组半桥(图 3-31(b))。

当零件受到弯曲力矩 N 作用和温度变化时,两枚应变片感受的应变分别为

$$\varepsilon_1 = \varepsilon_N + \varepsilon_{t1}$$

$$\varepsilon_2 = -\varepsilon_N + \varepsilon_{t2}$$

因为各枚应变片的阻值 R 和灵敏系数 K 以及温度场皆相同,所以 $\varepsilon_{t1} = \varepsilon_{t2}$。两枚应变片 R_1 和 R_2 接成相邻臂,组半桥,应变仪读数

$$\varepsilon_{仪} = \varepsilon_1 - \varepsilon_2 = 2\varepsilon_N \tag{3-85}$$

可见,应变仪读数为真实应变的 2 倍,因此真实应变值

$$\varepsilon_N = \frac{\varepsilon_{仪}}{2} \tag{3-86}$$

此方案不仅消除了温度影响,而且使电桥灵敏度提高一倍,同时还能排除非测量载荷的影响。

2)弯矩的计算。测出贴片处截面的表面弯曲应变 ε_N 后,就可根据单向应力状态下的虎克定律 $\sigma_N = E_{\varepsilon_N}$ 计算出弯曲应力的大小。再根据

$$\sigma_N = \frac{M}{W}$$

计算出贴片处截面的弯矩 M 的大小

$$M = W\sigma_N \tag{3-87}$$

式中 W——抗弯截面模量,对于矩形截面,$W=\frac{Bh^2}{6}$,对于圆形截面,$W=\frac{\pi d_3}{32}$。

单臂测量 $$M = W\sigma = WE\varepsilon_{仪} \tag{3-88}$$

半桥测量 $$M = W\sigma = WE\frac{\varepsilon_{仪}}{2} \tag{3-89}$$

全桥测量 $$M = W\sigma = WE\frac{\varepsilon_{仪}}{4} \tag{3-90}$$

(3)扭矩的测量:

1)扭转应变的测量。由材料力学可知,在扭矩 M_K 作用下,圆轴表面上的单元体处于纯剪切应力状态(图 3-32)。在与圆轴轴线成 ±45°角的斜面上产生与剪应力 τ 等值的最大(最小)主应力 $\sigma_1(\sigma_2)$,它们大小相等,符号相反,即 $\sigma_1 = -\sigma_2 = \tau$。因此要测量受扭圆轴的剪应力(实际上是测量主应力),须在与圆轴轴线成 ±45°方向粘贴应变片,即可直接测出主应变 ε_M。再根据有关公式计算出扭矩。其测量方案有三种:一是单臂测量,即一枚工作片 R_1,另设温度补偿片 R_2(图 3-33(a));二是半桥测量,即两枚应变片 R_1 和 R_2 参加工作,不另设温度补偿片(图 3-33(b));三是全桥测量(图 3-33(c))。其中第三方案较理想,故只介绍该方案。

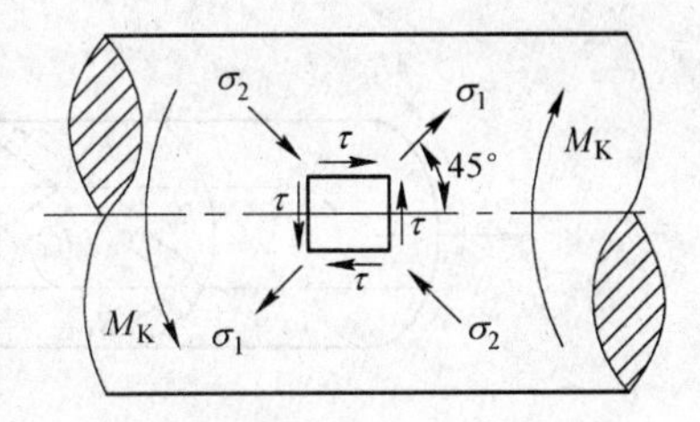

图 3-32 圆轴表面上的主应力

选取 4 枚阻值 R 和灵敏系数 K 皆相等的应变片,分别沿与轴线成 ±45°方向粘贴。使应变片 R_1 与 R_2,R_3 与 R_4 彼此互相垂直,并使应变片 R_1 与 R_2 的轴线交点和应变片 R_3 与 R_4 的轴线交点对称于圆轴的轴线(相距 180°),且在同一横截面上。这 4 枚应变片组全桥(图 3-33(c))。当受扭矩 M_K 作用和温度变化时,各枚应变片感受的应变分别为

$$\varepsilon_1 = \varepsilon_M + \varepsilon_{t_1}$$
$$\varepsilon_2 = -\varepsilon_M + \varepsilon_{t_2}$$
$$\varepsilon_3 = \varepsilon_M + \varepsilon_{t_3}$$
$$\varepsilon_4 = -\varepsilon_M + \varepsilon_{t_4}$$

因为各枚应变片的阻值 R 和灵敏系数 K 以及温度场皆相同,所以 $\varepsilon_{t_1} = \varepsilon_{t_2} = \varepsilon_{t_3} = \varepsilon_{t_4}$。各枚应变片组全桥,应变仪读数

$$\varepsilon_{仪} = \varepsilon_1 - \varepsilon_2 + \varepsilon_3 - \varepsilon_4 = 4\varepsilon_M \tag{3-91}$$

可见,应变仪读数为真实应变的 4 倍,因此真实应变值

$$\varepsilon_M = \frac{\varepsilon_{仪}}{4} \tag{3-92}$$

2)扭矩的计算。测出 ±45°方向的扭转应变 ε_M 后,计算切应力 τ,从而求出扭矩 M_K 的大小。根据材料力学可知,切应变 $\gamma = 2\varepsilon_M$,ε_M 为与轴线成 45°方向上的线应变。

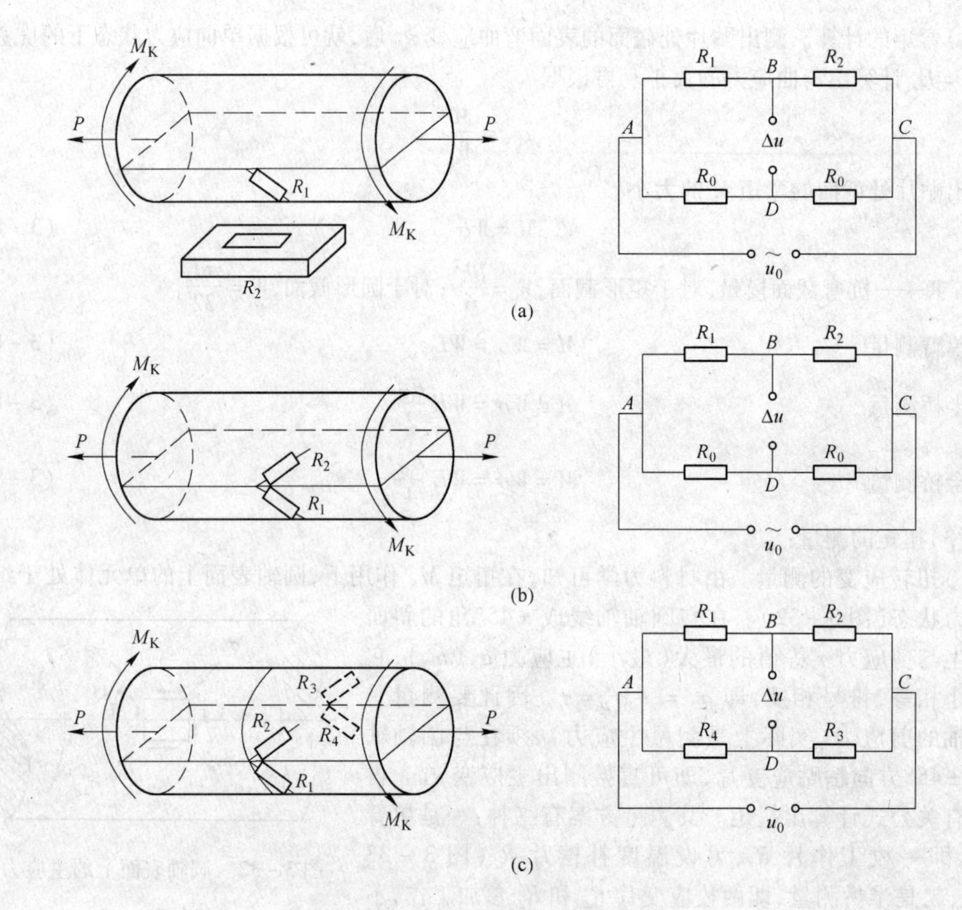

图 3－33　测量扭矩的布片和组桥

$$G=\frac{E}{2(1+\mu)},\tau=G\cdot\gamma=\frac{E\varepsilon_M}{(1+\mu)}$$

故
$$\tau=\frac{E}{1+\mu}\varepsilon_M \tag{3-93}$$

$$M_K=W_K\tau=W_K\cdot\frac{E}{1+\mu}\varepsilon_M \tag{3-94}$$

式中　W_K——抗扭截面矩量，对于实心圆轴

$$W_K=\frac{1}{16}\pi D^3\approx 0.2D^3$$

E——材料的弹性模量；

G——材料的切变模量；

μ——材料的泊松比。

单臂测量
$$M_K=\frac{0.2D^3E}{1+\mu}\varepsilon_M=\frac{0.2D^3E}{1+\mu}\varepsilon_{仪} \tag{3-95}$$

半桥测量
$$M_K=\frac{0.2D^3E}{1+\mu}\cdot\frac{\varepsilon_{仪}}{2} \tag{3-96}$$

全桥测量
$$M_K=\frac{0.2D^3E}{1+\mu}\cdot\frac{\varepsilon_{仪}}{4} \tag{3-97}$$

（4）平面应力状态的应力应变测量。

当零件表面测量点的主应力方向已知时，沿两个主应力 σ_1、σ_2 的方向各贴一枚应变片（图3－34（a））。组半桥（图3－34（b）），直接测出主应变 ε_1、ε_2，再由广义虎克定律求出主应力 σ_1、σ_2

$$\left.\begin{aligned}\sigma_1&=\frac{E}{1-\mu^2}(\varepsilon_1+\mu\varepsilon_2)\\ \sigma_2&=\frac{E}{1-\mu^2}(\varepsilon_2+\mu\varepsilon_1)\\ \tau_{\max}&=\frac{\sigma_1-\sigma_2}{2}\end{aligned}\right\}\quad(3-98)$$

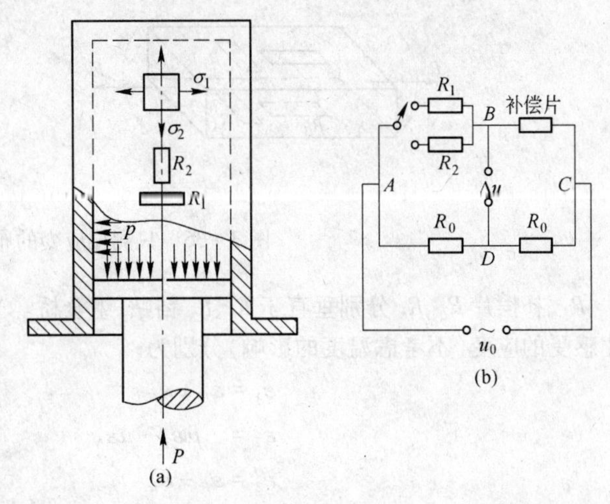

图3－34　液压机油缸的应力状态、布片方案及组桥

有时虽然主应力方向已知，但实测时不能沿主应力方向贴片时，则可沿任一已知方向（即与主应力方向成夹角 φ 的方向）粘贴两枚互相垂直的应变片 R_1、R_2（图3－35）。先测出 $\varepsilon_{\varphi1}$、$\varepsilon_{\varphi2}$ 再由下式计算出 ε_1、ε_2，再代入式（3－98）求出 σ_1 和 σ_2。

$$\varepsilon_1=\frac{\varepsilon_{\varphi1}+\varepsilon_{\varphi2}}{2}+\frac{\varepsilon_{\varphi1}-\varepsilon_{\varphi2}}{2\cos2\varphi};\varepsilon_2=\frac{\varepsilon_{\varphi1}+\varepsilon_{\varphi2}}{2}-\frac{\varepsilon_{\varphi1}-\varepsilon_{\varphi2}}{2\cos2\varphi}\quad(3-99)$$

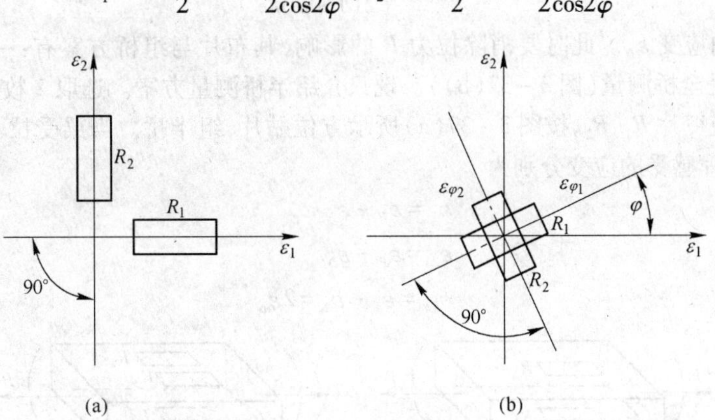

图3－35　主应力方向已知但不能沿此方向贴片时的贴片法

b　复合变形时对某一应力－应变成分的测量

在实际测量中，被测零件往往处于两种或两种以上的复杂受力状态，如转轴同时承受扭转、弯曲与拉伸作用，若此时只需测量其中某一应力成分，排除其他非测量应力成分的影响，这就需要对被测零件的受力状态做具体分析，运用电桥加减特性，正确地布片与组桥，以达到只测取某一应力成分之目的。

（1）拉伸（或压缩）与弯曲的组合变形。

1）只测拉应变 ε_P。设一梁同时受拉力 P 与弯矩 N 作用。若此时只测取拉应变 ε_P，消除由于弯矩 N 作用产生的弯曲应变 ε_N，则应变片应按图3－36所示的方法布片与组桥。选取4枚阻值 R 和灵敏系数 K 皆相等的应变片，在梁的上下表面上，沿拉力 P 作用方向上分别粘贴工作片

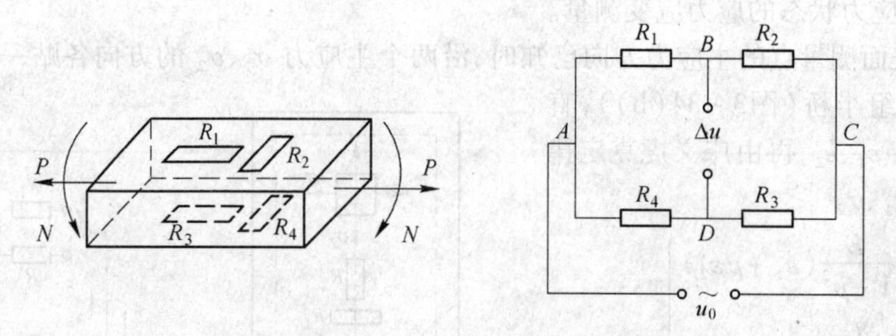

图 3 – 36　只测拉应变的布片与组桥

R_1、R_3，补偿片 R_2、R_4 分别垂直于 R_1、R_3 粘贴，组全桥。当梁受拉力 P 和弯矩 N 作用时，各枚应变片感受的应变（不考虑温度的影响）分别为

$$\varepsilon_1 = \varepsilon_P + \varepsilon_N$$

$$\varepsilon_2 = -\mu\varepsilon_P - \mu\varepsilon_N$$

$$\varepsilon_3 = \varepsilon_P - \varepsilon_N$$

$$\varepsilon_4 = -\mu\varepsilon_P + \mu\varepsilon_N$$

$$\varepsilon_{仪} = \varepsilon_1 - \varepsilon_2 + \varepsilon_3 - \varepsilon_4 = 2(1+\mu)\varepsilon_P$$

上式表明，应变仪读数只是拉力 P 产生的应变值，为真实应变的 $2(1+\mu)$ 倍。所以真实应变

$$\varepsilon_P = \frac{\varepsilon_{仪}}{2(1+\mu)} \tag{3-100}$$

2）只测弯曲应变 ε_N。此时要消除拉力 P 的影响，其布片与组桥方案有：一是半桥测量（图 3 – 37（a）），二是全桥测量（图 3 – 37（b））。现只介绍半桥测量方案。选取 2 枚阻值 R 和灵敏系数 K 皆相等的应变片 R_1、R_2，按图 3 – 37（a）所示方位贴片，组半桥。当梁受拉力 P 和弯矩 N 作用时，两枚应变片感受的应变分别为

$$\varepsilon_1 = \varepsilon_P + \varepsilon_N$$

$$\varepsilon_2 = \varepsilon_P - \varepsilon_N$$

$$\varepsilon_{仪} = \varepsilon_1 - \varepsilon_2 = 2\varepsilon_N$$

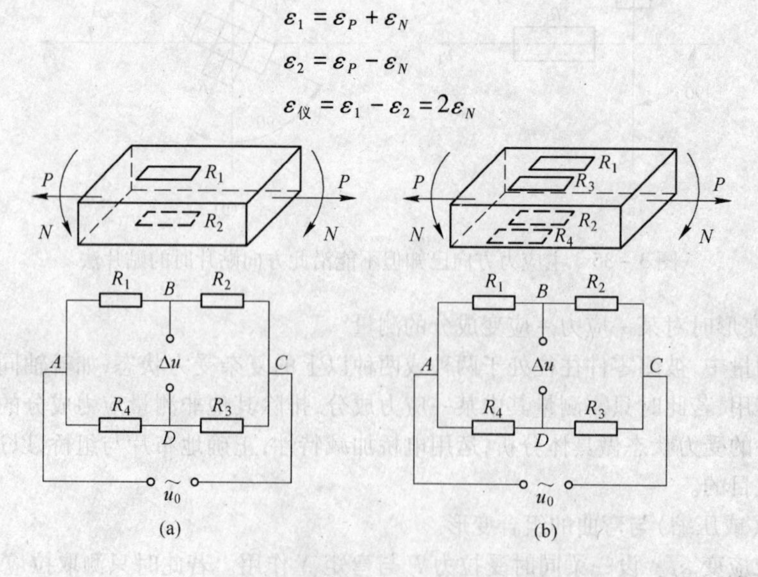

图 3 – 37　只测弯曲应变的布片与组桥图

（a）—半桥方案；（b）—全桥方案

可见，应变仪读数为真实应变的 2 倍，故真实应变

$$\varepsilon_N = \frac{\varepsilon_{仪}}{2} \tag{3-101}$$

(2)拉伸(或压缩)、弯曲与扭转的组合变形:

1)只测拉应变 ε_P。设一圆轴承受拉力 P、弯矩 N 和扭矩 M_K 联合作用,为测取拉应变 ε_P,选取4枚阻值 R 和灵敏系数 K 皆相等的应变片 R_1、R_2、R_3、R_4,其布片与组桥如图3-38所示。在扭矩 M_K 作用下,轴体表面上的各枚应变片轴线方向上的正应力均为零(只有剪应力 τ,即 $\varepsilon_M=0$)。受载时各枚应变片感受的应变分别为:

$$\varepsilon_1 = \varepsilon_P - \varepsilon_N + 0$$

$$\varepsilon_2 = -\mu\varepsilon_P + \mu\varepsilon_N + 0$$

$$\varepsilon_3 = \varepsilon_P + \varepsilon_N + 0$$

$$\varepsilon_4 = -\mu\varepsilon_P - \mu\varepsilon_N + 0$$

$$\varepsilon_{仪} = \varepsilon_1 - \varepsilon_2 + \varepsilon_3 - \varepsilon_4 = 2(1+\mu)\varepsilon_P$$

应变仪读数为真实应变的 $2(1+\mu)$ 倍,故真实应变:

$$\varepsilon_P = \frac{\varepsilon_{仪}}{2(1+\mu)} \tag{3-102}$$

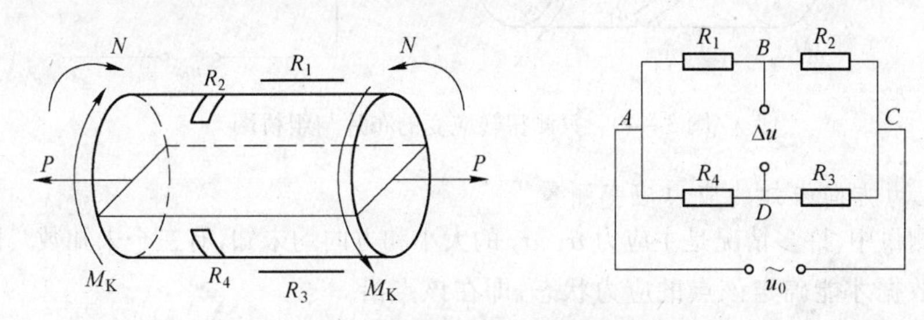

图3-38 只测拉应变的布片与组桥图

2)只测弯曲应变 ε_N。选取两枚阻值 R 和灵敏系数 K 皆相等的应变片 R_1、R_2,其布片与组桥如图3-39所示。同样在扭矩 M_K 作用下,轴体表面上的各枚应变片轴线方向上的正应力均为零,即 $\varepsilon_M=0$。受载时两枚应变片感受的应变分别为

$$\varepsilon_1 = \varepsilon_P + \varepsilon_N + 0$$

$$\varepsilon_2 = \varepsilon_P - \varepsilon_N + 0$$

$$\varepsilon_{仪} = \varepsilon_1 - \varepsilon_2 = 2\varepsilon_N$$

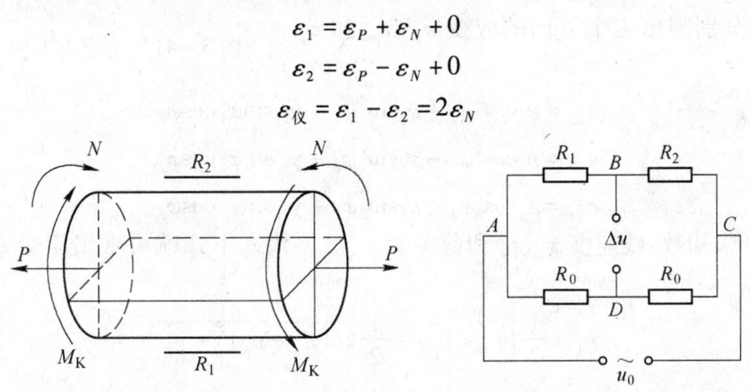

图3-39 只测弯曲应变的布片与组桥

即应变仪读数为真实应变的2倍,故真实应变

$$\varepsilon_N = \frac{\varepsilon_{仪}}{2}$$

3) 只测扭转应变 ε_M。选取 4 枚阻值 R 和灵敏系数 K 皆相等的应变片 R_1、R_2、R_3、R_4，分别沿与轴线成 ±45°方向粘贴，要求各枚应变片均在同一横截面上，且 R_1、R_2 与 R_3、R_4 对称于轴线相距 180°，并组全桥（图 3-40）。当同时受三种载荷作用时，各枚应变片感受的应变分别为

$$\varepsilon_1=\varepsilon_P+\varepsilon_N+\varepsilon_M$$
$$\varepsilon_2=\varepsilon_P-\varepsilon_N-\varepsilon_M$$
$$\varepsilon_3=\varepsilon_P-\varepsilon_N+\varepsilon_M$$
$$\varepsilon_4=\varepsilon_P+\varepsilon_N-\varepsilon_M$$
$$\varepsilon_{仪}=\varepsilon_1-\varepsilon_2+\varepsilon_3-\varepsilon_4=4\varepsilon_M$$

即应变仪读数为真实应变的 4 倍，故真实应变

$$\varepsilon_M=\frac{\varepsilon_{仪}}{4} \tag{3-103}$$

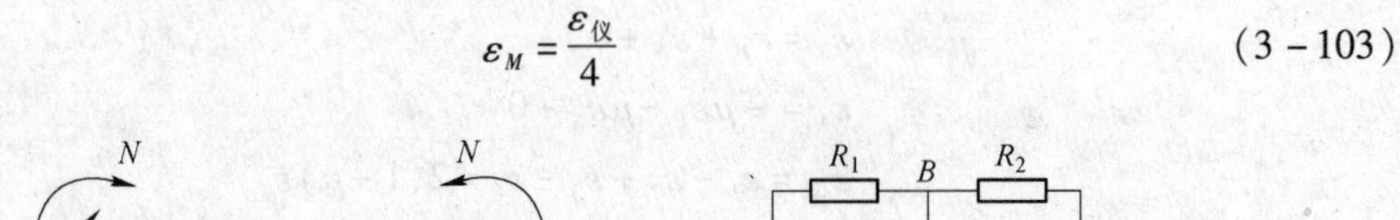

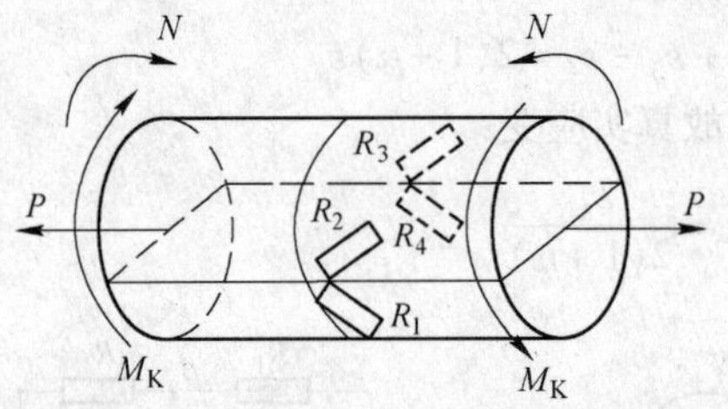

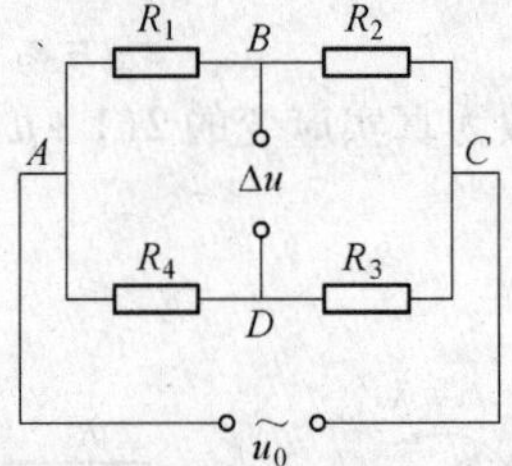

图 3-40　只测扭转应变的布片与组桥图

B　主应力方向未知的应力应变测量

在实际测量中，许多情况是主应力 σ_1、σ_2 的大小和方向均未知，有三个未知数。因此必须有三个独立的数据才能确定该点的应力状态，即在该点沿三个不同方向各粘贴一枚应变片，待分别测出三个方向的应变 $\varepsilon_{\varphi1}$、$\varepsilon_{\varphi2}$ 和 $\varepsilon_{\varphi3}$ 之后，再通过计算确定该点的两个主应力和主方向角。其计算原理和方法如下：

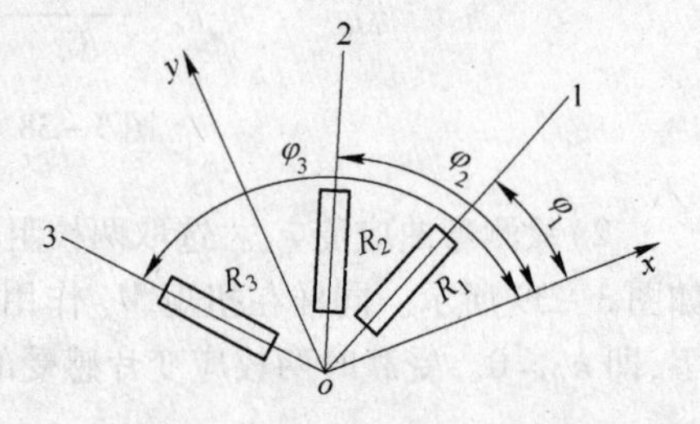

图 3-41　主应力方向未知时的贴片

在图 3-41 中，设 xoy 是零件自由表面上任意选定的直角坐标系。沿任意三个方向 φ_1、φ_2 和 φ_3 各粘贴一枚应变片 R_1、R_2、R_3，分别测出三个方向的应变 $\varepsilon_{\varphi1}$、$\varepsilon_{\varphi2}$ 和 $\varepsilon_{\varphi3}$，根据下式

$$\begin{aligned}\varepsilon_{\varphi1}&=\varepsilon_x\cos^2\varphi_1+\varepsilon_y\sin^2\varphi_1+\gamma_{xy}\sin\varphi_1\cos\varphi_1\\ \varepsilon_{\varphi2}&=\varepsilon_x\cos^2\varphi_2+\varepsilon_y\sin^2\varphi_2+\gamma_{xy}\sin\varphi_2\cos\varphi_2\\ \varepsilon_{\varphi3}&=\varepsilon_x\cos^2\varphi_3+\varepsilon_y\sin^2\varphi_3+\gamma_{xy}\sin\varphi_3\cos\varphi_3\end{aligned} \tag{3-104}$$

可解出三个未知数：线应变 ε_x、ε_y 和剪应变 γ_{xy}。再代入下式就可求出应变 ε_1、ε_2 和主方向与 x 轴的夹角 α

$$\begin{aligned}\varepsilon_1&=\frac{1}{2}(\varepsilon_x+\varepsilon_y)+\frac{1}{2}\sqrt{(\varepsilon_x-\varepsilon_y)^2+\gamma_{xy}^2}\\ \varepsilon_2&=\frac{1}{2}(\varepsilon_x+\varepsilon_y)-\frac{1}{2}\sqrt{(\varepsilon_x-\varepsilon_y)^2+\gamma_{xy}^2}\\ \varphi&=\frac{1}{2}\arctan\frac{\gamma_{xy}}{\varepsilon_x-\varepsilon_y}\end{aligned} \tag{3-105}$$

将主应变 ε_1、ε_2 代入式（3-85），即可求得主应力 σ_1、σ_2、$\tau_{\max}$。

3.3.1.2 轧制力测量及传感器设计

A 轧制力的测量方法

目前，测量轧制力的方法有两种：应力测量法和传感器测量法，现分述如下。

a 应力测量法

(1)测量原理。轧制时，轧机牌坊立柱产生弹性变形，其大小与轧制力成正比，因此，只要测出牌坊立柱的应变就可推算出轧制力。

对于闭口牌坊，轧制时，牌坊立柱同时承受拉应力和弯曲应力，其应力分布如图3-42所示。由图可见一最大应力发生在立柱内表面b—b上，其值为

$$\sigma_{内}=\sigma_{拉}+\sigma_{弯} \tag{3-106}$$

最小应力发生在立柱的外表面d—d上，其值为

$$\sigma_{外}=\sigma_{拉}-\sigma_{弯} \tag{3-107}$$

在中性面c—c上，弯曲应力等于零，只有轧制力引起的拉应力，其值为

$$\sigma_{拉}=\frac{\sigma_{内}+\sigma_{外}}{2} \tag{3-108}$$

由此可见，为了测得拉应力，必须把应变片粘贴在牌坊立柱的中性面c—c上，以消除弯曲应力。因此一扇牌坊所受到的拉力

$$P_{牌}=2\sigma_{拉}\cdot A \tag{3-109}$$

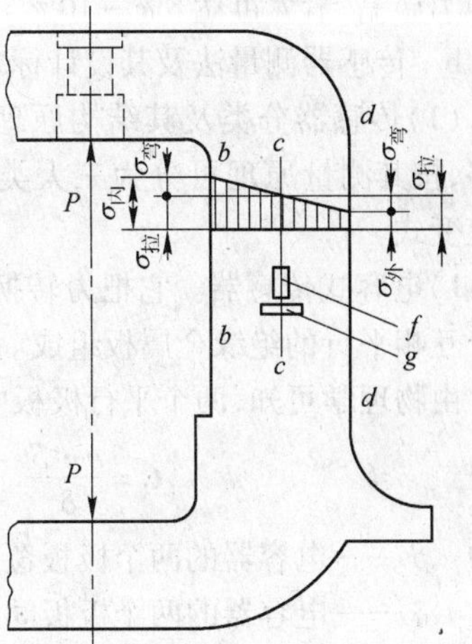

图3-42 轧机牌坊立柱应力分布及测量点的选择

f,g—应变片

式中 A——牌坊一个立柱的横截面积，mm^2。

若4根立柱受力条件相同，则总轧制力P为

$$P=2P_{牌}=4\sigma_{牌}\cdot A \tag{3-110}$$

或根据轧件在轧辊上的位置（轧制力作用点），由杠杆原理求出总轧制力P

$$P=P_{牌}\frac{1}{1-a}=2\sigma_{拉}A\frac{1}{1-a} \tag{3-111}$$

式中 l——压下螺丝的中心距，mm；

a——轧制力P的作用点到所测牌坊压下螺丝轴线的距离，mm。

(2)确定中性面位置。对于简单断面的立柱，可用作图法找出中性面；对于复杂断面，先测出立柱内外表面应力$\sigma_{内}$和$\sigma_{外}$，再由式(3-108)求出$\sigma_{拉}$，然后在立柱的另外两个表面的不同位置上测量应力σ。当$\sigma=\sigma_{拉}$时，则通过此应力点平行于牌坊立柱内外侧面的平面，即为中性面。

(3)应变拉杆法。由于牌坊安全系数大，应力水平低，输出信号小，因此，为了提高测量精度，可采用图3-43所示的应变拉杆法。在牌坊立柱中性面4上焊两个支座1，在二者之间固定三段粗拉杆2，其间用一根细小拉杆3（有效长度为l，其上粘贴应变片，组成电桥）相连。当粗拉杆刚度远远大于细小拉杆时，可认为粗拉杆不发生变形，而牌坊立柱长度为L内的变形主要集中在细小拉杆上，其应力$\sigma_{杆}$为

$$\sigma_{杆}=\sigma_{柱}\frac{L}{l} \tag{3-112}$$

由式(3-112)可见，细小拉杆应力$\sigma_{杆}$比立柱应力$\sigma_{柱}$大L/l倍。

优点：拉杆加工、安装和更换都比较方便，寿命也比较长。当立柱横截面形状不复杂（如矩形或正方形）时，用这种方法测量的轧制力还是比较精确的。

缺点：若立柱横截面形状不规则，中性面不易找准。由于各种因素影响，4 根立柱受力情况不尽相同，所以会引起较大误差。实验表明，用拉杆法和传感器法测出的轧制力误差，最大可达 8% ~10%。

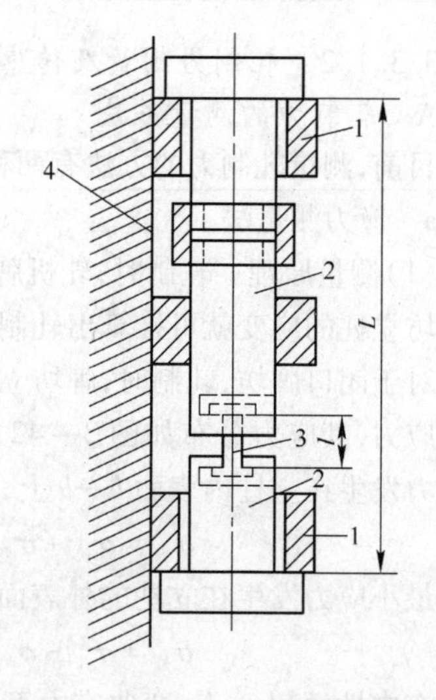

图 3-43　应变拉杆的结构和安装示意图

1—支座；2，3—拉杆；4—牌坊立柱中性面

b　传感器测量法及其设计标定

（1）传感器分类及其结构原理。测力传感器的种类很多，按其测量原理可分为三大类：电容式、压磁式和电阻应变式。

1）电容式传感器。它把力转换成电容的变化。它由两个互相平行的绝缘金属板组成。

由物理学可知，两个平行极板电容器的电容 C 为

$$C=\frac{\varepsilon\cdot S}{\delta} \tag{3-113}$$

式中　S ——电容器的两个极板覆盖面积，cm^2；

δ ——电容器的两个极板间距，cm；

ε ——电容器极板间介质的介电常数，空气 $\varepsilon=1$。

由式（3-113）可知，S、δ 和 ε 三个参数中，只要有一个参数发生变化都会使电容 C 改变，这就是电容式传感器的工作原理。

图 3-44 为测量轧制力使用的电容式传感器。在矩形的特殊钢块弹性元件上，加工有若干个贯通的圆孔，每个圆孔内固定两个端面平行的丁字形电极，每个电极上贴有铜箔，构成平板电容器，几个电容器并联成测量回路。在轧制力作用下，弹性元件产生变形，因而极板间距发生变化，从而使电容发生变化，经变换后得到轧制力。

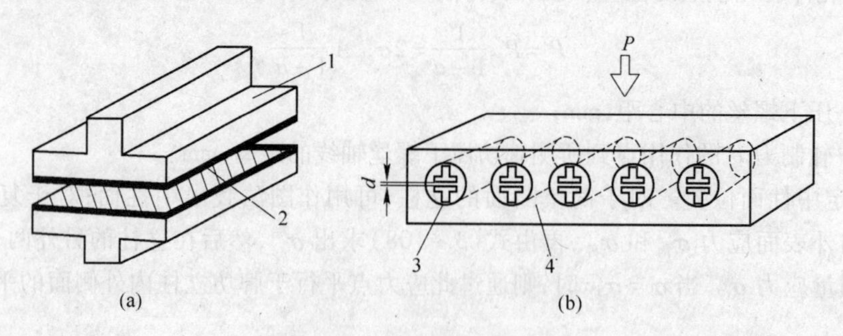

图 3-44　电容式传感器原理

（a）—电极；（b）—传感器构造

1—绝缘物（无机材料）；2—导体（铜箔）；3—电极；4—钢件

优点：灵敏度高，结构简单，消耗能量小，误差小，国外已用于测量轧制力。

缺点：泄漏电容大，寄生电容和外电场的影响显著，测量电路复杂。

2）压磁式传感器。它的基本原理是利用“压磁效应”，即某些铁磁材料受到外力作用时，引起磁导率发生变化的物理现象。利用压磁效应制成的传感器，称作压磁式传感器（在轧机测量中也常称为压磁式压头），有时也称作磁弹性传感器或磁致伸缩传感器。

图3-45为变压器型压磁式传感器的原理图。在两条对角线上,开有4个孔1、2和3、4。在两个对角孔1、2中,缠绕激磁(初级)绕组 $W_{1,2}$;在另两个对角孔3、4中,缠绕测量(次级)绕组 $W_{3,4}$。$W_{1,2}$ 和 $W_{3,4}$ 平面互相垂直,并与外力作用方向成45°角。当激磁绕组 $W_{1,2}$ 通入一定的交流电流时,铁芯中就产生磁场。在不受外力作用时(图3-45(b)),由于铁芯的磁各向同性,A、B、C、D 4个区域的磁导率 μ 是相同的,此时磁力线呈轴对称分布,合成磁场强度 $\vec{H}$ 平行于测量绕组 $W_{3,4}$ 平面,磁力线不与绕组 $W_{3,4}$ 交接,故 $W_{3,4}$ 不会感应出电势。

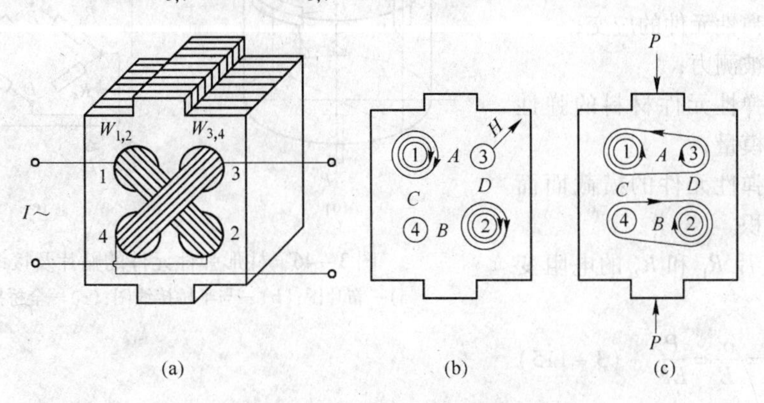

图3-45　压磁式传感器原理

在外力 P 作用下(图3-45(c)),A、B 区域承受很大压应力 σ,于是磁导率 μ 下降,磁阻增大。由于传感器的结构形状缘故,C、D 区域基本上仍处于自由状态,其磁导率 μ 仍不变。由于磁力线有沿磁阻最小途径闭合的特性,此时,有一部分磁力线不再通过磁阻较大的 A、B 区域,而通过磁阻较小的 C、D 区域而闭合。于是原来呈现轴对称分布的磁力线被扭曲变形,合成磁场强度 $\vec{H}$ 不再与 $W_{3,4}$ 平面平行,磁力线与绕组 $W_{3,4}$ 交链,故在测量绕组 $W_{3,4}$ 中感应出电势 E。P 值越大,应力 σ 越大,磁通转移越多,E 值也越大。将此感应电势 E 经过一系列变换后,就可建立压力 P 与电流 I(或电压 V)的线性关系,即可由输出 I(或 V)表示出被测力 P 的大小。

压磁式传感器具有输出功率大,抗干扰能力强,过载能力强,寿命长,具有防尘、防油、防水等优点。因此,目前已成功地用于矿山、冶金、运输等部门,特别是在轧机自动化系统中,广泛用于测量轧制力、带钢张力等参数。

3)电阻应变式传感器。它主要由弹性元件和应变片构成。外力作用在弹性元件上,使其产生弹性变形(应变),由贴在弹性元件上的应变片将应变转换成电阻变化。再利用电桥将电阻变化转换成电压变化,然后送入放大器放大,由记录器记录。最后利用标定曲线将测得的应变值推算出外力大小,或直接由测力计上的刻度盘读出力的大小。由于电阻应变技术的发展,这种传感器已成为主流。它特别适合于现场条件下的短期测量,故目前测量轧制力大多数采用电阻应变式传感器。

按照变形方式,电阻应变式传感器可分为:压缩式、剪切式和弯曲式三种,其中使用最多的是压缩式传感器,其弹性元件有柱形和环形(筒形)等。现以柱形弹性元件为例介绍电阻应变式传感器的工作原理。如图3-46所示,在一个钢质圆柱形的弹性元件的侧面上,用黏结剂牢牢地粘贴有垂直(轴向)和水平(径向)相间的电阻应变片 R_1、R_2、R_3、R_4。当弹性元件受到被测力 P 作用时,轴向受压缩,径向受拉伸,使粘贴在侧面上的应变片也随着变形而改变其电阻值。应变片 R_1 和 R_3 受压缩,阻值减小;而 R_2 和 R_4 受拉伸,阻值增加。

由材料力学可知，在弹性变形范围内，弹性元件产生的应变与引起应变的力成正比。

$$\frac{\Delta R_1}{R_1}=\frac{\Delta R_3}{R_3}=K\varepsilon=K\frac{P}{EF} \tag{3-114}$$

式中　ε——弹性元件的应变；

P——被测力；

E——弹性元件材料的弹性模量；

F——弹性元件的横截面面积。

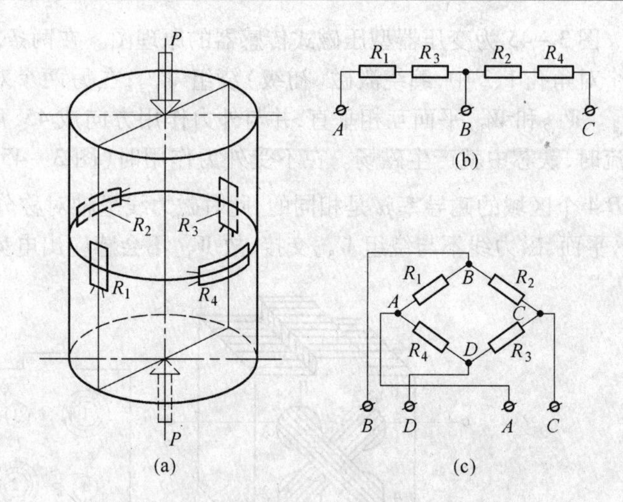

图 3-46　柱形弹性元件的贴片及接线

(a)—布片图；(b)—与半桥接线图；(c)—全桥接线图

此时应变片 R_1 和 R_2 的电阻变化率

$$\varepsilon=\frac{\Delta L}{L}=\frac{\sigma}{E}=\frac{P}{EF} \tag{3-115}$$

同理，应变片 R_2 和 R_4 的电阻变化率

$$\frac{\Delta R_2}{R_2}=\frac{\Delta R_4}{R_4}=-\mu K\frac{P}{EF} \tag{3-116}$$

式中　μ——弹性元件材料的泊松比。

由此可见，应变片 $R_1\sim R_4$ 的电阻变化率均与被测力 P 成正比。若把应变片 $R_1\sim R_4$ 组成等臂电桥，则电桥的输出也与被测力 P 成正比。

若电桥的输出信号以应变量 ε_0 来表示

$$\begin{aligned}\varepsilon_0&=\varepsilon_1-\varepsilon_2+\varepsilon_3+\varepsilon_4\\&=\frac{1}{K}\left(\frac{\Delta R_1}{R_1}-\frac{\Delta R_2}{R_2}+\frac{\Delta R_3}{R_3}-\frac{\Delta R_4}{R_4}\right)\\&=\frac{2(1+\mu)}{EF}\cdot P\end{aligned} \tag{3-117}$$

由此可见，电桥输出应变 ε_0 与被测力 P 成正比。

若电桥的输出信号以电压 ΔU 来表示

$$\Delta U=\frac{U_0K}{4}\varepsilon_0=\frac{(1+\mu)}{2}\frac{U_0K}{EF}P \tag{3-118}$$

式中　U_0——电桥供桥电压，V。

由此可见，电桥输出电压 ΔU 与被测力 P 成正比。

把式(3-118)改写成

$$S_U=\frac{\Delta U}{U_0}=\frac{(1+\mu)}{2}\frac{K}{EF}P \tag{3-119}$$

式中　$S_U=\dfrac{\Delta U}{U_0}$——传感器的灵敏度，在额定载荷下供桥电压为 1V 时传感器输出电压的毫伏数，mV/V。

(2)传感器的标定和精度检验。在正式测定之前，通常是在材料试验机或专用压力机上对传感器进行标定的。所谓标定，是用标准量通过试验确定传感器或测量系统的输出量(仪表读数或示波图形高度）与输入量（一系列标准载荷）之间对应关系的过程，以便在使用时从仪表读数或示波图形高度得出被测量的大小。输出量与输入量的对应关系常以曲线或数学式来表示，前者称为标定曲线，后者称为标定方程。对于输出量与输入量之间成比例关系的，则以一常数来表示，称为标定系数。因此，标定也就是确定标定曲线、标定方程和标定常数的过程。

根据传感器和测量系统的应用范围，标定分成为静态标定和动态标定两类。对于测量静态或缓慢变化的参数，传感器或测量系统一般只作静态标定。对于测量动态的或频率很高的参数，除作静态标定外，还应作动态标定。

1）静态标定。静态标定的目的之一是用试验方法测定传感器或测量系统的静态特性（灵敏度、线性、滞后）。其二是确定传感器或测量系统的输入量与输出量之间的对应关系，即给传感器输入一系列已知的标准载荷（静态输入量），并测出其对应的输出量的大小，从而得出标定曲线、标定方程和标定系数。

标定步骤如下：

①将要标定的传感器安装在标定装置（如材料试验机）上，接入测量装置（如应变仪和记录仪器），调其平衡，使初始读数为零或打出零线。

②开始标定时，首先应在零载和满载（额定载荷）之间反复加载、卸载数次（至少三次），以消除传感器各部件之间的间隙和滞后，改善其线性。

③根据传感器的量程分级加载，一般分为 6～10 级，然后从零载开始逐级加载至额定载荷为止，记录各级载荷量和输出值。接着按同样的级差卸载，并再次记录（图 3－47（a））。如此重复 3～5 次，求出各级标定载荷 P_i 所对应的平均输出值 $\overline{h}_i$ 或 $\overline{\varepsilon}_i$ 作为标定数据。

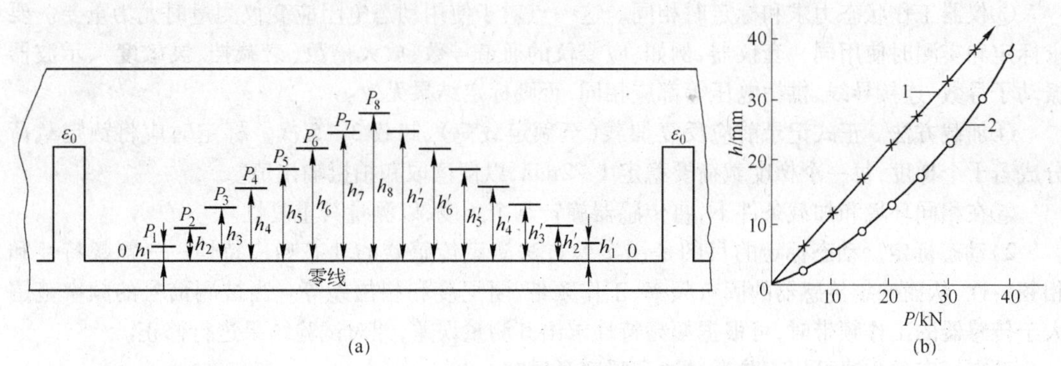

图 3－47　传感器的标定示波图和标定曲线

（a）—标定示波图；（b）—标定曲线

④根据所得到的标定数据，绘出标定曲线。通常以各级载荷为横坐标，对应的平均输出值 $\overline{h}_i$ 或 $\overline{\varepsilon}_i$ 为纵坐标，先在坐标纸上标出各数据点的位置，然后通过多数点描绘的平滑曲线，且使曲线两侧的点数相同，则此曲线称为标定曲线。若标准载荷与输出值之间呈现直线变化关系称为线性（图 3－47（b）中的直线 1）；反之，呈现曲线变化关系的，称为非线性（图 3－47（b）中的曲线 2）。标定曲线的斜率即为传感器的灵敏度 K，其倒数 $k_h=\dfrac{1}{K}$ 或 $k_\varepsilon=\dfrac{1}{K}$ 就是传感器的标定系数。传感器的标定系数 k_h 或 k_ε 根据标定数据由下式确定

$$k_h=\frac{\sum_{i=1}^{n}P_i^2}{\sum_{i=1}^{n}P_i h_i}\text{ 或 }k_\varepsilon=\frac{\sum_{i=1}^{n}P_i^2}{\sum_{i=1}^{n}P_i\varepsilon_i}\tag{3-120}$$

⑤根据标定数据或标定曲线确定标定方程。首先根据已知的方程和曲线的对应关系或者已经确定了的标定曲线，选取某一方程式，而后进行验证。验证后再确定方程中的系数。

⑥估算标定误差（k 值的标准误差）

$$\sigma = \pm \sqrt{\frac{1}{n-1}\sum_{i=1}^{n}\left(\frac{P_i}{h_i} - k_h\right)^2} \text{ 或 } \pm \sqrt{\frac{1}{n-1}\sum_{i=1}^{n}\left(\frac{P_i}{\varepsilon_i} - k_\varepsilon\right)^2} \tag{3-121}$$

式中　n——标定级数。

传感器标定后，即可用于实际测量。若在测量中得到其输出量 h_x 或 ε_x，则与此对应的被测量 P 由下式确定

$$P_x = k_h h_x \text{ 或 } P_x = k_\varepsilon \varepsilon_x \tag{3-122}$$

静态标定不但适用于静态测量系统，在一定条件下也适用于动态测量系统。条件就是动态测量系统一定是线性的，传感器的固有频率 ω_0 大于被测信号频率 Ω_{max}，通常取 $\omega_0 > (5 \sim 10)\Omega_{max}$，应变仪和示波器的工作频带与被测信号的频率范围相适应。此时就可把静态标定用于动态测量中，否则就需要进行动态标定。

标定时应注意的事项：

①在传感器标定之前和之后，应该打电标定，即用仪器上的电标定装置把应变仪的放大率记录在示波图上，以便实测时随时校核仪器的工作状态，使其保持在与标定时相同的工作状态下进行测量。

②传感器的标定条件力求和实测条件一致。将实测时用到的全部附件（例如，球面垫等）都要加上标定，最好用一个与压下螺丝端头形状一致的标定垫模拟压下螺丝。

③仪器工作状态力求和标定时相同。这一点对于使用动态电阻应变仪测量时尤为重要。要求标定和实测时使用同一套仪器，例如，应变仪的通道号数、放大倍数（衰减挡、灵敏度）、示波器振动子号数、连接导线、供桥电压等都应相同，否则标定结果无效。

④加载方法。正式记录前应反复加载（至额定载荷）、卸载 3 ~ 5 次。标定时应将额定载荷分成若干个梯度，每一个梯度载荷要稳定 1 ~ 2min，以便读取和拍摄输出值。

⑤在相同环境和加载条件下，将传感器旋转几个角度，以测量其重复性。

2）动态标定。动态标定的目的是用实验方法测定传感器的动态响应特性——幅频特性和相频特性，从而确定传感器的固有频率、工作频带、阻尼度和相位差等。当被测信号的频率范围大于传感器的工作频带时，可根据幅频特性求出其测量误差，并对试验结果进行修正。

动态标定的方法可用正弦激励法和瞬变激励法。

正弦激励法就是用正弦激振器对传感器施加一个幅值不变的正弦载荷，从而获得正弦响应。它的优点是数据处理简单，缺点是试验比较费时间。

瞬变激励法，又称冲击法，它将传感器固定在一个质量较大的底座上，后者安装在刚度系数较小的弹性垫上。然后对传感器施加一个标准冲击载荷，同时记录下冲击载荷和传感器输出应变曲线。对这种曲线进行富氏变换，得到相频特性。它的优点是试验时间短，缺点是计算工作量大。

3）精度检验。所谓传感器精度，通常是指传感器的总误差 δ 与满量程输出 U_H 的比值，即

$$\frac{\delta}{U_H} \times 100\%$$

对测力传感器而言，通常用线性度、滞后和重复性三项指标来表示其精度。

①线性度。传感器的线性度一般用非线性误差表示，即实际的工作特性曲线与理想的线性特性曲线的偏离程度。通常以最大偏移量 Δ_{max} 与额定输出值 S_N 的比值表示，即

$$\delta_1 = \pm \frac{\Delta_{max}}{S_N} \times 100\%$$

②滞后。传感器的滞后是指传感器的加载特性曲线与卸载特性曲线的偏离程度。通常以加载和卸载特性曲线的最大差值 H 与额定输出值 S_N 的比值表示，即

$$\delta_2 = \pm \frac{H}{S_N} \times 100\%$$

③重复性。传感器的重复性是指在同一条件下，对传感器重复加载多次，其输出值的接近程度。通常以输出值的最大差值 ΔS 与额定输出值 S_N 的比值表示，即

$$\delta_3 = \pm \frac{\Delta S}{S_N} \times 100\%$$

在采用上述三项指标的场合下，为了用一个单一的数值表示传感器精度，习惯上用三者的平方和的平方根作为折合的精度值。即

$$\delta = \sqrt{\delta_1^2 + \delta_2^2 + \delta_3^2}$$

3.3.1.3　传动轴的扭矩测量

传动轴的扭矩测量方法可分为两大类：电量测量法和非电量电测法。这两种方法都是间接测量法。

A　电量测量法

通过测量驱动传动轴的电机功率（或电流）和转速来推算出扭矩大小。此法不需另外制作装置，测量方法简单，容易掌握，在现场中容易实现。但是，由于此法测出的是电机轴的转矩，它和传动轴扭矩有一定差别（换算时传动轴的转动惯量的影响不易计算准确，特别是带飞轮的驱动系统），所以这种方法只能是估算扭矩，误差较大。另外，在某种场合下还具有一定的局限性。例如，一台电机带动两个轧辊时，只能测其总扭矩，而不能分别测出上、下传动轴的扭矩大小。

B　非电量电测法

它是利用应变片将由扭矩作用产生的剪应力（或剪应变）转换成电量进行测量的。应变片可以直接贴在要测量扭矩的传动轴上。此法的优点是直接测量传动轴的扭转变形，减少了电量测量法计算时的影响因素，因此它是现场实测中经常使用的方法。

在测量扭矩时，需要解决两个问题，即应变片的贴片位置和方向以及扭矩信号的传输。

a　应变片的贴片位置和方向

传动轴在扭矩作用下产生切应力，切应力产生的剪应变是角应变，无法用应变片直接测出，需借助于沿轴线成45°方向的应变片测得的应变推算出扭矩值。

为了提高测量的灵敏度，并消除其他力学参数的影响，通常在传动轴同一个横截面上，将4枚应变片沿圆周方向每隔90°布置一个应变片（图3－48（a））或相隔180°布置两对应变片（图3－48（b）），其贴片方向仍与轴线成45°。

b　组桥方式

将4枚应变片接成全桥或半桥电路。图3－49（a）为全桥接法，即将受拉应变片 R_1、R_3 与受压应变片 R_2、R_4 分别接在电桥的两对相对臂上。此法优点是滑环上的各接触点均处于电桥电路之外。接触电阻 r_A、r_C 串联在供桥端，只影响加到电桥上的供桥电压，但滑环的接触电阻相对于电桥的电阻是很小的，故对供桥电压的影响很小。接在输出端 BD 的两个滑环，相当于把接触电阻 r_B、r_C 串联在输出端的负载上，不论对电压桥或功率桥，接触电阻相对于电桥输出负载电阻来说都是很小的，所以对电桥输出的影响也非常小。测量传动轴的扭矩通常都采用全桥电路，以消

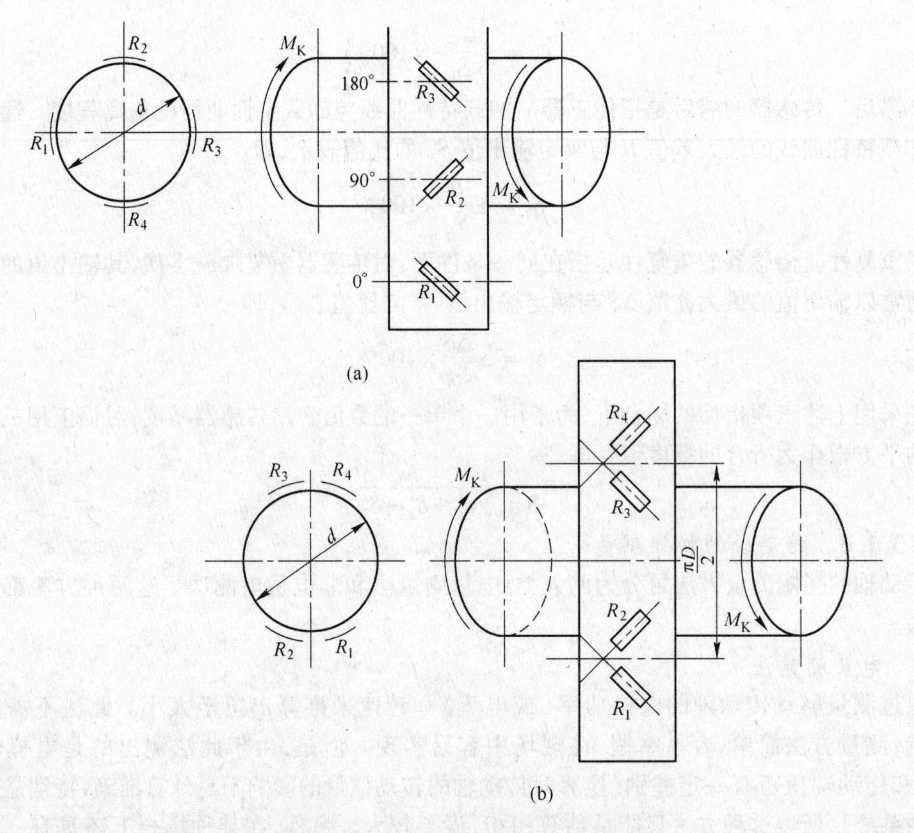

图 3－48　应变片在传动轴上的布置与方向

除接触电阻的影响，提高测量精度。

图 3－49(b)为半桥接法，将受拉应变片 R_1、R_3 串联为一桥臂，R_2、R_4 串联为另一桥臂，另二桥臂为应变仪内电阻。此法优点是滑环只需三条滑道，比全桥少了一条。缺点是集电装置的各接触点处于电桥回路之内，而各接触点的滑动接触电阻变化又不相等，将给测量结果带来误差。

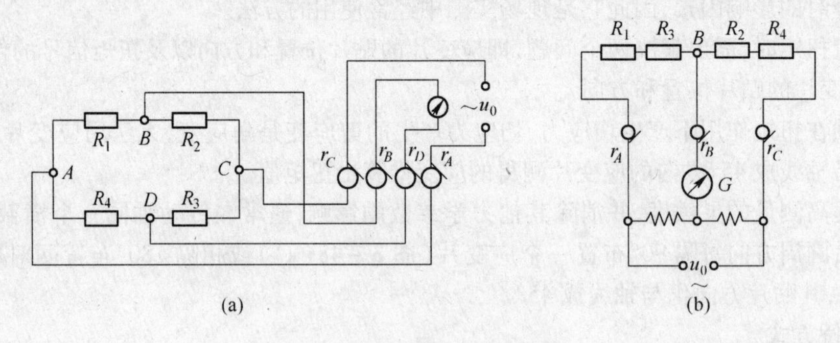

图 3－49　全桥和半桥电路
(a)—全桥电路；(b)—半桥电路

此外为了进一步消除接触电阻的影响，可采用预放大法。即在被测转动轴上安装一个由线性集成电路制成的直流放大器，将电桥输出信号先经直流放大器放大，再将放大后的信号经集电装置引至记录器直接记录。这样电桥与放大器之间没有接触电阻，同时电桥的平衡机构也设在电桥内，使之均不受接触电阻的影响。放大后的信号很强(可放大几百倍)，再经集电装置输出时，使得接触电阻变化引起的测量误差减至最小限度。此法优点可使滑道数目减少，若用干电池，则可用一条滑道。若外接电源，再用两条滑道。缺点是温漂较大，因此要求环境温度变化小。此外，调整电桥平衡时，需停机进行，影响生产。

3.3.1.4 轧件张力测量

张力测量首先是通过张力辊和导向辊将张力转换成对张力辊的压力，然后由张力传感器测出，最后按力的三角形计算出张力大小。

A 单机座可逆式冷轧机张力测量

由图3－50可见，带钢1通过工作辊2后，经过张力辊3时，由于带钢转向形成包角2α（其大小取决于导向辊4和张力辊3之间的相对位置，而与卷筒5的卷取直径变化无关），于是就有一个张力的合力Q作用在张力辊上。因此，在张力辊轴承座（或支架）下面安装张力传感器6，即可测出Q值，再由Q值推算出张力T值。

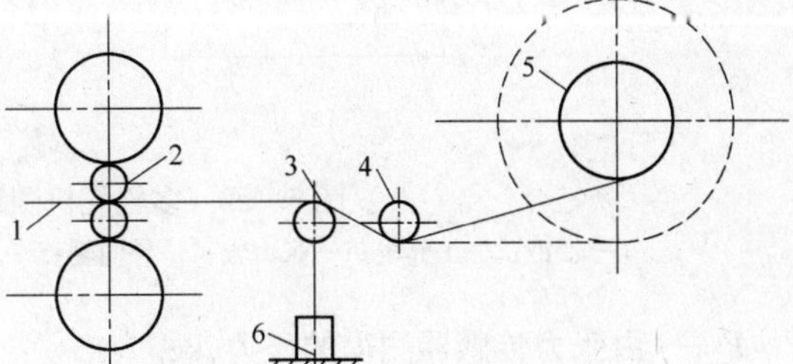

图3－50 张力测量示意图

1—带钢；2—工作辊；3—张力辊；4—导向辊；5—卷筒；6—张力传感器

a 用一个张力传感器测量张力

在张力辊支架7的下面安装一个张力传感器6（图3－51（a））。若张力传感器6倾斜安装（图3－51（b）），由张力传感器测出压力Q，则得张力T为

$$T=\frac{Q}{2\cos\alpha} \tag{3-123}$$

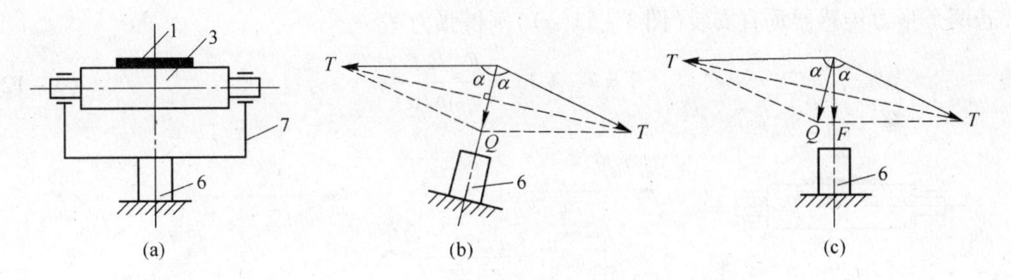

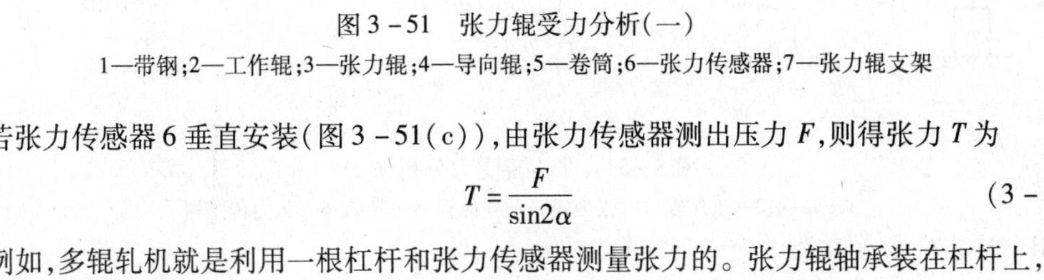

图3－51 张力辊受力分析（一）

1—带钢；2—工作辊；3—张力辊；4—导向辊；5—卷筒；6—张力传感器；7—张力辊支架

若张力传感器6垂直安装（图3－51（c）），由张力传感器测出压力F，则得张力T为

$$T=\frac{F}{\sin 2\alpha} \tag{3-124}$$

例如，多辊轧机就是利用一根杠杆和张力传感器测量张力的。张力辊轴承装在杠杆上，由式（3－124）可得

$$F=T\sin 2\alpha$$

由图3－52（b）可知，$F\cdot a=P\cdot b$，则张力T与力P间的关系为

$$T=\frac{b}{a}\cdot\frac{P}{\sin 2\alpha} \tag{3-125}$$

式中 a——张力辊的轴线到A点的距离，mm；

b——张力传感器的中心线到A点的距离，mm；

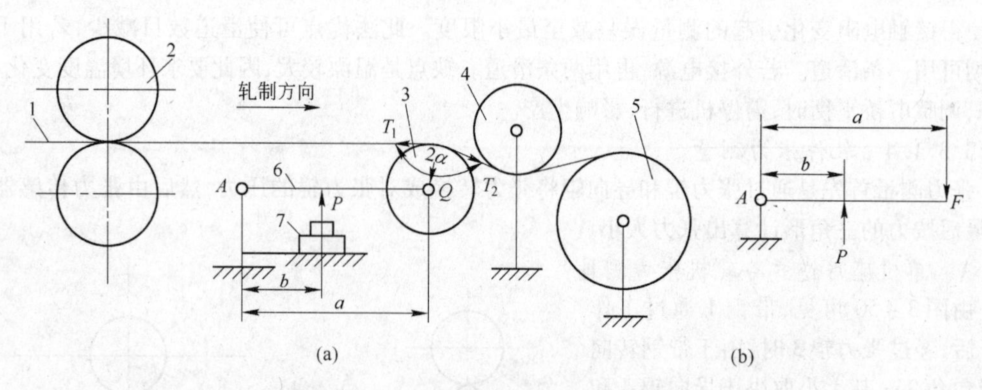

图 3-52 多辊轧机测量张力示意图

1—带钢;2—工作辊;3—张力辊;4—导向辊;5—卷筒;6—张力传感器;7—张力辊支架

P——由张力传感器测得的压力,kg。

此法优点是通过改变传感器位置(调整 b),用一个传感器可测出大小不同的张力,以达到扩大传感器量程和提高测量精度之目的。

b 用两个张力传感器测量张力

在张力辊 3 左右两端轴承座下面各装一个张力传感器 6(图 3-53(a)),两个传感器测得的压力分别为 $Q_{左}$ 和 $Q_{右}$。

若两个张力传感器倾斜安装(图 3-53(b)),则得张力 T

$$T = T_{左} + T_{右} = \frac{Q_{左} + Q_{右}}{2\cos\alpha} \tag{3-126}$$

若两个张力传感器垂直安装(图 3-53(c))则得张力 T:

$$T = T_{左} + T_{右} = \frac{F_{左} + F_{右}}{\sin2\alpha} \tag{3-127}$$

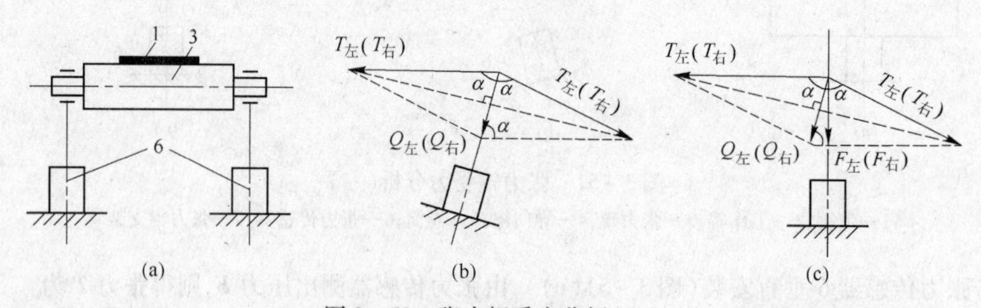

图 3-53 张力辊受力分析(二)

1—带钢;2—工作辊;3—张力辊;4—导向辊;5—卷筒;6—张力传感器

B 连轧机张力测量

a 用三辊式张力测量装置测量张力

在工业轧机上,常采用三辊式张力测量装置(图 3-54)。为了使张力方向固定,需使轧件抬高,脱离轧制线,并保持一定的斜度。为此采用三个辊子,在张力辊 1 的轴承座下面安装张力传感器 4,导向辊 2 和 3 保持 α

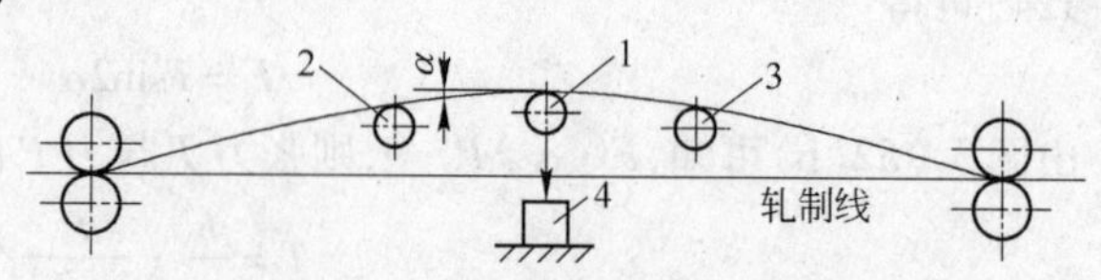

图 3-54 三辊式张力测量装置示意图

1—张力辊;2,3—导向辊;4—张力传感器角不变。由张力传感器测出轧件对张力辊的压力,然后再换算出张力。

b 由活套支撑器连杆转角测量张力

对于热轧带钢连轧机,两架连轧机之间的活套支撑器(图3-55)把带钢挑起来,并与轧制线形成ψ和θ角

$$\left.\begin{aligned}\psi &= \arctan\frac{l\sin\beta}{a+l\cos\beta}\\ \theta &= \arctan\frac{l\sin\beta}{b-l\cos\beta}\end{aligned}\right\}\tag{3-128}$$

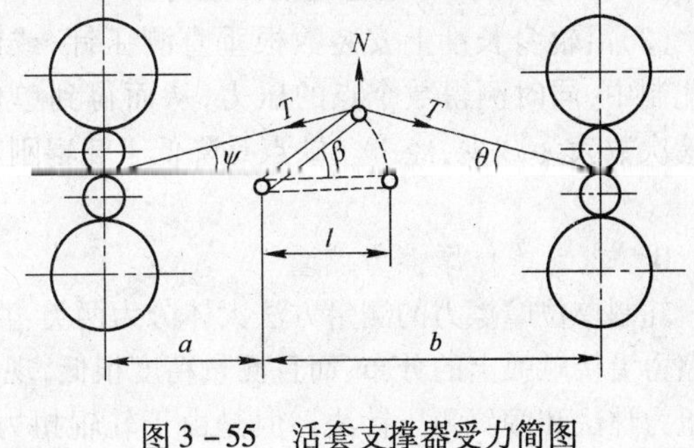

图3-55 活套支撑器受力简图

式中 β——活套支撑器连杆与水平线夹角。

连杆轴上的扭矩M为

$$M = N\cdot l\cos\beta = T\cdot l(\sin\psi+\sin\theta)\cos\beta \tag{3-129}$$

所以带钢张力T为

$$T = \frac{M}{(\sin\psi+\sin\theta)l\cos\beta} \tag{3-130}$$

将式(3-128)代入式(3-130)得:$T=f(M,\beta)$。由于支撑器电机是在堵转状态下工作的,因此,当稳定时,转动力矩等于堵转力矩(M=常数),所以T只决定于β,即可用支撑器转角大小来测量张力大小。转角大小可用电位器或自整角机测量。

c 用张力传感器测量张力

在型钢连轧机组中,由于型钢横截面积较大,一般不允许产生活套,因此只能用测量轧辊水平分力的方法测量张力。通常是在上辊轴承座(或下辊轴承座)与牌坊立柱之间入口侧和出口侧安装张力传感器。

3.3.1.5 轧制单位压力和摩擦力的测量

A 轧制单位压力测量

当前,测量轧制单位压力的常用方法是测压针法(图3-56),即在轧辊辊身1上钻两个孔:一个轴向孔,一个径向孔。在径向孔中插入一根经过研磨的测压针2,针尖露出辊面与轧件接触,针尾接一个测力元件3,其上贴有电阻应变片。轧制时,轧制压力经测压针传给测力元件,使其产生变形。信号从轧辊轴向孔端引到集电环4上输出,送到电阻应变仪放大,用光线示波器记录。

这种测量装置测定的是单位压力沿接触弧长度上的分布,即纵向单位压力分布。为了测得单位压力沿接触弧宽度上的分布,即横向单位压力分布,可采用下述两种方法。

(1)横移轧件法,所谓横移轧件法,乃是用若干个化学成分、力学性能以及几何尺寸等完全相同的轧件,在轧制条件相同的情况下,每轧一次,测定一个点的压力。然后改变一次

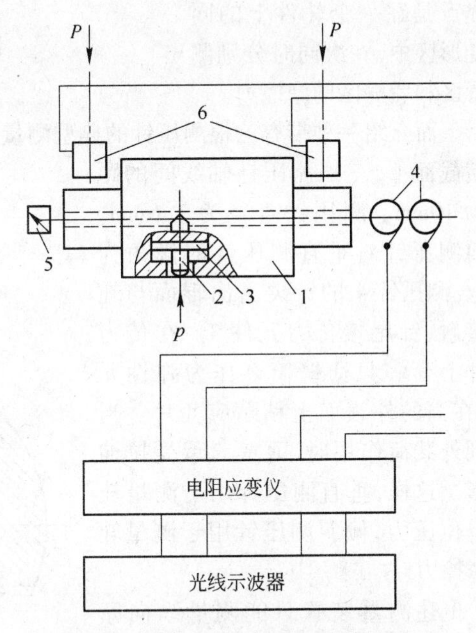

图3-56 单位压力测量装置示意图

1—测量辊;2—测压针;3—测力元件;4—集电环;5—转速表;6—测力传感器

轧件的横向位置，再测定另一个点的压力，如此类推，最后得到单位压力沿接触弧宽度上的分布。

此法缺点是麻烦，而且很难保证各个轧件的化学成分、力学性能、几何尺寸以及轧制条件等完全相同。此外，要尽量避免偏心载荷。

(2)沿辊身长度上安装数根垂直测压针，或倾斜测压针，这样就可以在同一个轧件上，一次轧制中，同时测得数个点的压力，从而得到单位压力沿接触弧宽度上的分布。此法优点是实验次数大为减少、经济。缺点是降低了轧辊刚度，而且随着测压针的数目增多，刚度降低的也多。

B　轧制单位摩擦力测量

轧制单位摩擦力的测量方法大体分为两类：直接测量法和间接测量法。前者由于不能得到摩擦力沿接触弧上的分布，而且测量精度很低，现已不用。目前多用间接测量法，它又可分为轧辊扭力计法和倾斜测压针法。但是由于轧辊扭力计法存在许多缺点，诸如，不能测量横向摩擦力，加工数据困难等等。目前多采用倾斜测压针法。

(1)在轧辊同一横截面上，安装一根垂直(径向)的和一根倾斜的测压针(图 3－57(a))。此法缺点是倾斜测压针一次只能测出前滑区或后滑区的摩擦力。为了得到前滑区和后滑区的摩擦力，需要汇总两个轧件上的两次测量。

(2)在轧辊的同一横截面上，安装一根垂直(径向)的和两根倾斜的测压针(图 3－57(b))。此法优点是在一个轧件上的同一个变形区中，一次同时分别测出前滑区和后滑区的摩擦力。

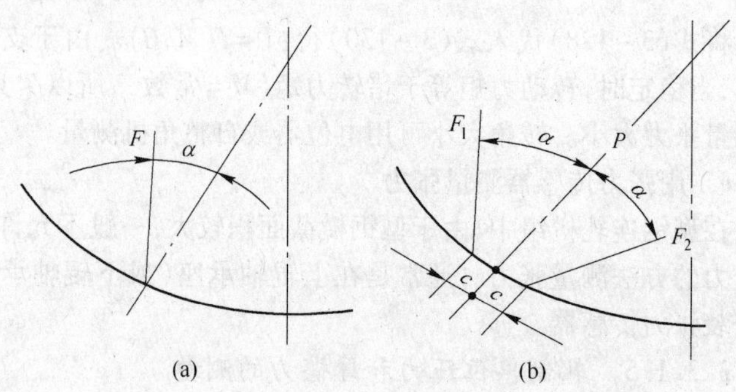

图 3－57　测压针在辊身上配置示意图

$\alpha = 26°34'$、$30°$、$45°$；$c = 10\text{mm}$、12mm、25mm

下面介绍一种带有三根测压针的典型测量装置(图 3－58)，三根测压针均布置在轧辊的同一横截面上，三根测压针轴线间的距离为 10mm。测压针直径为 1.6mm，倾斜测压针对垂直测压针的倾角为 30°。测压针 4 的针尖露出辊面与轧件接触，针尾接传力元件 3。在传力元件上套一只薄壁筒 2 作为弹性元件，在筒的外表面上粘贴应变片。当受到外载荷作用时，薄壁筒承受拉伸变形。这样，垂直测压针用于测量轧制单位压力，倾斜测压针用于测量轧制摩擦力。

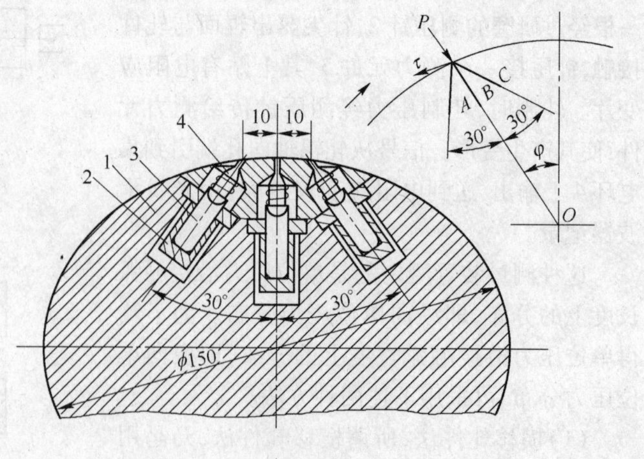

图 3－58　三根测压针在辊身上的配制

1—轧辊；2—薄壁筒；3—传力元件；4—测压针

上述测量装置只能测量纵向摩擦力。为了同时能测得纵向摩擦力和横向摩擦力以及单位压力，可采用三对倾斜测压针(图 3－59)或四根测压针(一根垂直的、一根侧向的和两根倾斜的)的测量辊

（图 3－60）。倾斜测压针 1 和 2 配置在轧辊的同一横截面上（倾角 $\varphi = 36°52'$），由这两根测压针测得的数据，经过换算，可得到纵向摩擦力和单位压力。侧向测压针 3 和垂直测压针 4 配置在轧辊轴线平面上，由这两根针测得的数据，经过换算，可得到横向摩擦力和单位压力。同时得到的两个单位压力，可互相比较和检查。

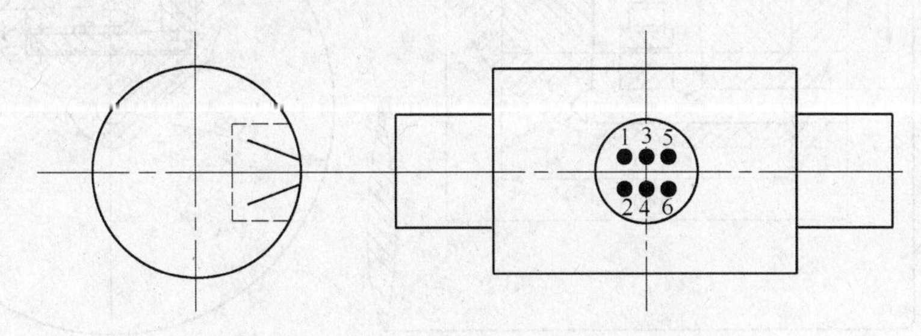

图 3－59　三对倾斜测压针在辊身上的配置

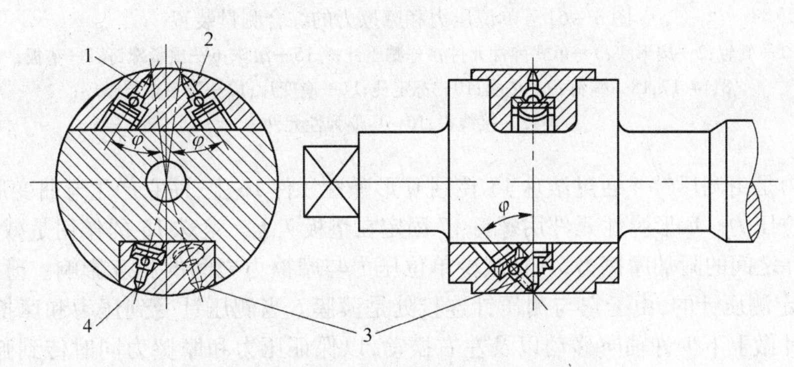

图 3－60　四根测压针在辊身上的配置

1，2—倾斜测压针；3—侧向测压针；4—垂直测压针

上述几种测量装置存在如下缺点：

（1）不共点性，用不在同一单元面积上的几个测量点的测量数据确定一个点的应力，必然会带来误差。

（2）在一个辊身上同时安装三、四和六根测压针，使得结构复杂，而且降低了轧辊刚度。

（3）需把各测量值经过换算才能得到结果，使得数据加工困难。

（4）测压针与其孔壁摩擦对测量结果影响较大。

C　轧制单位压力和摩擦力的综合测量

为了克服上述缺点，研究出一种用一根垂直测压针的综合测量装置（图 3－61），这种测量装置比较理想，它能同时测量某一点的单位压力、纵向摩擦力和横向摩擦力的分布。因此它具有共点性、灵敏度高及数据加工方便等优点。

图 3－61 的工作原理：在垂直于测压针轴线的平面内，焊一十字形爪式弹性元件 3，它被预紧螺钉 6 通过滚珠 5 预先压紧。滚珠的作用是，当测压针上下移动时，减少爪式弹性元件与预紧螺钉之间的附加摩擦力，使测量结果更接近于真实情况，并减少单位压力与摩擦力之间的相互影响。在十字形爪式弹性元件中，有两个爪（垂直于轧辊轴线）是测量纵向单位摩擦力，另外两个爪（平行于轧辊轴线）是测量横向单位摩擦力。当爪式弹性元件受到纵向和横向摩擦力作用时，产生弯曲变形发出信号，根据此信号确定摩擦力的大小。

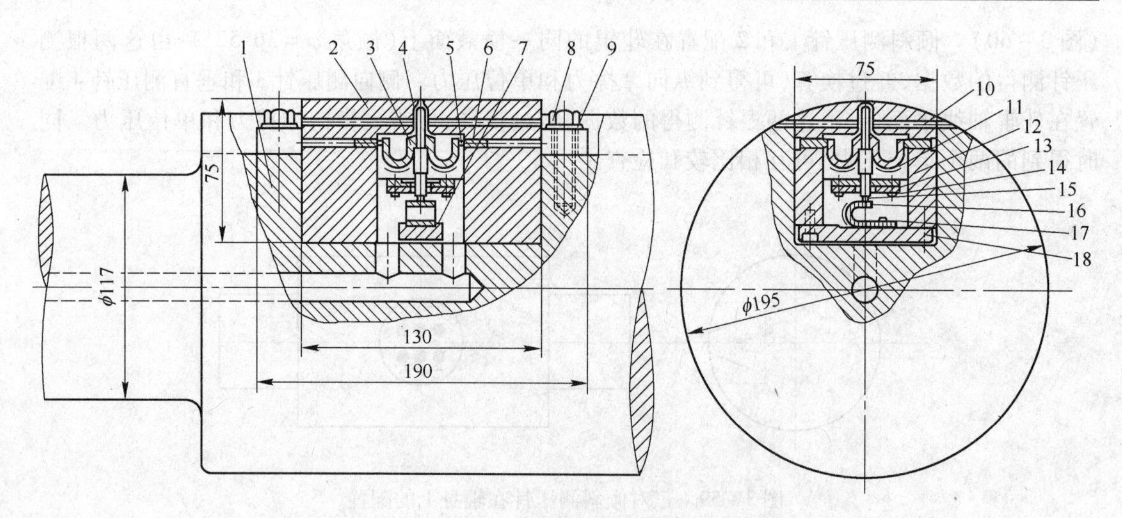

图 3－61　单位压力和摩擦力的综合测量装置

1—轧辊；2—扇形块；3—爪式弹性元件；4—测压针；5，15—滚珠；6—预紧螺钉；7—垫板；8，14，17，18—螺钉；9—垫圈；10—标定孔；11—应变片；12—薄膜式支撑环；13—接线板；16—U 形弹性元件

单位压力是由测压针 4 通过滚珠 15 传到 U 形弹性元件 16 上，使它产生弯曲变形发出信号，从而测出单位压力。U 形弹性元件用螺钉 17 固定在垫板 7 上。滚珠 15 的作用是减少测压针与 U 形弹性元件之间的附加摩擦力，并且减少单位压力与摩擦力之间的相互影响。薄膜式支撑环 12 是用来固定测压针的，由于它与测压针连接处是薄膜。当测压针受到压力和摩擦力作用时，可容许测压针做上下少许轴向移动以及左右摆动，以保证压力和摩擦力同时传到弹性元件上。因此支撑环起着活支点的作用。标定孔 10 是试验过程中，随时标定摩擦力用的。

图 3－62 是图 3－61 的改良型，它将测量摩擦力的爪式弹性元件改为测力花。单位压力是由测力筒测量的，测力筒为一内径 10mm，壁厚 0.5mm 的圆筒。应变片粘贴在圆筒的外表面上。

摩擦力是由测力花测量的。测力花由 4 个互成直角，厚为 3mm，宽为 8mm，高为 19mm 的悬臂梁构成。每个悬臂梁内外表面各粘贴一枚应变片。此测量装置比较理想。

图 3－63 为另一种形式的综合测量装置，在轧辊 1 的切槽内装有测量块 2，其中开有 3 个互相垂直的直通孔。在垂直的中央孔中装一根垂直测压针 6，针尖露出辊面，针尾接一个弹性元件 9，以测量垂直压力。在垂直于中央孔的两个互相垂直的水平孔中，于测压针 6 的肩部装有 4 个弹性元件 5。

弹性元件为一薄壁硬铝筒（图 3－63（b）），在薄壁筒两端装有 GCr15 钢的锥形接头，其硬度为 55～62 洛氏硬度。在薄壁筒外表面上粘贴两枚基长 10mm、阻值 100Ω 左右的丝式应变片。

3.3.1.6　轧钢机刚性的测定

A　概述

轧钢机在轧制时产生的巨大轧制力，通过轧辊、轴承、压下螺丝、压下螺母等传递至机架。这些承受轧制力的各种零件在轧制力的作用下都会产生弹性变形，使轧制时的辊缝值大于空载时的原始辊缝值，辊缝值的增量即是轧钢机工作机座的弹跳值。弹跳值与轧制力的大小成正比，在相同的轧制力作用下，轧钢机的弹跳值越小说明其刚性越好。

轧钢机弹跳值的存在并不妨碍轧机轧出所需厚度的轧件，可以采取预先调整原始辊缝的办法，使弹跳后的辊缝值恰好与轧件厚度相同，即采用下面的公式

$$h = s_0 + f \tag{3-131}$$

式中　h——轧件的厚度；

s_0——原始辊缝值；

f——轧机弹跳值。

但轧制薄钢板时，有时由于压下装置能力的限制，即使采用了预先压紧的办法，轧机的弹跳值仍然大于钢板厚度，此时无法轧出较薄的钢板，也就是说轧机的弹跳值大小将限制轧出钢板的最小厚度，故我们希望轧机的弹跳值愈小愈好，即轧机的刚性愈大愈好。

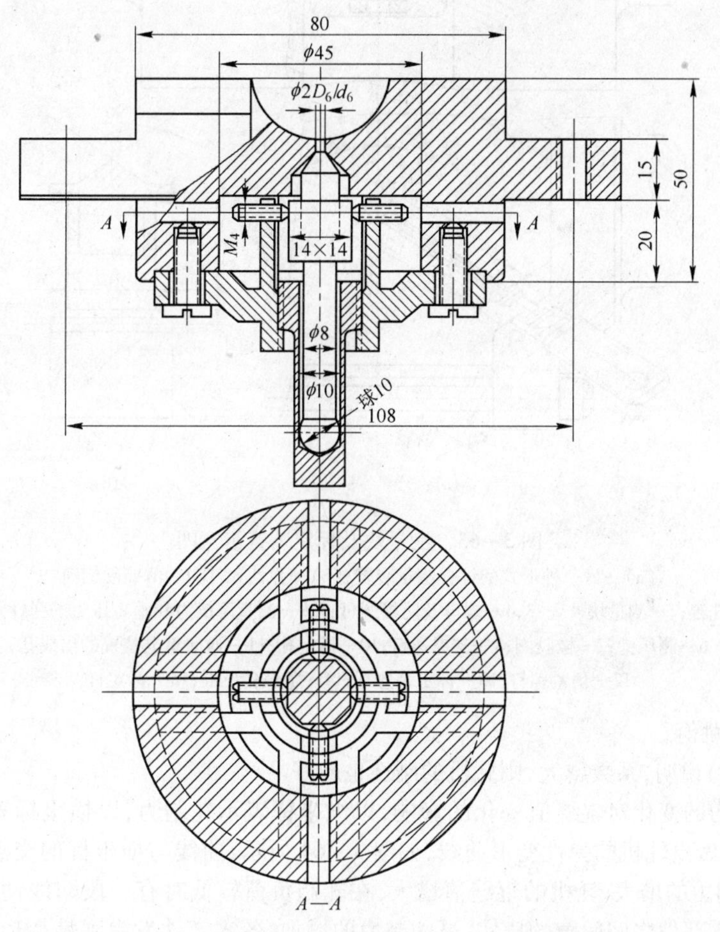

图3-62　轧管时的单位压力和摩擦力的综合测量装置

所以轧钢机的刚性表示的是轧机抵抗弹性变形的能力，通常以轧钢机工作机座的刚性系数K来表示，即轧钢机工作机座产生单位弹性变形（辊缝值产生单位距离的变化）所需的轧制力的增量（t/mm），即

$$K = \frac{\Delta P}{\Delta f} \tag{3-132}$$

式中　ΔP——轧制力的变化量；

Δf——弹跳值的变化量。

当轧机弹性变形曲线为一直线时，刚性系数可表示为

$$K = \frac{P}{f} \tag{3-133}$$

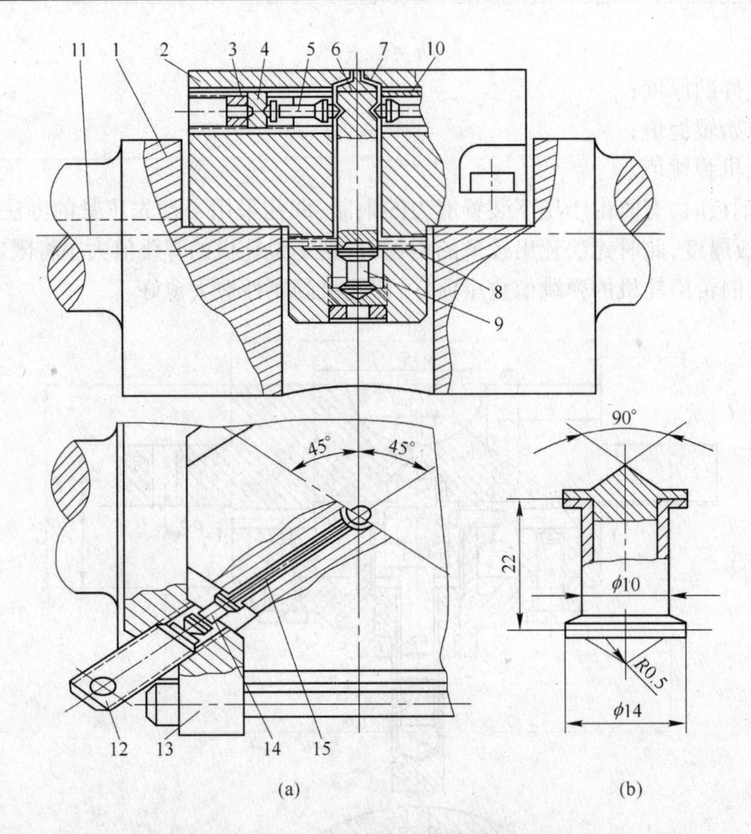

图 3－63　测量块及标定装置示意图

（a）—另一种形式的综合测量装置；（b）—弹性元件为一薄壁硬铝筒

1—轧辊；2—测量块外壳；3，4—螺母及防松螺母；5，9—测量摩擦力和垂直压力的弹性元件；6—测压针；7—橡胶圈；8—支撑螺钉；10—标定孔；11—通向集电装置的出线孔；12—预紧螺钉；13—标定装置环；14—负载传感器；15—标定杆

式中　f——弹跳值。

式（3－133）说明，系数越大，则轧机的刚性也越好。

根据轧制力的变化对辊缝值变化的影响，以纵坐标表示轧制力，以横坐标表示轧辊的辊缝值，由实验方法做出轧机的弹性变形曲线，如图 3－64 所示，曲线与横坐标的交点即为原始辊缝值 S_0'，随着轧制力的增大，轧机的辊缝值增大，在轧制负荷较低时有一段非线性线段，此阶段主要是轧机中各零部件之间间隙的压实，虽轧制力的增加，各零部件发生弹性变形，但曲线成线性变化，此线性线段的斜率即是轧机的刚性系数。有时，也将直线段的延长线与横坐标的交点 S_0 作为原始辊缝值。

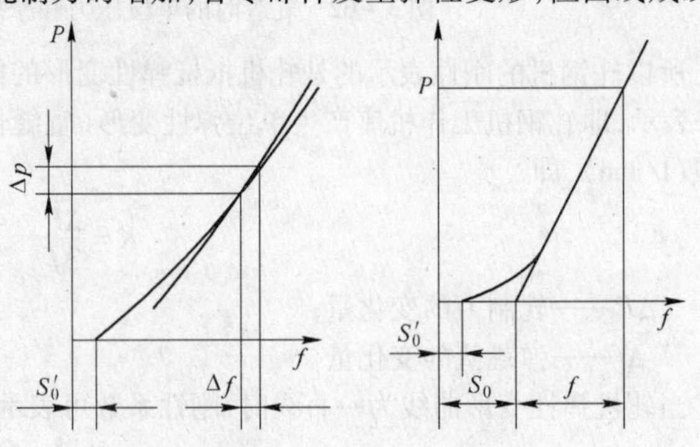

图 3－64　轧钢机的弹性变形曲线

板带轧机工作机座的刚性对轧制工艺和设备制造的影响，主要反映在以下几个方面：

（1）决定轧机所能轧出的板带最小厚度。轧制过程的轧机弹跳是不可避免的，可通过预先调整辊缝值的方法,轧出所需的产品厚度,但最小厚度受到限制。

(2)决定轧机所轧板带的纵向厚差。轧钢机工作机座的弹跳值与轧制力的大小有关,轧制过程中的轧制力由于轧件的温度、张力、轧制速度的变化和轧件材质机械性能的不均,在轧机原始辊缝一定的条件下势必引起机座弹跳值的变化,最终使得所轧板带在长度方向上的厚度产生波动,形成板带的纵向厚差。当纵向厚差值超差时,导致次品或废品。

(3)决定轧机制造时,轧机自身材料及其辅助材料的用量。正确选择板带轧机的刚性系数,不仅在经济上是合理的,而且在设备的加工技术条件上也需慎重考虑。

B 影响轧机刚性的因素

轧机的刚性对轧制产品的尺寸公差有着直接的影响,而轧机的刚性又受到外界条件的变化而变化,分析得知,影响轧机刚性的原因主要有两点,轧制速度的影响和轧件宽度的影响。

a 轧制速度的影响

对于采用液体摩擦轴承的轧机,由于轴承的油膜厚度在生产过程中经常发生变化,因此会直接影响轧机刚性的变化。造成油膜厚度变化的原因,对于某一性质稳定的润滑油,在冷却充分的条件下,它仅与轧制力和轧制速度的大小有关。图3-65(a)表示在不同轧制速度下所测得的轧机弹性变形曲线。由图可见,在某一恒定不变的轧制速度情况下,当轧制力大于某一定值时(如图中182t),轧机的弹性变形曲线基本上接近于直线,因此可近似地认为轧制力的变化对轧机刚性不发生影响。轧机刚性的改变主要由轧制速度的变化引起的。如以轧制速度为横坐标,轧机刚性系数为纵坐标,可将图3-65(a)改造成图3-65(b)。由图3-65可清楚地看到,随着轧制速度的提高,轧机的刚性系数下降。

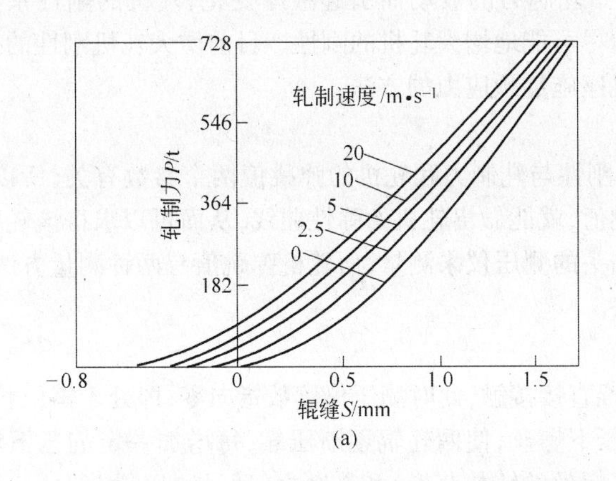

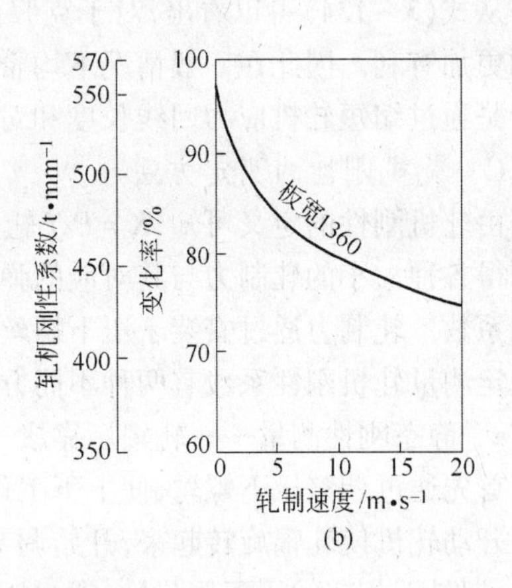

图3-65 轧制速度对轧机刚性的影响

(a)—不同轧制速度下的轧机弹性变形曲线;(b)—轧机刚性与轧制速度的关系

b 轧件宽度的影响

在轧制不同宽度的钢板时,单位板宽上的轧制力的大小是不同的,在变形区中工作辊的压扁量也是互不相同的。另外由于板宽的不同,会造成工作辊与支承辊间的接触压力沿辊身长度方向有不同的分布情况,从而使工作辊与支承辊的接触变形量和支承辊的弯曲变形量都发生变化。由于这些原因,板宽的大小将会影响到轧机的刚性。图3-66(a)表示在不同板宽情况下测得轧机刚性系数随轧制速度变化的情况。如果在某一轧制速度下,以板宽1360mm时的轧机刚性系数为100%,那么对于不同板宽做出轧机刚性系数的变化率如图3-66(b)所示。由图3-66可见,轧制钢板的宽度越窄,则轧机的刚性系数越小。

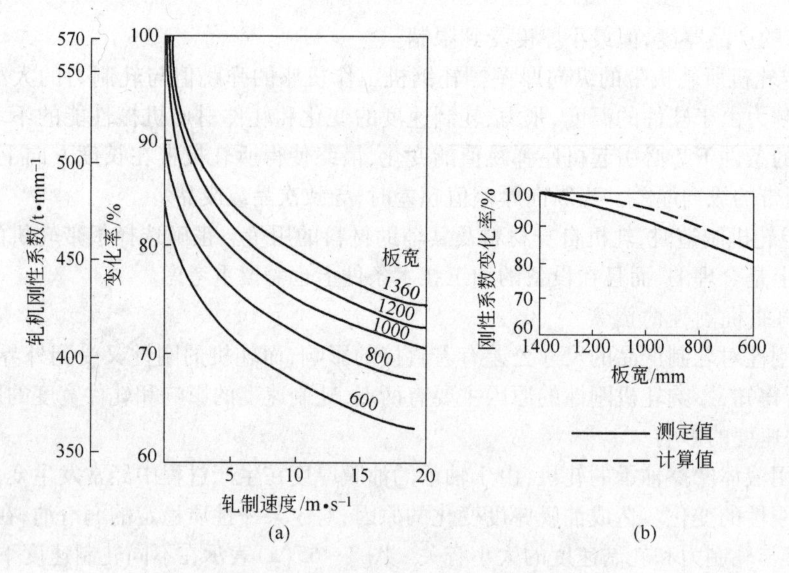

图 3-66　轧件宽度对轧机刚性的影响

(a)—不同板宽时轧机刚性与轧制速度的关系；(b)—轧机刚性与板宽的关系

由式(3-131)和式(3-132)可得到轧机的弹跳方程为

$$h = s_0 + \frac{P}{K} \tag{3-134}$$

从式(3-134)可以看出，对于克服由于轧制力的波动而引起板厚变化，轧机的刚性系数越大则更加有利。因此在一般情况下均希望尽可能地增大轧机的刚性。目前增大轧机刚性的措施主要是通过缩短轧机应力回线长度和对机座施加预应力的方法。

C　轧机刚性的测定方法

由轧机刚性的定义可知，$K = P/f$ 轧机刚性与轧制力和轧机的弹跳值两个参数有关，所以，如果测得各种大小的轧制力与其对应的弹跳值，就能做出轧机的弹性曲线，从而可以求得该轧机的刚性系数。轧制力通过安装于压下螺丝端头的测压仪来测量，而轧机弹跳值有两种测量方法，因此决定测量轧机刚性系数有两种不同方法。

a　静态刚性测量——轧辊压靠法

首先通过调整压下螺丝，使上下工作辊直接接触，此时测压仪读数指向零，即处于零位状态。然后开动轧机使轧辊旋转起来，开始调节压下螺丝，使两轧辊逐渐压靠，每增加一定的压下调节量时，记录下相应的压下调节量(通过压下螺丝的转数获得)和轧制力(通过测压仪获得)。最后将测得的数据绘成纵坐标为轧制力，横坐标为压下调节量的关系曲线。

由于此法是在压下螺丝调节结束后，在恒定不变的轧制力作用下测得的数据，故称为静态刚性。由于轧辊压靠法在轧辊间没有轧制材料，而两个轧辊间的压扁又与实际轧制时的压扁变形有区别，因此测量误差较大。

b　动态刚性测量——轧制法

在保持轧辊辊缝一定的情况下，用不同厚度的板坯送入轧机轧制，读出轧制每块钢板时的轧制力，并分别测定各块钢板轧制后的板厚。再由测量所得的各块钢板的板厚和原始辊缝的差值，来确定轧机在各对应轧制力情况下的弹跳值，然后作轧制力和弹跳值之间的关系曲线。用此法测得的刚性称为轧机的动态刚性。

轧机刚性也可以用计算方法来求，即通过计算各受力部件的弹性变形而先求得轧机的弹跳值,然后再由式(3－133)计算出轧机的刚性系数。

3.3.2 轧制过程温度测量

温度是工业生产中最普遍、最重要的热工参数之一。在冶金、化工、电力、石油和国防工业等部门都要遇到温度测量的问题。

在轧钢生产中,钢材的组织与性能常随终轧温度的变化而改变。对于板带材的生产,轧辊温度变化将会影响到板带材沿宽度方向的尺寸精度。所以准确测量和控制温度,对提高产品质量和产量、降低消耗具有十分重要的意义。

3.3.2.1 温度和温度仪表

A 温度和温标

温度是表征物体冷热程度的物理量。温标是温度的数值表示方法,是用来衡量物体温度的标尺。它规定了温度的读数起点(零点)和测量温度的基本单位。各种温度计的刻度数值均由温标确定。在国际上,温标的种类很多,如热力学温标、摄氏温标、华氏温标和国际实用温标等。

国际实用温标(简称 IPTS)是建立在绝对热力学温标的基础之上的,基准仪器是气体温度计。它的分度方法是规定水的三相(固、液、气)点温度为 273.16 度,把从绝对零点(理想气体的压力为零时对应的温度值)到水的三相点之间的温度均匀分为 273.16 格,每格为一开尔文,符号为 K。

按照 1968 年国际实用温标(简称 IPTS68)规定,温度可以用绝对热力学温度(T)表示,其单位为开尔文(K),也可以用摄氏温度(t)表示,其单位为摄氏度(℃)。它们之间的关系为 $T = t + 273.15$K。一般工程中,按照习惯,水的冰点(0℃)以下常用绝对温度表示。在 0℃ 以上时,常用摄氏温度表示。

B 测量温度的方法

温度不能直接测量,只能通过测量物质的某些物理特性(它是温度的函数)的变化量间接地获得温度值。常用的测量温度方法有:

(1)利用物体热胀冷缩的物理现象测量温度,如双金属温度计、压力式温度计及液体温度计等。

(2)利用物体电阻随温度变化的物理现象测量温度,如热电阻、半导体温度计等。

(3)利用物体的热电效应测量温度,如热电偶温度计。

(4)利用物体辐射强度随温度变化的物理现象测量温度,如光学高温计、辐射温度计、部分辐射温度计、比色温度计等。

此外,也应用了一些新的测温原理,如射流测温、涡流测温、激光测温等。

C 温度仪表的分类与性能

温度测量按测温方式可分为接触式与非接触式两大类。接触式测温方法是基于热平衡原理,即测温敏感元件必须与被测介质接触,使两者处于同一热平衡状态,具有同一温度。非接触式测温方法是利用物质的热辐射原理,测温敏感元件不需与被测介质接触。

3.3.2.2 辐射测温原理

A 热辐射的基本概念

a 热辐射

温度高于绝对零度(273.16℃)的各种物体都会向外辐射出能量。物体温度越高,则辐射到周围空间去的能量越多。辐射能以电磁波的形式传递出去,其中包括的波长范围可以从 γ 射线一直到无线电波,如图 3－67 所示。通常把电磁波携带的能量称作辐射能。对于测温来说,主要是研究物体能吸收,并且在吸收它们的能量时又能把它转变为热能的那部分射线。比较明显具有这种性质的射线是波长从0.4～0.76μm的可见光及波长为0.76～40μm范围的红外线。这种射线又称为热射线,它们的传递过程称为热辐射。

b　黑体辐射

自然界所有物体对辐射能都有吸收、反射和透射的本领,如图3－68所示。以 Q_0 表示落在该物体上的总辐射能,而以 Q_A、Q_R、Q_D 分别表示被吸收、被反射、被透射的能量,因此有

$$Q_A + Q_R + Q_D = Q_0$$

$$\frac{Q_A}{Q_0} + \frac{Q_R}{Q_0} + \frac{Q_D}{Q_0} = 1 \tag{3-135}$$

$$A + R + D = 1$$

式中　$A = Q_A/Q_0$——物体的吸收率;

$R = Q_R/Q_0$——物体的反射率;

$D = Q_D/Q_0$——物体的透射率。

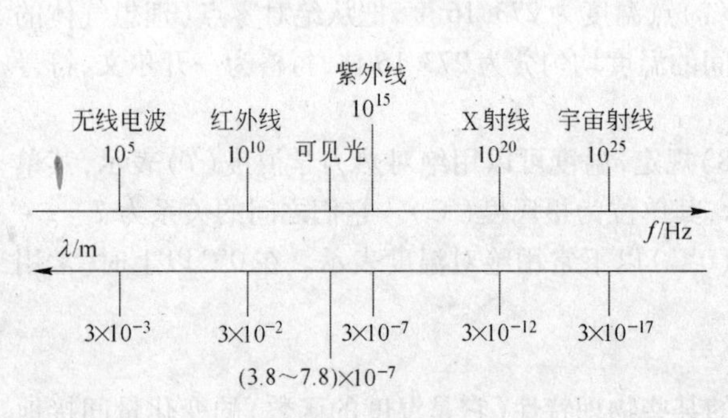

图3－67　电磁波谱

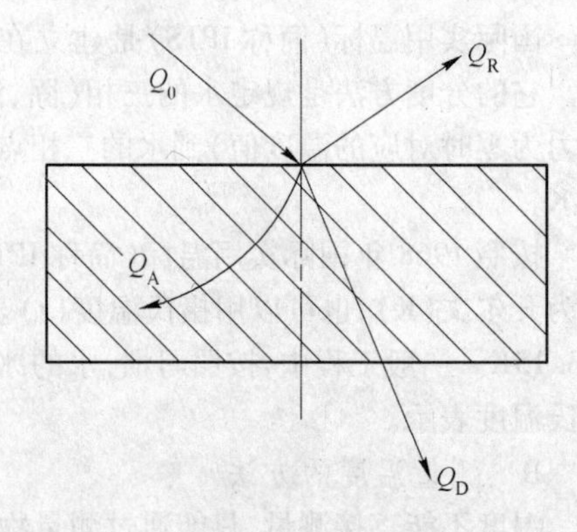

图3－68　物体对于辐射能的吸收、反射与透射

当 $A=1$ 时,即落在物体上的辐射能全部被吸收,就称它为绝对黑体,或简称黑体。当 $R=1$ 时,即辐射能全被反射,就称它为绝对白体。当 $D=1$ 时,即辐射能全被透射,就称它为绝对透明体。

在自然界中并没有绝对黑体、绝对白体和绝对透明体。一般遇到的固体和液体,既能吸收也能反射辐射能,称为灰体,其 $0<R<1$。轧件(型材、板材、管材)均是灰体。

虽然绝对黑体在自然界中不存在,但可以制造一种模型,使其性质接近于绝对黑体,如图3－69所示。内表面涂黑的空心球,球壳上开一个小孔。从小孔斜射进去的辐射能,要在球内经过无数次的反射后才能有机会从孔口出来。所以辐射能几乎全部被吸收,只有极微小的一部分辐射能才从小孔中反射出去。因此这种小孔的吸收系数 A 就近似的等于1。工业上从炉口看炉腔内部可近似为绝对黑体。

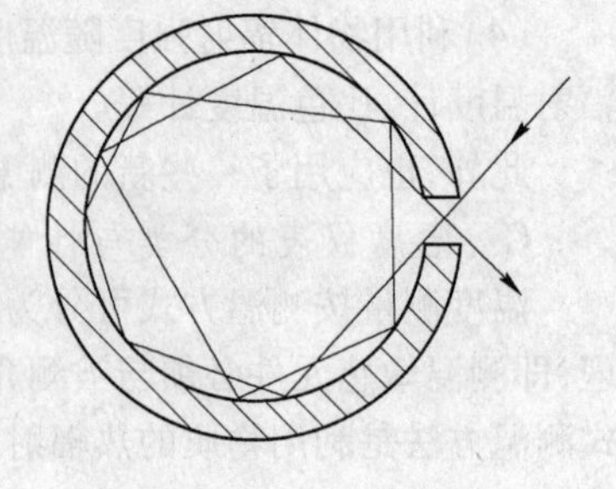

图3－69　黑体模型

根据热力学克希荷夫定律,物体的辐射能力与其吸收能力成正比。也就是说,由物体放出的热辐射能来测定它的温度,就要求该物体有百分之百的辐射能力和百分之百的吸收能力。所以,只有绝对黑体,才能用热辐射能来直接测它的温度,这就是辐射式温度计的刻度必须用绝对黑体来进行仪表分度的道理。

c　全辐射能与辐射强度

物体在单位时间内及单位面积上所辐射出的总辐射能量称为全辐射能(或称辐射能量),即

$$E=\frac{Q}{F} \tag{3-136}$$

式中　Q——辐射能；

F——物体的辐射面积。

这辐射能量包含着波长 $\lambda=0\sim\infty$ 的一切波长的总辐射能量。

如果在波长 λ 到 $\lambda+\mathrm{d}\lambda$ 间的全辐射能是 $\mathrm{d}E$，那么，$\mathrm{d}E$ 与 $\mathrm{d}\lambda$ 之比称为辐射强度（或称单色辐射强度），即

$$E_\lambda=\frac{\mathrm{d}E}{\mathrm{d}\lambda} \tag{3-137}$$

它就是物体在一定波长下的全辐射能，是波长和温度的函数。

B　热辐射的基本定律

a　普朗克定律

普朗克定律指出了黑体的单色辐射强度 $E_{0\lambda}$ 随波长 λ 和绝对温度 T(K) 变化而变化的规律，其关系式为

$$E_{0\lambda}=C_1\lambda^{-5}(\mathrm{e}^{C_2/\lambda T}-1)^{-1} \tag{3-138}$$

式中　C_1——普朗克第一辐射常数，$C_1=37413\mathrm{W\cdot\mu m^4/cm^2}$；

C_2——普朗克第二辐射常数，$C_2=14388\mathrm{\mu m\cdot K}$；

e——自然对数的底；

λ——辐射波长，μm。

b　维恩定律

普朗克公式从理论上可以适用于任意高的温度，但计算很不方便。当温度低于 3000K 时，普朗克公式可简化为维恩公式，即

$$E_{0\lambda}=C_1\lambda^{-5}\mathrm{e}^{-C_2/\lambda T} \tag{3-139}$$

$E_{0\lambda}$ 与 T 的关系曲线，如图 3-70 所示。由图 3-70 及式(3-138)、式(3-139)可以看出，一定波长的辐射强度与温度之间有单位函数关系。温度越高，单色辐射强度越强。

c　斯忒藩-玻耳兹曼定律

利用普朗克公式，对 λ 在 $0\sim\infty$ 区间积分，可以得到绝对黑体的全辐射能 E_0 为

$$E_0=\int_0^\infty E_{0\lambda}\mathrm{d}\lambda=\sigma T^4 \tag{3-140}$$

式中　σ——斯忒藩-玻耳兹曼常数，$\sigma=5.67\times10^{-12}\mathrm{W/(cm^2\cdot K^4)}$。

式(3-140)表明，黑体的全辐射能和绝对温度的四次方成正比，所以这一定律又称为四次方定律。它是全辐射温度计测温的理论依据。

d　黑度系数

前面讲过的热辐射定律都是对黑体而言。工程上常遇到的一些物体又都不是黑体，而是灰体。如何应用黑体的辐射

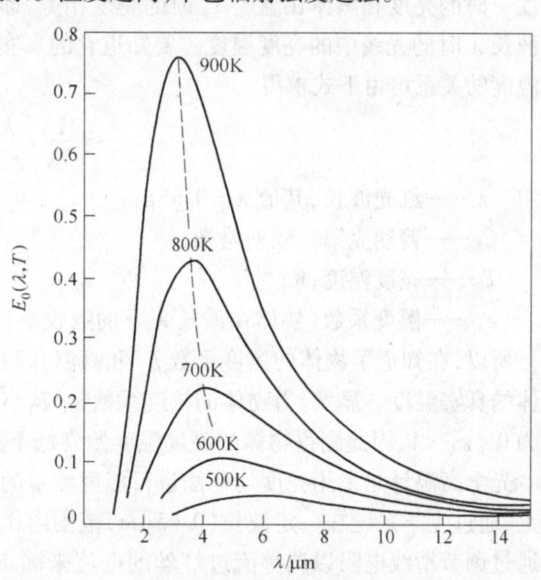

图 3-70　黑体辐射强度与波长和温度的关系

定律来处理这一问题，则引进黑度系数（简称黑度，又称辐射率）的概念。

物体的单色辐射强度 E_λ 与同一温度下黑体的单色辐射强度 $E_{0\lambda}$ 之比

$$\varepsilon_\lambda = \frac{E_\lambda}{E_{0\lambda}} \tag{3-141}$$

式（3－141）称为物体的单色辐射黑度。

物体的全辐射能 E 与同一温度下黑体全辐射能 E_0 之比

$$\varepsilon = \frac{E}{E_0} \tag{3-142}$$

式（3－142）称为物体的全辐射黑度。

于是可用物体的黑度和热辐射定律，求出物体的单色辐射强度和全辐射能，即

$$E_\lambda = \varepsilon_\lambda C_1 \lambda^{-5} (e^{C_2/\lambda T} - 1)^{-1} \tag{3-143}$$

$$E = \varepsilon \sigma T^4 \tag{3-144}$$

3.3.2.3　辐射式温度计

A　光学高温计

光学高温计是利用受热物体的单色辐射强度随温度升高而增长的原理进行高温测量的仪表。物体在高温状态下会发光，也就是具有一定的亮度。物体的亮度 B_λ 与其辐射强度 E_λ 成正比，即

$$B_\lambda = CE_\lambda \tag{3-145}$$

式中，C 为比例常数。所以受热物体的亮度大小反映了物体的温度数值。但要直接测量物体的亮度是较困难的，一般都采用比较法。光学高温计是采用一已知温度的亮度（高温计灯泡灯丝的亮度）与被测物体的亮度进行比较来测量温度的。但辐射强度 E_λ 是随各物体的特性而不同的，所以按某一物体的温度刻度的光学高温计不可以用来测量另一物体的温度。因此就必须按黑体的辐射强度来进行仪表的刻度。应该指出，用这样刻度的仪表测量灰体的温度时，其结果仍不是灰体的真实温度，而是灰体的亮度温度。亮度温度定义为：在波长为 λ 的光线中，当物体在温度 T 时的亮度和黑体在温度 T_S 时的亮度相等，即 $B_\lambda = B_{0\lambda}$，则黑体所具有的温度即为该物体在波长 λ 时的光线中的亮度温度。要知道它的真实温度还必须加以修正，物体的亮度温度与真实温度的关系可由下式求得

$$\frac{1}{T} = \frac{1}{T_S} + \frac{\lambda}{C_2} \ln \varepsilon_\lambda \tag{3-146}$$

式中　λ——红光波长，其值 $\lambda = 0.65\mu m$；

C_2——普朗克第二辐射常数；

T_S——亮度温度，K；

ε_λ——黑度系数（物体在波长 λ 下的吸收率）。

所以，在知道了物体的黑度系数 ε_λ 和高温计测得的亮度温度 T_S 后，就可用式（3－146）求出物体的真实温度。显然，当物体的黑度系数 ε_λ 越小，则亮度温度与真实温度间的差别也就越大。因为 $0 < \varepsilon_\lambda < 1$，因此测得物体的亮度温度始终低于其真实温度。

光学高温计是采用亮度均衡法进行温度测量的。它使被测物体成像于高温计灯泡的灯丝平面上，通过光学系统在一定波长（0.65μm）范围内比较灯丝与被测物体表面亮度，灯丝的亮度可以通过调节滑线电阻以调整流过灯丝的电流来确定（使每一电流对应于灯丝的一定温度，因而也就对应于一定的亮度）。当灯丝的亮度与被测物体的亮度相均衡时，灯丝轮廓即隐没于被测物体的影像中，此时仪表指示的读数就是被测物体的亮度温度。故这种高温计又称为灯丝隐灭

式光学高温计。

B　辐射温度计

根据斯忒藩－玻耳兹曼定律来测量物体温度的仪表称为辐射温度计,也称全辐射高温计。

辐射温度计是基于被测物体的热辐射效应进行表面温度测量的。被测物体受热后发射出的热辐射能量,由感温器的光学系统聚焦在热电堆(由一组微细的热电偶串联而成)上,受热后有热电势输出。物体在不同的表面温度发射的热辐射能量不同,产生的热电势也随之改变。根据热电势的大小,由显示仪表反映出被测物体的表面温度。

绝对黑体的热辐射能量与温度之间关系为 $E_0=\sigma T^4$。当物体的全辐射黑度系数 ε 已知时,则其辐射能量与温度之间的关系为 $E=\varepsilon\sigma T^4$。不同物体的辐射强度在同一温度时并不相同,辐射温度计如按某一物体的温度进行刻度,就不能不用来测量其他物体。所以辐射温度计的刻度也是选择黑体作为标准体,按黑体的温度来分度仪表。这时用辐射温度计所测到的是物体的辐射温度,即相当于黑体的某一个温度 T_P。在辐射感温工作光谱区域内,当表面温度为 T_P 的黑体其积分辐射能量与表面为 T 的物体的积分辐射能相等时,即

$$\sigma T_P^4=\varepsilon\sigma T^4 \tag{3-147}$$

则物体的实际表面温度

$$T=T_P\sqrt[4]{1/\varepsilon} \tag{3-148}$$

因此,当知道了物体的全辐射黑度系数 ε 和辐射温度计显示的辐射温度 T_P,就可算出被测物体的真实表面温度。

辐射温度计的形式很多,目前常用的有 WFT－202 型全辐射高温计。它由辐射感温器、辅助装置和显示仪表三个部分组成。辐射感温器是将被测物体的辐射能收集起来转变为热电势,如图 3－71 所示。对物透镜 1 装在由铝合金制造的外壳 2 前端,将辐射能聚焦在热电堆 5 上。热电堆由云母环、靶心、引出导线和热电偶组成,如图 3－72 所示。根据辐射温度计的起点不同,热电堆分别由 16 对(测量下限为 100℃)或 8 对(测量下限为 400℃)直径为 0.05～0.07mm 的镍铬－康铜热电偶串联而成。每对热电偶的热端焊在瓣形镍箔上,镍箔上涂有铂黑,为能更好地吸收辐射热,其冷端由康铜箔串联起来,输出端引出线由康铜箔带做成。整个热电堆固定在环形云母架上。

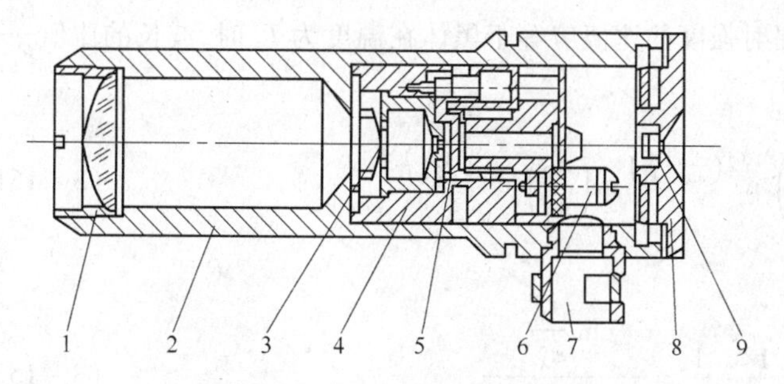

图 3－71　WFT－202 型辐射感温器的结构

1—对物透镜;2—外壳;3—补偿光阑;4—座架;5—热电堆;
6—接线柱;7—穿线套;8—盖;9—目镜

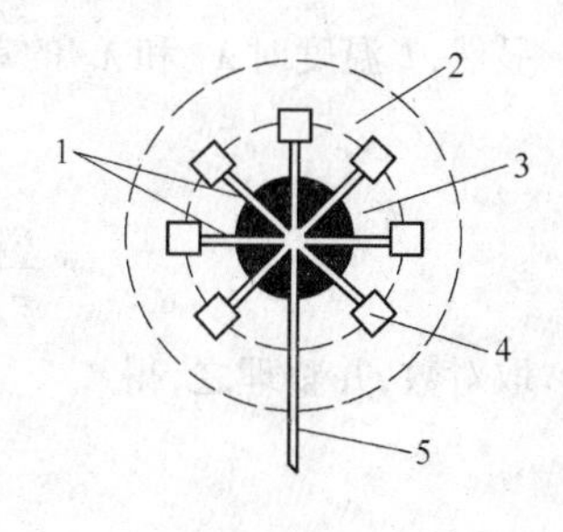

图 3－72　热电堆结构

1—热电偶;2—云母环;3—靶心;
4—康铜箔;5—引出导线

补偿光阑是采用一种由双金属片控制的结构,如图 3－73 所示。焊在双金属片上的补偿光阑共有 4 个,平均分布在热电堆的前面,用以补偿因环境温度变化而产生的示值误差。

C　比色温度计

由热辐射定律知道，当温度升高时，绝对黑体辐射能量的光谱分布也随之发生变化，辐射峰值向波长短的方向移动，随能量分布的变化，热辐射体的可见光颜色也发生变化。

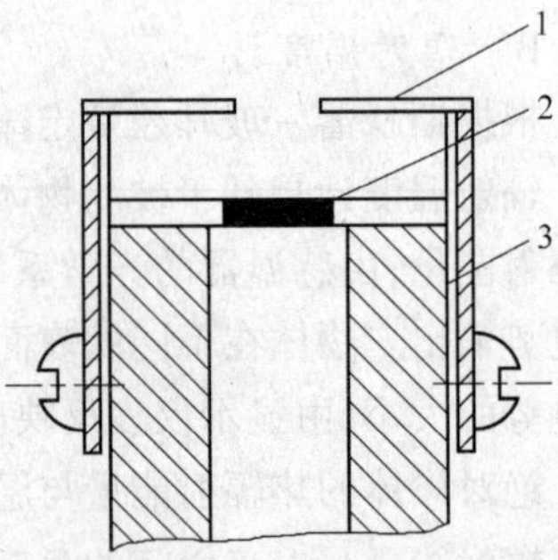

对同一温度而言，其光谱能量分布按维恩—普朗克公式确定。当温度不同时，两个波长亮度比值也不同，而且它们是单值关系。比色温度计就是用两个不同波长 λ_1、λ_2 下的辐射强度（亮度）之比来测量温度。

对于黑体而言，只要知道了两个波长的辐射强度（亮度）之比，就可以定出它的真实温度来。

图 3－73　补偿光阑示意图

1—补偿光阑；2—热电堆；3—双金属片

根据维恩定律

$$E_{0\lambda_1} = C_1\lambda_1^{-5}e^{-\frac{C_2}{\lambda_1 T}}$$

$$E_{0\lambda_2} = C_1\lambda_2^{-5}e^{-\frac{C_2}{\lambda_2 T}}$$

两式相除后取对数，并整理之，得

$$T = \frac{C_2\left(\frac{1}{\lambda_2} - \frac{1}{\lambda_1}\right)}{\ln\frac{E_{0\lambda_1}}{E_{0\lambda_2}} - 5\ln\frac{\lambda_2}{\lambda_1}} \tag{3-149}$$

对于实际物体，还必须引用比色温度的概念。所谓比色温度是指当实际物体的温度为 T 时，两个波长 λ_1 和 λ_2 的单色辐射强度的比值与黑体在温度为 T_S 时两个相应波长下的单色辐射强度的比值相等时，则该黑体的温度 T_S 就称为这个实际物体的比色温度。按照比色温度的定义应有

$$\frac{E_{\lambda_1}}{E_{\lambda_2}} = \frac{\varepsilon_{\lambda_1}C_1\lambda_1^{-5}e^{-\frac{C_2}{\lambda_1 T}}}{\varepsilon_{\lambda_2}C_1\lambda_2^{-5}e^{-\frac{C_2}{\lambda_2 T}}} = \frac{\varepsilon_{\lambda_1}}{\varepsilon_{\lambda_2}}\left(\frac{\lambda_2}{\lambda_1}\right)^5 e^{\frac{C_2}{T}\left(\frac{1}{\lambda_2}-\frac{1}{\lambda_1}\right)} \tag{3-150}$$

式中　ε_{λ_1} 和 ε_{λ_2}——物体在波长为 λ_1 和 λ_2 下的黑度系数。

显然，T 温度时 λ_1 和 λ_2 的单色辐射强度的比值应等于黑体在温度为 T_S 时，波长的比值 $\frac{E_{0\lambda_1}}{E_{0\lambda_2}}$，即

$$\frac{\varepsilon_{\lambda_1}}{\varepsilon_{\lambda_2}}\left(\frac{\lambda_2}{\lambda_1}\right)^5 e^{\frac{C_2}{T}\left(\frac{1}{\lambda_2}-\frac{1}{\lambda_1}\right)} = \left(\frac{\lambda_2}{\lambda_1}\right)^5 e^{\frac{C_2}{T_S}\left(\frac{1}{\lambda_2}-\frac{1}{\lambda_1}\right)} \tag{3-151}$$

取对数，并整理之，得

$$\frac{1}{T} - \frac{1}{T_S} = \frac{\ln\frac{\varepsilon_{\lambda_1}}{\varepsilon_{\lambda_2}}}{C_2\left(\frac{1}{\lambda_2} - \frac{1}{\lambda_1}\right)} \tag{3-152}$$

对于灰体而言，一般 $\varepsilon_{\lambda_1} = \varepsilon_{\lambda_2}$

则　$$\ln\frac{\varepsilon_{\lambda_1}}{\varepsilon_{\lambda_2}} = 0$$

所以　$$T = T_S \tag{3-153}$$

即比色温度就是被测物体的真实温度,不必再进行修正。这是用比色温度计测量温度的最大优点。很多物体的性质接近灰体,这类物体最适宜采用比色温度计来测量它们的温度。同时粉尘、水汽、烟雾等周围介质对测量结果影响也不大。缺点是结构较复杂。

图3-74所示为WDS型光电比色高温计的工作原理图。它由变送器、电子电位差计两部分构成,是采用硅光电池作为转换元件的双路结构。被测对象的辐射线经物镜1成像于光阑3,被光导棒4混合均匀后,投影在分光镜5上。分光镜是镀多层膜的滤光片,它允许长波部分(红外线)通过,而将短波部分(可见光)反射出来。透过分光镜的辐射能再经滤光片8将少量短波辐射滤掉后,得到一单色亮度光线,被作为红外接收元件的硅光电池9所接收,转换成电信号输入经改装的电子电位差计;而被分光镜反射出来的可见光辐射能再经滤色片6将少量长波辐射滤掉后,又得到一单色亮度光线,被作为可见光接收元件的硅光电池7所接收,转换成电信号,同样也输入经改装的电子电位差计。在光阑前置有一平行平面玻璃2,将部分光线反射至瞄准反射镜10上,再经圆柱反射镜11、目镜12、多夫棱镜13,从观察系统便能清晰地看到被瞄准的被测对象。此时,硅光电池7和9即有信号输出。如9所取的部分电压与7的端电压不相等时,测量桥路就失去平衡。不平衡信号经电子电位差计放大器放大后,驱动可逆马达带动指针向一定方向移动,直至桥路平衡。此时指针在刻度标尺上所指示的位置,即为两硅光电池输出电压的比值,也即被测对象的比色温度。

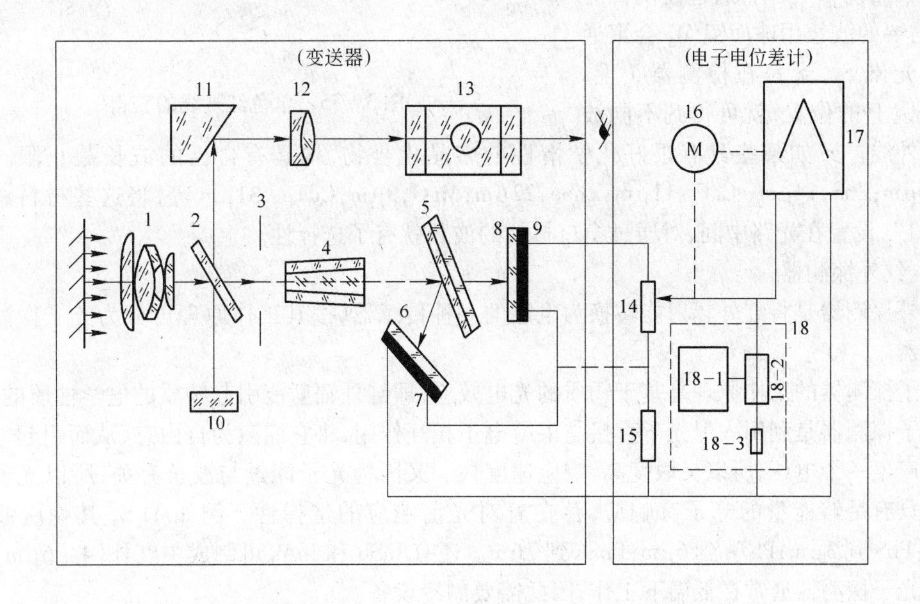

图3-74 光电比色高温计工作原理图

1—物镜;2—平行平面玻璃;3—光阑;4—光导棒;5—分光镜;6—滤色片;
7—硅光电池;8—滤光片,9—硅光电池;10—瞄准反射镜;11—圆柱反射镜;12—目镜;
13—多夫棱镜;14,15—硅光电池负载电阻;16—可逆马达;17—电子电位差计放大器;18—回零器
(18-1晶体管放大器;18-2极化继电器;18-3回零信号)

D 红外测温仪

任何物体在温度较低时向外辐射的能量大部分是红外辐射。普朗克公式、维恩公式和斯忒藩-玻耳兹曼公式同样也适用于红外辐射。测量物体红外辐射来确定物体温度的温度计称作红外测温仪。它除具有前述辐射测温的特点外,还能测量极低的温度。

红外测温仪分全(红外)辐射型、单色(某一波长或波段)红外辐射型和比色型等。单色红外辐射感温器实际上是接受某一很窄波段 $\lambda_1 \sim \lambda_2$ 的红外辐射线。在这波段内的辐射能可用普朗克(或维恩)公式积分求得,即

$$E_{0(\lambda_1 \cdot \lambda_2)} = \int_{\lambda_1}^{\lambda_2} E_{0\lambda} \mathrm{d}\lambda = \int_{\lambda_1}^{\lambda_2} C_1 \lambda^{-5} \mathrm{e}^{-\frac{C_2}{\lambda T}} \mathrm{d}\lambda \tag{3-154}$$

积分的结果必然会得出辐射能与温度 T 之间的关系,对于灰体也要用黑度加以修正。当 $\lambda_1 \sim \lambda_2$ 包括了所有红外线波长时,式(3-154)即为全红外辐射能与温度之间的关系。这些就是制作红外测温仪的原理。

红外测温仪由红外辐射通道(光学系统)和红外交换元件(红外探测器)组成。变换元件的输出信号送到显示仪表以显示被测温度。

a 光学系统

通过光学系统或某些透红外窗口材料可以获得一定波段的红外辐射。例如,图3-75所示是利用棱镜分光方法。S是黑体辐射光源,光线经狭缝光阑 S_1 射到球面反射镜 M_1,反射的平行光经平面镜 M_2 反射,通过棱镜P分光,把需要的波长用球面镜 M_3 会聚通过狭缝光阑 S_2,聚焦在检测器J上。转动棱镜P的位置,就可得到不同波长的红外线。又如某些具有很好化学惰性的多晶化合物,均具有自己的波长截止限。例如 MgF_2,9μm;ZnS,14μm; CaF_2,11μm;ZnSe,22μm;MgO,9μm;CdTe, 31μm 等,将这些材料做成所谓"窗口",设置在光路中间,对通过窗口材料的波长就有了选择性。

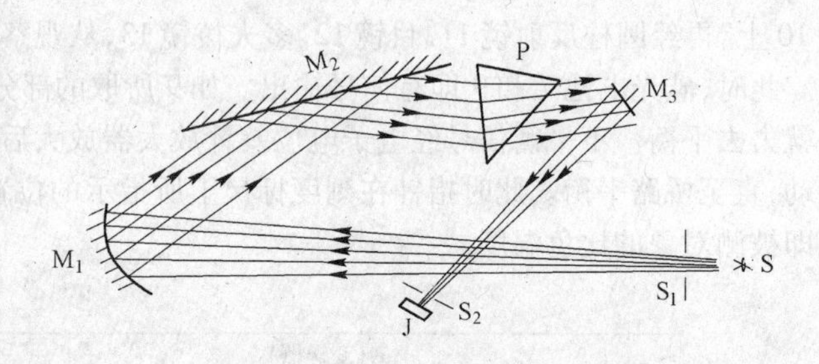

图3-75 单色红外线的获得

b 红外探测器

红外探测器是将红外辐射能转换为电能的一种传感器,按其工作原理可分为光子探测器和热探测器。

光子探测器的工作原理是基于物质的光电效应,即红外辐射能引起物质的电学性质的改变。由于光子探测器是利用入射光子直接与束缚电子相互作用,将它们激为自由态,从而引起电压的减小或产生一个电压,所以灵敏度高、响应速度快。又因为光子能量与波长有关,所以光子探测器仅对具有足够能量的光子有响应,存在着对光谱响应的选择性。例如 Tl_2S_3 其响应波长到1.2μm;PbS到3μm;PbTe到6μm;PbSe到7μm。还有InSb和InAs可制成中红外(4~6μm)的探测器。光子探测器通常在低温下工作,因此需要制冷设备。

热探测器是利用入射的辐射能引起材料温度上升,然后测定温度变化来确定入射辐射能的大小。在热探测器中,入射辐射能与晶格相互作用,晶格吸收了辐射能而增加振动能量,这就引起材料温度上升,因而使与温度有关的性质发生变化,给出电信号。热探测器是利用热效应的探测器,从光谱响应角度来看,热探测器又称为无选择性探测器,即对全部波长都有相同的响应率。室温探测器具有不需要制冷和在全波长下具有平坦响应两大特点。在一些应用上它是光子探测器所不能取代的,并且还有相当的发展。热探测器的固有缺点是检测率较低和时间常数大。而新型的热释电探测器兼有灵敏度高、响应速度快和室温工作的优点。热探测器现有热电堆探测器、热敏电阻探测器和热释电探测器等。

图3-76所示为WFH-60型红外辐射温度计的工作原理。被测物体的热辐射线透过物镜

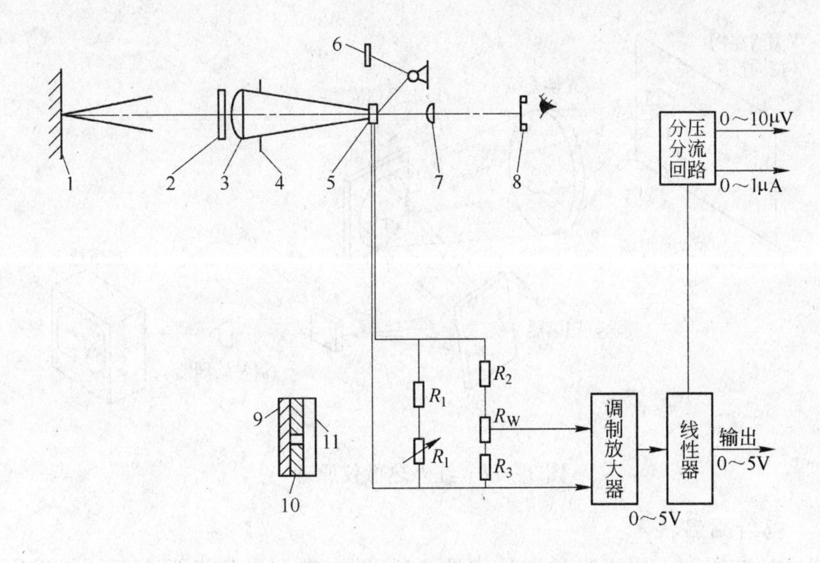

图3－76　WFH－60型红外辐射温度计

1—目标;2—保护玻璃;3—物镜;4—固定光阑;5—硅光电池视场光阑滤光镜;6—分划板;
7—目镜;8—护目玻璃;9—滤光镜;10—视场光阑;11—硅光电池

系统聚焦在硅光电池的探测器上,从而产生电压信号。这个电压信号经调制放大器放大后,再经线性器作线性处理后送给计算机或显示仪表。在测量时硅光电池(与视场光阑,滤光片组合在一起)置于视场中。当瞄准时用手柄将硅光电池的组件拔出视场之外,分划板移进视场内,目标成像在分划板上,再经过目镜放大,可清晰地观察到位置是否正确。

WFH－60型红外辐射温度计的测温范围分五种类型:(1)450～750℃;(2)700～1100℃;(3)800～1200℃;(4)900～1400℃;(5)1100～1600℃。

E　热像仪

上面介绍的都是测量一个小面积上的温度,称为点温度。现在的辐射测温中还要求测量一个大面积上的温度分布,称为红外扫描或热像仪。红外热像仪的作用是将人眼看不见的红外热图形转变成人眼可以看见的电视图或照片。红外热图形是由于被测物体温度分布不同,红外辐射能量不同而形成的热能图形。热像仪主要有两种:一种是沿着一个坐标轴扫描的,另一种是一行一行地扫描一个面积的。前者是用于扫描向前移动或转动物体的温度分布。如轧制中的钢板,沿垂直钢板前进方向的扫描。这样被测物体一边前进,同时辐射温度计横着扫描,就可以将被测物体的温度分布全部测出。同理,可检测转动物体表面温度分布。这种带一个坐标轴扫描的仪器,可以用一般的辐射温度计再装上机械装置即可扫描,比较简单。

工程上的热像图多用两个坐标轴扫描的热像仪,如图3－77所示。光学系统将辐射线收集起来,经过滤波处理之后,将景物热图形聚集在探测器上,探测器位于光学系统的焦平面上。光学机械扫描器包括两个扫描镜组,一个垂直扫描,一个水平扫描,扫描器位于光学系统和探测器之间,扫描镜摆动达到对景物进行逐点扫描的目的,从而收集到物体温度的空间分布情况。当镜子摆动时,从物体到达探测器的光束也随之移动,形成物点与像点一一对应。然后由探测器将光学系统逐点扫描所依次搜集的景物温度空间分布信息,变为按时序排列的电信号,经过信号处理之后,由显示器显示可见图像。

热像仪在军事、空间技术、医学及工农业科技领域日益发挥了重大作用。在压力加工中对钢坯的凝固速度及钢板高速运动情况等可用热像仪显示,做动态连续测量。

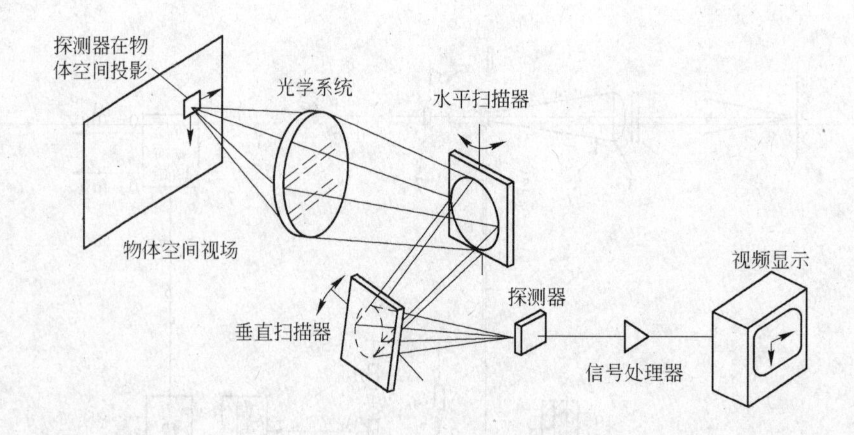

图 3 - 77　红外热像仪原理

3.3.2.4　辐射测温技术

辐射式温度计在原理上属于光学测量装置，在测量中常常受到光学方面的外界干扰。这些干扰可分为：被测表面上的干扰和光路中的干扰。

在被测表面上的干扰主要包括辐射率和外来光。根据斯忒藩 - 玻耳兹曼定律，物体的全辐射能为 $E = \varepsilon\sigma T^4$。对于黑体，因为黑度 $\varepsilon = 1$，用辐射温度计测出了辐射能可直接知道温度。但是对于一般物体辐射能，不仅与温度有关，而且还与表面黑度有关。黑度又与很多因素有关，如与物质的种类、温度、波长和表面状态等有关。只有在测量之前，已知物体表面的黑度或采取黑度温度同时测量的方法，才能正确地测出物体表面的真实温度。

外来光是指从其他光源入射到被测表面上并且被反射出来，混入到测量光中的成分。在室外测温时的太阳光，在室内测量时，从天窗射入的太阳光、照明、附近的加热炉等都是外来光的光源。测量炉内被加热的物体温度时，炉壁就是外来光的光源。外来光的光源温度越高、非透明体表面光泽越强或黑度越低，对温度的影响越强。

如要定性地判断测量系统是否被外来光干扰，可将被测面围起来，遮蔽外来光，此时要特别注意温度计的指示是否变化。如果指示值不发生变化，那就意味着外来光对测量系统没有影响。如有影响，则应改变测量方向或设置遮光装置。

一般把被测表面和辐射式温度计之间在测量上所必需的空间距离称作光路。在轧制生产中用红外辐射温度计测量轧件的表面温度，必须注意到轧钢生产的恶劣环境给辐射式测温带来的各种影响。例如为了冷却设备或轧件，常常在轧件表面上停留有水膜、油膜，而且其大小、厚度和位置在不断变化，在光路中存在着浓度经常变化的水蒸气。另外在现场空气中悬浮着很多尘埃以及二氧化碳等吸收介质。有时在轧件表面上还出现鳞片状锈斑和污垢等附着物。在某些特殊场合（如炉内），在光路中还可能有火焰，火焰不仅吸收辐射能，而且还向外界射出大量能量，这将给测量带来很大误差，甚至测量难以进行。水膜、水蒸气、二氧化碳和二氧化硫等介质对辐射能的吸收是有选择性的，而尘埃对辐射能的吸收是没有选择性的，但常常伴随着散射。

上述在被测表面上和光路中的各种干扰，必然对辐射式测温带来影响，产生测量误差。故在实际测温时，要分析各种不同干扰对测量精度的影响，以获得准确的测温数据。

在选择辐射式温度计时，首先要明确使用目的。例如，用于实验研究用的辐射式温度计仪表，在选用时主要着眼于它的性能和测量精度。而作为生产上使用时，如温度监视、温度控制等，在选用时应注意在性能上能满足一般要求的基础上，主要着眼于仪表的长期稳定性和维护运行是否方便。

压力加工生产过程中，由于产品的种类（板材、型材、管材等）不同，其测温条件也不同。要根据具体的测温条件，来分析并排除各种干扰，选择合适的辐射式测温仪表进行测温。

3.3.3　轧制运动参数测量

3.3.3.1　位移测量

按照位移的特征，可分为线位移和角位移。按照测量位移的大小，可分为微小位移测量和大位移测量。

根据传感器的变换原理，常用的位移测量仪器有电阻式、电感式、差动变压器式、感应同步、磁栅、光栅和激光等位移计以及电动千分表。下面仅简单介绍其中几种。

A　电阻式位移计

a　电桥式滑线电阻位移计

图3－78中(a)用于测量线位移，(b)、(c)用于测量角位移，(b)用于轴通式，(c)用于轴端式。

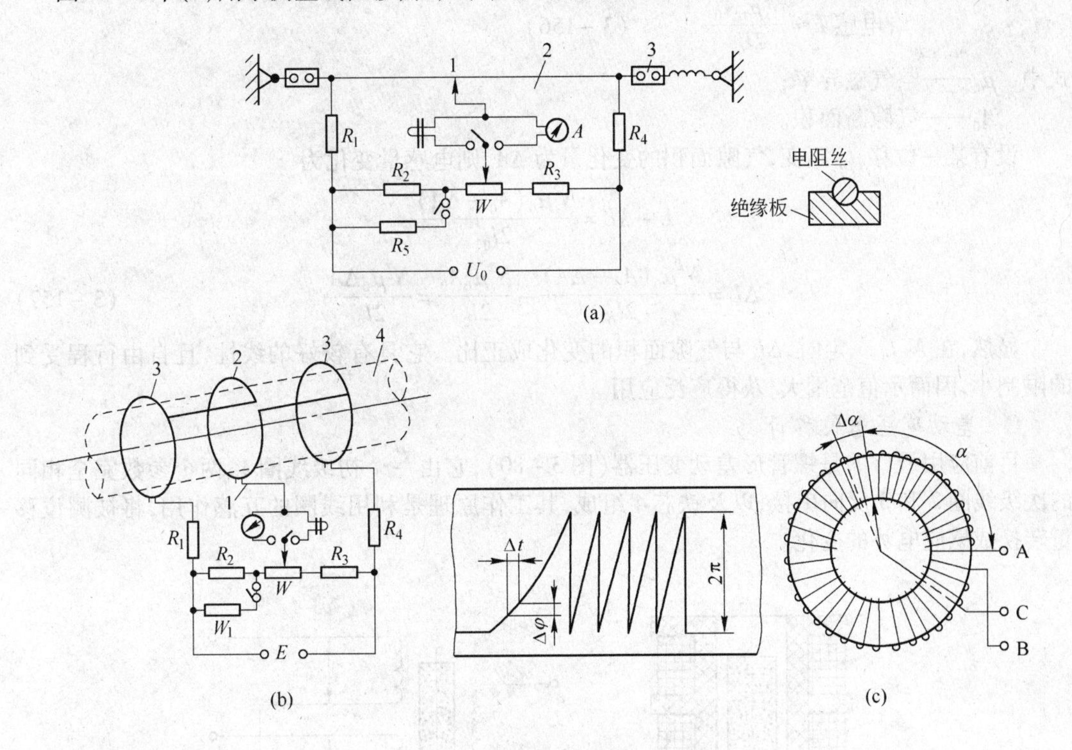

图3－78　滑线变阻器式位移计

(a)—测量线位移　(b)，(c)—测量角位移

1—滑动触头；2—滑线电阻；3—绝缘板；R_1，R_2，R_3，R_4，R_5—固定电阻；

W—调零电位器；U_0，E—供桥电源；A—平衡指示电表

通常 $R_1=R_2=R_3=R_4=R$，并满足匹配条件，$R_{fz}=R$，可得输出电流

$$I=\frac{\Delta R}{4R^2}E\times 10^3 \tag{3-155}$$

ΔR 的最大值 ΔR_{max} 应不大于 $\frac{R}{10}$，此时位移量与输出电流信号可维持正比关系，其非线性误差不超过1%。

b　电阻应变式位移计（电阻应变式引申仪）

加大 α（或 1）是提高线性度的措施之一。就线性度而言，O 形优于Ⅱ形，V 形优于 U 形。

弹性元件材料可选用 α 固溶钛合金、磷青铜、调质弹簧钢等。总体结构应具有足够刚性，弹性元件根部应有足够的连接牢度。

应变片可成半桥或全桥接入应变仪。

B　电感式位移计

电感式位移计的工作原理是将被测位移量变换成电路中电感量的变化。电路中的电感常用线圈和铁芯组成。根据其动作原理不同可分为具有可变气隙的和具有可动铁芯的两种。下面仅就前者简介如下。

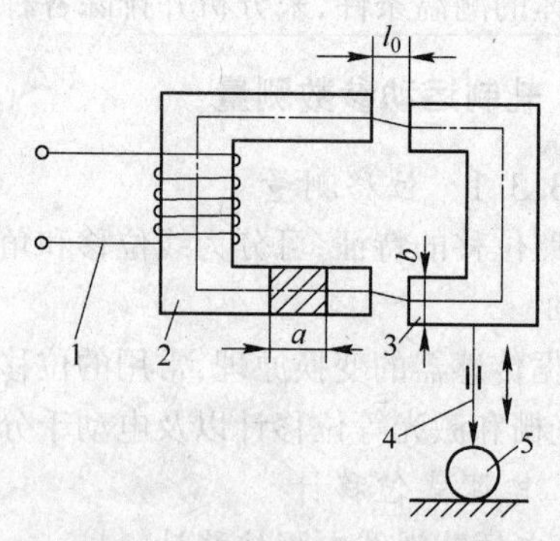

图 3－79　改变气隙断面积的电感式位移计原理

1—线圈；2—铁芯；3—衔铁；4—测杆；5—被测件

改变气隙面积的电感式位移计如图 3－79 所示。

$$电感\ L \approx \frac{N^2\mu_0 A_0}{2l_0} \qquad (3-156)$$

式中　μ_0——空气磁导率；

A_0——气隙断面积。

设有某一位移，l_0 不变，气隙面积的变化量为 ΔA，则电感量变化为

$$L + \Delta L = \frac{N^2\mu_0(A_0 - \Delta A)}{2l_0}$$

$$\Delta L = \frac{N^2\mu_0(A_0 - \Delta A)}{2l_0} - \frac{N^2\mu_0 A_0}{2l_0} = \frac{N^2\mu_0 \Delta A}{2l_0} \qquad (3-157)$$

显然，在 N、l_0 一定时，ΔL 与气隙面积的变化成正比。它具有较好的线性，且自由行程受到的限制小，因而示值范围大，获得广泛应用。

C　差动变压器位移计

目前应用最广的是螺管形差动变压器（图 3－80），它由一个初级线圈 1、两个参数完全相同的次级线圈 2 和 3 反向串接，以及铁芯 4 组成，其工作原理是利用线圈的互感作用，将被测位移量转换成感应电势的变化。

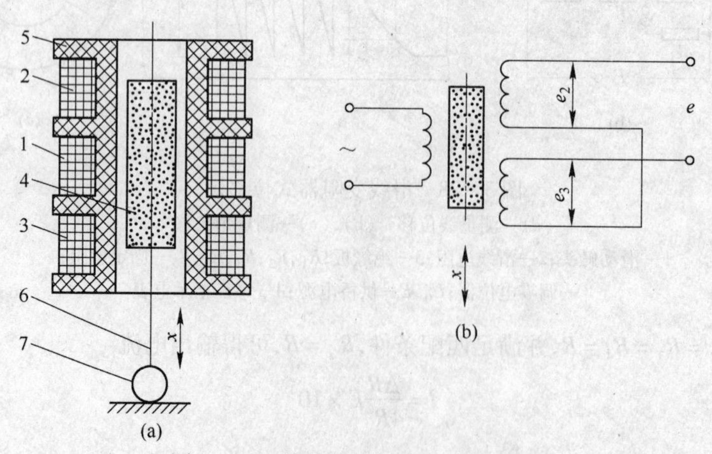

图 3－80　差动变压器位移计原理图

1—初级线圈；2,3—次级线圈；4—铁芯；5—线圈架；6—测杆；7—被测件

当初级线圈1通以一定频率的交流电时,由于互感作用在两个次级线圈2和3中分别产生感应电势 e_2 和 e_3

$$e_2(e_3) = -M\frac{\mathrm{d}i}{\mathrm{d}t} \tag{3-158}$$

式中 M——互感系数。

又因为接成差动形式,故输出电压 e

$$e = e_2 - e_3 \tag{3-159}$$

输出电压的大小与方向跟铁芯的位移大小和方向有关。当铁芯处在中间位置(零位)时,初级线圈与两个次级线圈的耦合程度相等,因而感应电势 $e_2 = e_3$,则输出电压

$$e = e_2 - e_3 = 0$$

当铁芯向上移动时,$e_2 > e_3$,则输出电压 $e = e_2 - e_3 > 0$;当铁芯向下移动时 $e_2 < e_3$,则输出电压 $e = e_2 - e_3 < 0$。输出特性曲线如图3-81所示。

由图3-81可见,单个线圈的感应电势 $e_2(e_3)$ 与铁芯的位移不成线性,而两线圈差接后的输出电压就与铁芯的位移成线性。

差动变压器的规格较多,其二次仪表一般要配对专用,应配对订购。由于结构简易、线性范围大、稳定性较好等优点,应用比较广。

D 感应同步位移计

感应同步位移计是根据电磁耦合原理将线位移或角位移转换成电信号的,分直线式和旋转式两种。

直线式感应同步器由定尺1和滑尺2两部分组成。在定尺和滑尺上用光刻腐蚀法制成锯齿形平面绕组,如图3-82所示。标准型直线式感应同步器的定尺长为250mm,也可把多个定尺连接使用。定尺上的绕组是节距为2mm的单相连续绕组。滑尺有两个节距为2mm的绕组A和B。A称为正弦绕组,B称为余弦绕组。B绕组相对定尺绕组错开1/4节距。两尺平面间隙通常为0.05~0.25mm。

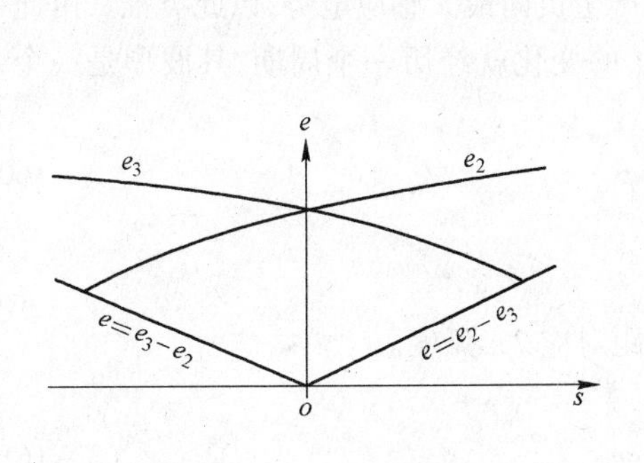

图3-81 差动变压器位移计无相整流的特性曲线

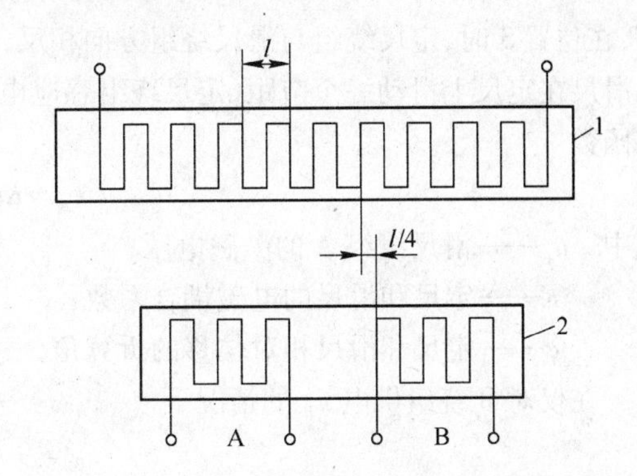

图3-82 直线式感应同步器绕组

1—定尺;2—滑尺

滑尺的两个绕组A、B各供给一个交流激磁电压 u_A、u_B,则定尺上的绕组由于电磁感应作用而产生与激磁电压同频率的交变感应电势。

为了说明感应电势是随着定尺与滑尺的相对位置的改变而变化的,参见图3-83。当仅给A供电且滑尺右行在1位置时,定尺绕组与滑尺绕组完全重合,定尺绕组链连的磁通最多,感应电

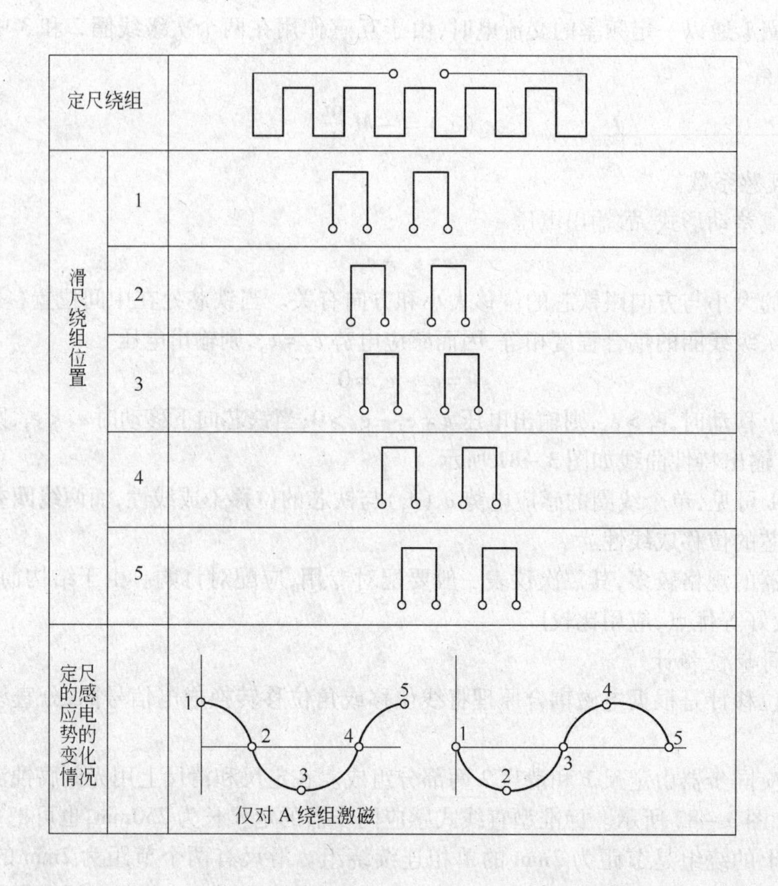

图 3－83　滑尺线圈位移和定尺感应电势的变化情况

势 e_A 最大；当滑尺右行 1/4 节距，即 2 位置时，定尺绕组链连的磁通相互抵消，因而感应电势为零，在位置 3 时，定尺绕组与滑尺绕组方向相反，因而产生负向最大感应电势，以此类推。由此可见滑尺在定尺上滑动一个节距，定尺绕组感应电势 e_A 的变化就经历一个周期，其波形是一个余弦函数

$$e_A = Ku_A\cos\varphi \tag{3-160}$$

式中　u_A——滑尺绕组 A 的激磁电压；

K——定尺和滑尺的电磁耦合系数；

φ——定尺和滑尺相对位移的折算角，一个节距对应 2π 弧度。

在仅对 B 绕组供电 u_B 的情况下

$$e_B = -Ku_B\sin\varphi \tag{3-161}$$

对两个绕组同时供给激磁电压，滑尺移动时，定尺绕组的总感应电势为上述两个感应电势的代数和

$$e = e_A + e_B = Ku_A\cos\varphi - Ku_B\sin\varphi \tag{3-162}$$

实际上绕组 A 上加一个正弦变化的激磁电压

$$u_A = u_m\sin\omega t \tag{3-163}$$

绕组 B 上加一个频率及幅值均相同的余弦变化的激磁电压

$$u_B = u_m\cos\omega t \tag{3-164}$$

所以得

$$e = Ku_m \sin\omega t\cos\varphi - Ku_m \cos\omega t\sin\varphi = Ku_m \sin(\omega t - \varphi) \qquad (3-165)$$

由于电磁耦合系数 K 以及激磁电压的幅值和频率均不变，定尺绕组的感应电势只与角度 φ 有关。如果绕组的节距为 l，滑尺与定尺相对移动 s 位移时，则

$$\varphi = \frac{2\pi}{l} \cdot s \qquad (3-166)$$

式(3－166)说明，角度 φ 与位移有严格的对应关系。因此，只要测得感应电势 e 的相位 φ 就可推算滑尺和定尺相对移动的距离，即部件的位移。

图 3－84 所示为数字式感应同步位移计鉴相式测量电路。感应同步位移计多用于精密加工机械。

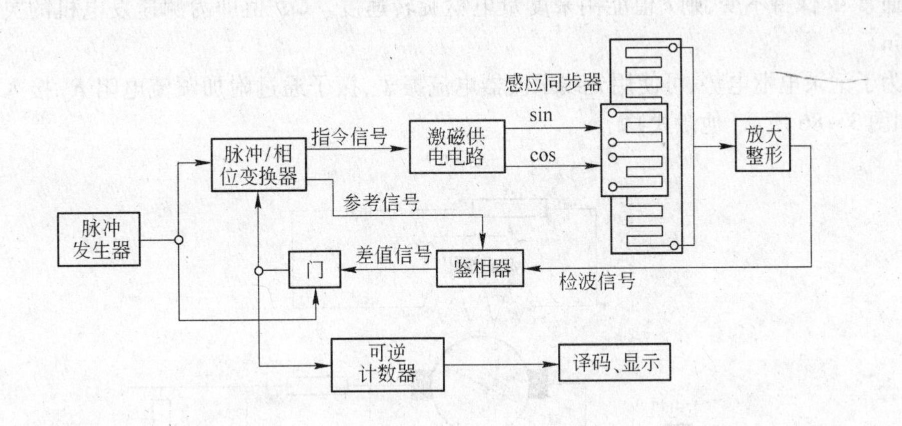

图 3－84　鉴相式测量电路方框图

E　磁栅式位移计

磁栅式位移计又称磁尺，它由磁头 1 和磁栅 2 组成(图 3－85)。根据用途可分为长磁栅和圆磁栅，分别用来测量线位移和角位移。现以长磁栅为例，说明其工作原理。

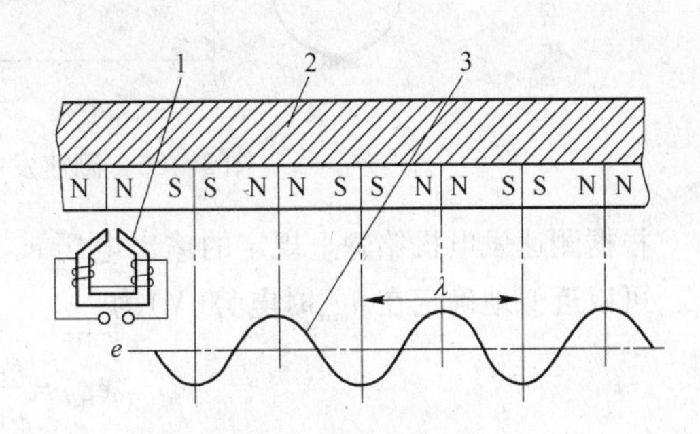

图 3－85　动态磁头的测取信号

1—磁头；2—磁栅；3—波形

在非磁性金属(如铍青铜)尺的平整表面上，镀一层磁性材料薄膜，用录音磁头沿长度方向按一定波长 λ 记录一周期性信号，以声磁的形式保留在磁尺上。磁尺的磁化图形好像将磁铁排成 SN、NS 状态。由此所产生的磁场强度呈周期性变化，并以 N 和 N 重叠处输出正信号最强，在 S 和 S 重叠处负信号最强。测量时，利用重放磁头将记录信号还原。

测量时，磁栅和磁头相对运动，在磁头的线圈中感应出电势 e(它按正弦波变化)。将其通过整形电路获得一个方脉冲，用记录器记下该脉冲数目，再乘以波长 λ 就可获得位移值。

磁尺的量程也很大，精度高(其系统精度达 0.01mm/m)，测量时允许的工作速度达 12m/min。

3.3.3.2　转速测量

转速计根据其工作原理可分为计数式、模拟式和同步式三大类。下面介绍现场测定中常用的几种转速测量方法。

A 机械转速表

机械转速表是根据旋转质量的离心力与其转速成正比的原理制成的。由于它只能测量稳定转速,且不能输出与转速对应的电信号进行示波记录,故多用于标定转速测定装置。

B 测速发电机

测速发电机是个带有独立激磁(或永磁)的小型直流发电机。其电枢端子电势由式(3-167)表示为

$$e = C\Phi n \tag{3-167}$$

式中 C——与测速机结构有关的常数;

Φ——激磁磁通,Wb;

n——每分钟电枢转数,r/min。

通常 Φ 保持不变,则 e 值能用来度量电枢旋转速度。$C\Phi$ 值即为测速发电机的灵敏度,V/(r/min)。

为了记录电枢电势,可使用光线示波器电流振子,振子通过附加限流电阻 R_2 接入电枢回路中,如图 3-86 所示(他激式)。

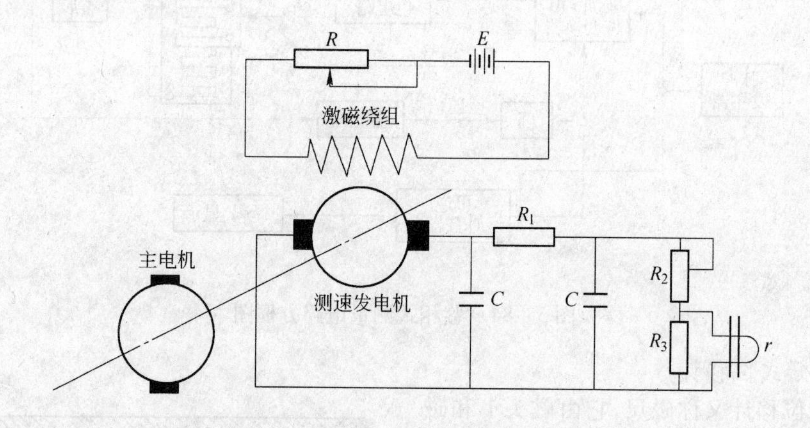

图 3-86 测速发电机测速接线原理

根据测速发电机铭牌上规定的输出电压 e_H、额定转速 n_H 以及测速发电机的最大可能转速 n_{max},可以近似地确定在 n_{max} 时电势(V)为

$$e_{max} = \frac{e_H}{n_H} \cdot n_{max} \tag{3-168}$$

此时限流电阻(Ω)为

$$R_1 \geqslant \frac{e_{max}}{i \times 10^{-3}} \tag{3-169}$$

式中 i——选用的振子在给定振幅时对应流过的电流值,mA。

接入振子后,必须通过实验调好附加电阻值 R_2,使记录波形幅度恰到好处。

若波形毛刺很大,特别是当测速发电机经过增速机传动时,这时可在电枢输出端增加一个由电容 C_1 和 C_2 及电阻 R_1 组成的滤波器,可将毛刺降到最低程度。电容 C 值是根据每一具体情况来选择的(包括电容量,耐压及极性)。但滤波器增加了电路的惯性,降低了动态响应指标,产生了动态畸变,特别是在转速急剧变化的场合。可以通过有无滤波器的记录曲线对比来评定动态畸变的大小。在允许的动态畸变范围内选用 C 值,一般为几微法至几十微法。

在有电容的情况下，断开振子时，电容充电到电压峰值，再次接入振子，就可能因放电电流过大而损坏振子。因此，应在振子输入端接入一个泄放电阻 R_3，$R_3 >> r$，以降低其分流作用。

测定中，应将测速机连同二次线路在转速标定器上进行标定（或已知转速的车床等），或用机械转速表进行在线标定。这个工序要进行 3 ~ 5 次，然后根据这些资料绘制标定特性曲线，由它确定记录比例尺。

$$K_n = \frac{n}{y} \tag{3-170}$$

式中　n——转速，r/min；

　　y——对应转速 n 的波形幅值，mm。

对于正、反转条件必须进行正、反转标定。用测速发电机测量转速的精度通常为 3% ~ 4%。

C　断路器（断电器）

断路器自备有绝缘镶入件 2 的钢材 1（通地）和固定的滑动触头 3 及 i、R、E 组成，如图 3-87 所示。

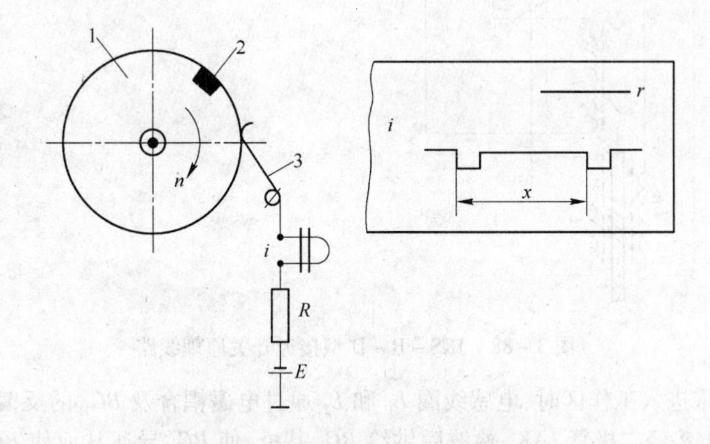

图 3-87　断路器测量转速线路

1—钢材；2—绝缘镶入件；3—滑动触头

如果圆盘的转速为 n，则波形图各凸台的时间 t(s) 间隔为

$$t = \frac{60}{n} \tag{3-171a}$$

此外，根据记录纸实际拍摄速度 v 可得

$$t = \frac{x}{v} \tag{3-171b}$$

将式（3-171a）和式（3-171b）相等可得确定圆盘转速 n(r/min) 的公式

$$n = \frac{60v}{x} \tag{3-172}$$

如果圆盘上有 z 个绝缘物，则

$$n = \frac{60v}{zx} \tag{3-173}$$

使用这种方法适合确定稳定转速，测量精度为 1% ~1.5%。

D　接近开关

接近开关的工作原理基于一个非接触式的开关电路，如图 3-88 所示。其工作原理简述如

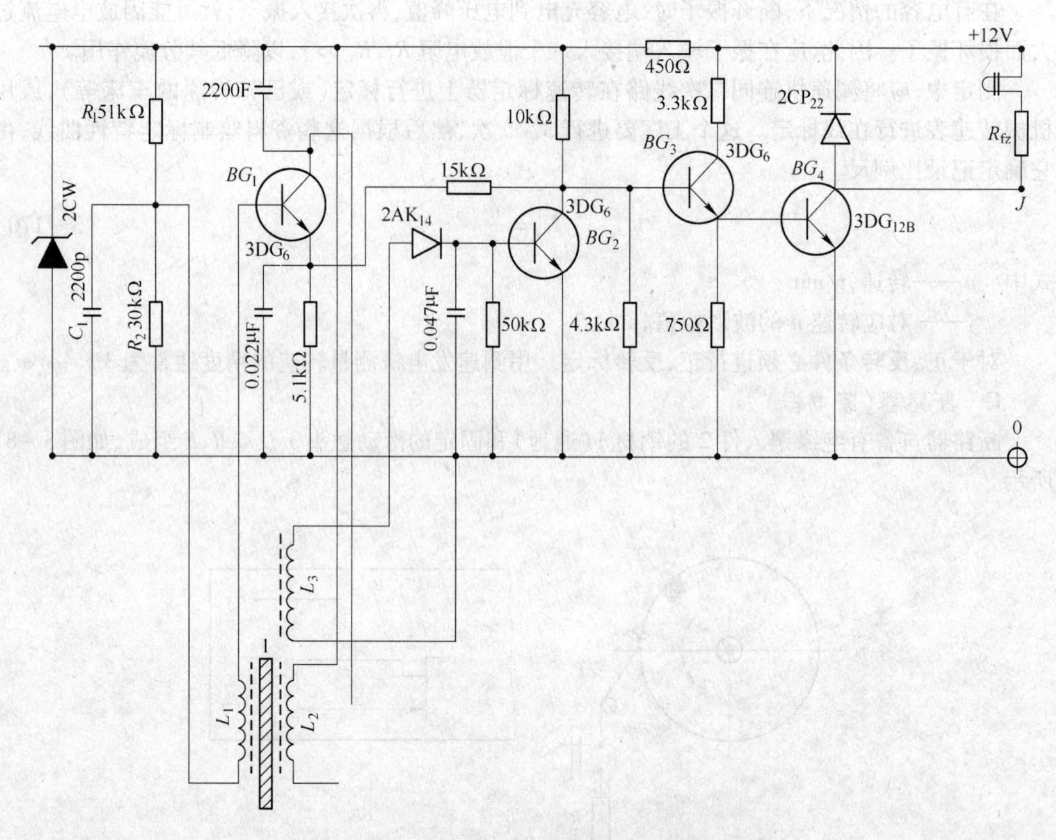

图 3－88　JKS－R－D 型接近开关原理线路

下：当金属片 1 未进入工作区时，电感线圈 L_1 和 L_2 通过电磁耦合及 BG_1 的反馈作用产生振荡，线圈 L_3 的感应电势经二极管 2AK$_{14}$ 检波后供给 BG_2 基极，使 BG_2 导通从而使 BG_3、BG_4 截止，R_{fz} 中无信号电流，J 端处于高电位。

当金属片 1 进入工作区时，由于金属片内部产生涡流，破坏了振荡条件而停振，线圈 L_3 中感应电势为零，使 BG_2 截止，BG_3、BG_4 处于导通状态，因此负载 R_{fz} 中有电流通过，此时 J 端相应处于低电位。当 R_{fz} 为 120Ω 时，测得其电流约为 35mA。

E　开式磁电转速计

图 3－89 所示为开式磁电转速计的结构，被测轴上装上一个齿数为 z 的齿轮，转速计的芯轴对准齿轮安装。被测轴转动时，其间隙改变，磁路中磁阻也改变，因而通过线圈的磁通就将变化，线圈中产生感应电势，其频率为

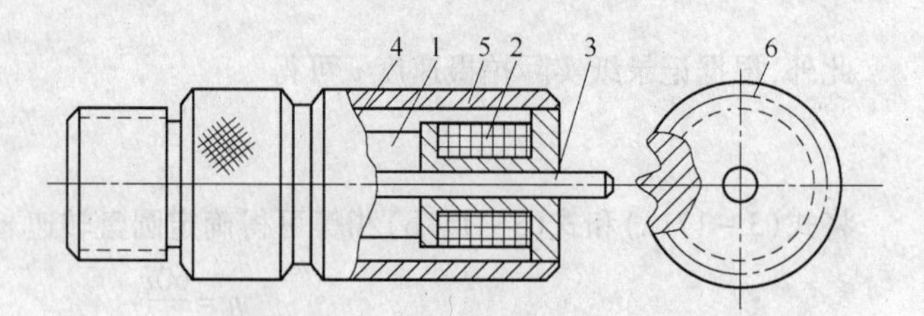

图 3－89　开式磁电转速计的结构

1—磁钢；2—线圈；3—芯轴；4—导磁体；5—壳体；6—齿轮

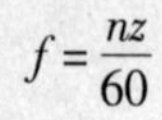

$$f=\frac{nz}{60}$$

则转速

$$n=\frac{60f}{z} \qquad (3-174)$$

为此，将获得的感应电势放大并整形，输入示波器振子进行连续脉冲记录，然后换算成转速。或输入数字电路，对频率数进行计数和显示。

F 光敏元件

现场测定中常采用直射型光电转速计，如图3-90所示。光敏元件有光敏电阻、光敏二极管、光敏三极管、硅光电池等。光敏电阻(光导管)没有极性，其光阻约为$10^3\Omega$，其暗阻约为$10^9\Omega$。

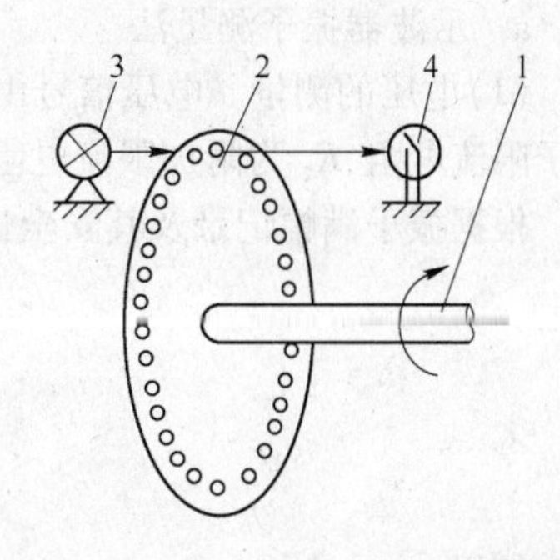

图3-90 直射型光电转速计原理
1—转轴；2—圆盘；3—光源；4—光敏元件

光敏二极管有正负极性，使用时应反向偏置。由于它是非线性元件，通常给出的参数为光电流与暗电流。其光电流约为几十微安，暗电流小于0.1至几个微安不等。光敏元件的参数将随着圆盘的转动(光栅开闭)而相应的改变。当把光敏元件接入一定的电路中，则电路将输出一连串的光电脉冲信号。

图3-91所示为带有反向偏置电压的简单放大电路。T_1为锗光敏管，R^*为振子限流电阻。

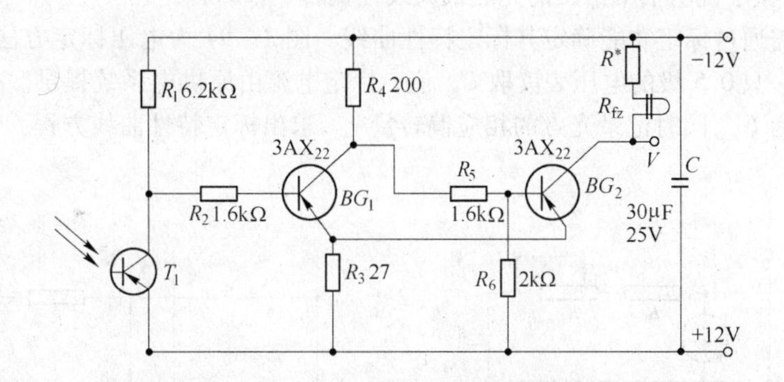

图3-91 光电脉冲放大器原理

图3-91中T_1为锗材料光敏三极管，R^*为振子限流电阻。

当光照时，T_1导通，BG_1截止，BG_2导通，振子内有信号电流通过；当遮光时，T_1截止，BG_1导通，BG_2截止，振子内无信号电流通过，因而可得光电脉冲记录波形。

当被测轴转速极高，或不允许以及不具备条件安装任何测试装置时，一般采用反射式光电转速测量方法(图3-92)。此时，将被测轴表面制成黑白相间条纹，使之具有反射和吸收光线的能力。当轴转动时，光电元件就会输出一连串脉冲信号。单位时间内的脉冲数与其转速成正比。将电脉冲送入数字电路，即可计数和显示。

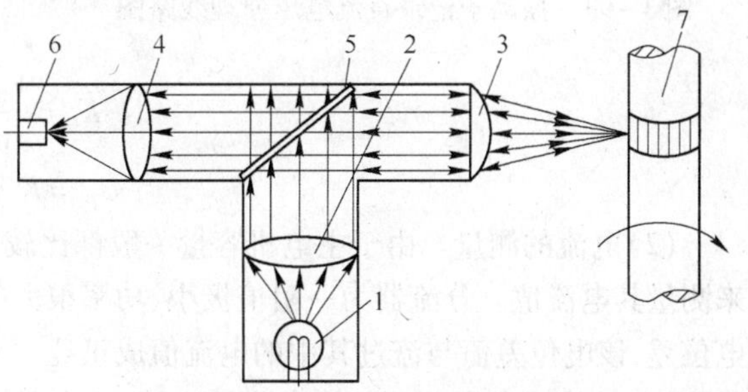

图3-92 反射型光电转速计原理
1—光源；2，3，4—透镜；5—半透明膜片；6—光电管；7—被测轴

3.3.4 轧制电参数测量

3.3.4.1 直流电机电参数测量

A 功率测量

一般是测量电枢电流I及电枢电压U，按式(3-175)计算功率P(kW)

$$P = IU \times 10^{-3} \tag{3-175}$$

B 直流电压、电流的测量

a 示波器振子测量法

(1)电压的测量。电压信号由电枢 C、D 两端引出，其测量线路如图 3 - 93 所示。电阻 R_1 为振子限流电阻，R_2 为附加限流电阻。

根据振子满幅记录及其安全性来选取 R_1 及 R_2

$$R_1 = \frac{U_{max} S_i}{y_{max}} \tag{3-176}$$

令

$$R_1 + R_2 = \frac{U_{max} S_i}{0.8 y_{max}} = \frac{R_1}{0.8}$$

所以

$$R_2 = \frac{1}{4} R_1 \tag{3-177}$$

式中 U_{max}——电枢的最大电压，V；

S_i——振子说明书中给出的振子直流电流灵敏度，mm/mA；

y_{max}——振子说明书中给出的光点最大线性偏转量，mm。

测量线路需通过标定才能确定其标定特性曲线。图 3 - 94 为电压标定方法，即在原测定线路输入端并接一只 0.5 级的电压表读取 $U_{标}$ 值。标定电源由原供电系统提供。标定时给定某一组稳定电压作为 $U_{标}$，同时记录光点的相应偏转量 $y_{标}$，求出标定特性曲线方程：

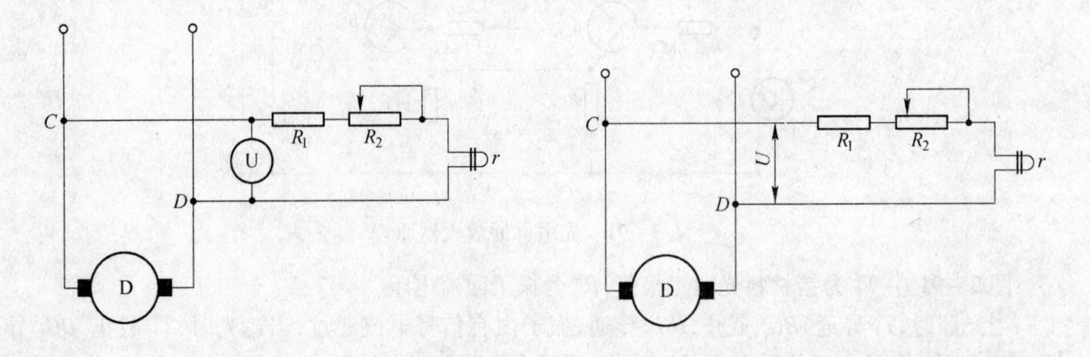

图 3 - 93 振动子记录直流电压原理线路图

图 3 - 94 电压标定线路图

$$K_U = \frac{V_{标}}{y_{标}}$$

$$U_{测} = K_U y_{测}$$

(2)电流的测量。由于主电机容量一般都比较大，几乎全要借助主回路串接的分流器（FL）来测量其电流值。分流器为一阻值极小、功率很大的电阻元件。当有电流流过其中时，两端产生电位差，该电位差值与流过其中的电流值成正比。一般分流器上都打印额定电流（I_H）及对应电位差值 V_H，大多数分流器的输出信号为 75mV。因此可以说，电流的测量被转化为分流器两端电位差的测量。

测量信号由分流器 A、B 点引出，其测量线路如图 3 - 95 所示。显然，振子光点的偏转量 y_i 与分流器两端电位差成正比。由于分流器的输出信号比较弱，故限流电阻 R_1 很小，甚至可以省略。R_2 一般为几十欧。

为了确定其标定特性曲线，多采用图 3 - 96 所示的电流标定线路。标定时，将测量回路 A、B

两点从分流器上脱开，照图3－80接入由电源E、可变电阻R_3、R_4、毫伏表组成的模拟分流器的A'、B'两点。由零至75mV给定一组毫伏数，并同时记录振子相应偏转量$y_{标}$。可得标定曲线斜率γ(mV/mm)：

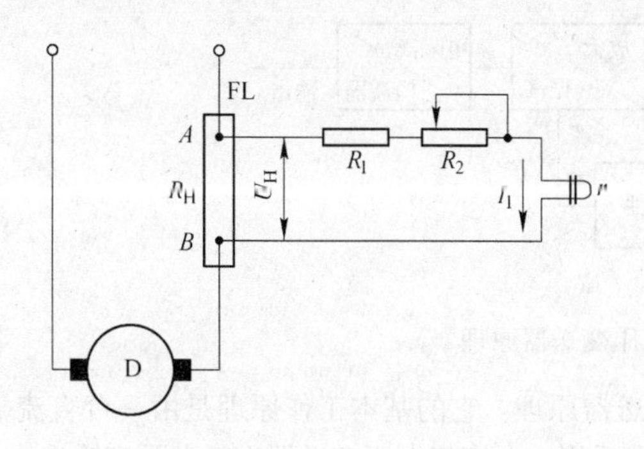

图3－95　振动子记录电流原理线路图

D—电动机；FL—分流器；R_1—限流电阻；R_2—附加限流电阻；r—振动子内阻

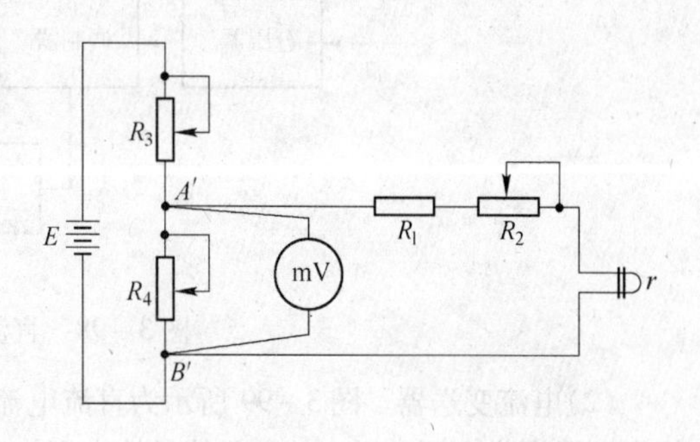

图3－96　电流标定线路图

$$\frac{V_{标}}{y_{标}}=\gamma \tag{3-178}$$

分流器特性为

$$\frac{I_H}{V_H}=\beta \tag{3-179}$$

则

$$I_{侧}=\beta\cdot\gamma\cdot y_{测} \tag{3-180}$$

(3)直流电参数测量特点。由于直流电参数不能采取变压器原理进行电位隔离，一般情况下，测量线路与主回路直接接通，因而将直流高电位引入测量线路。特别是在一台示波器上同时记录电压、电流的场合，如果电压振子与电流振子不是接在同电位时，如图3－97所示。图中C、A、B处于同电位，D点电位等于电枢端电压U，因此，r_U与r_i之间的电位差等于U。当U大于振子的耐压值时，极易发生振子间因击穿短路而跳火的现象，造成设备事故。

所以在直流电参数测定中，应该在测量仪器与供电系统之间设置某种隔离环节，将直流高电位予以隔离。各类直流电压、电流变送器就是用于直流供电系统中，隔离输入与输出的中间环节。

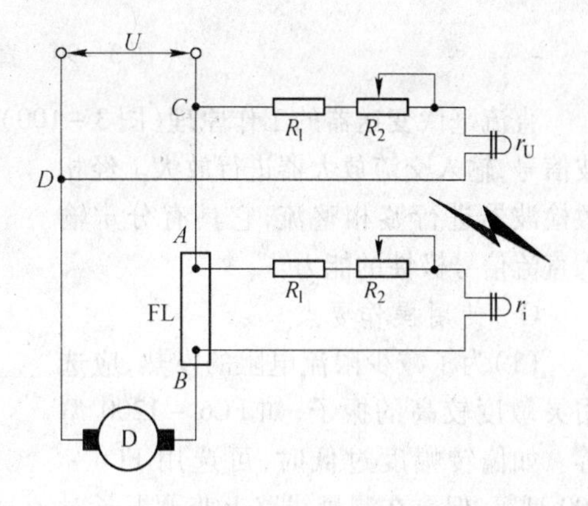

图3－97　两振子间不等电位产生击穿现象

b　变送器测量法

(1)电压变送器。图3－98所示为直流电压变送器原理。其各个部分作用简述如下：

分压器将直流电压分压，取出部分经调制器调制后输入放大器。调制器将输入的直流电压调制为交流信号，以便进行交流放大。放大器工作原理基于自激振荡式调制放大器。将放大后的交流信号经隔离变压器输入检波器，再经电容滤波还原成输入信号波形。

根据以上分析可知，电隔离的基本原理是由于将直流信号调制成交流信号，就可采用能隔离直流电位的变压器进行电隔离传输信号，从而达到电隔离的目的。

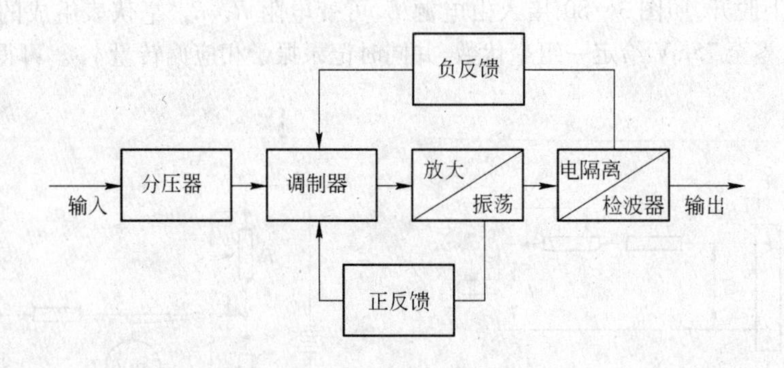

图 3 - 98　直流电压变送器原理

(2)电流变送器。图 3 - 99 所示为直流电流变送器原理。它的基本工作原理是由一台直流毫伏变送器将分流器上引出的微弱信号放大到伏级,然后用一台直流电压变送器进行电隔离输出。

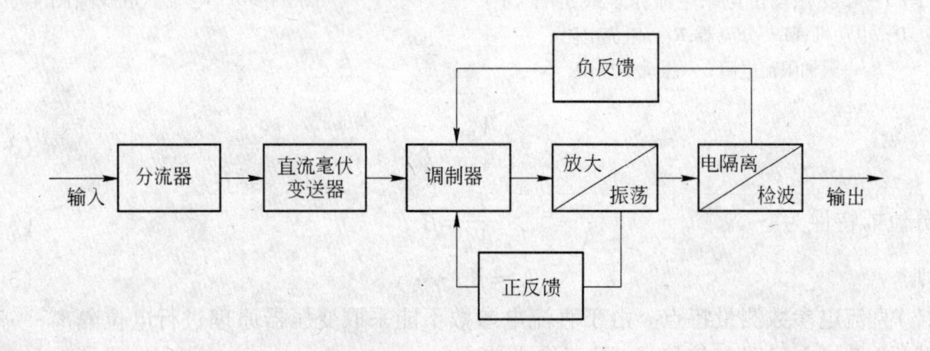

图 3 - 99　直流电流变送器原理

直流毫伏变送器的工作原理(图 3 - 100)如下:从分流器上引入的直流信号经调制器变为方波信号,输入交流放大器进行放大。经相敏检波器进行鉴相整流,它具有分辨输入直流信号极性的能力。

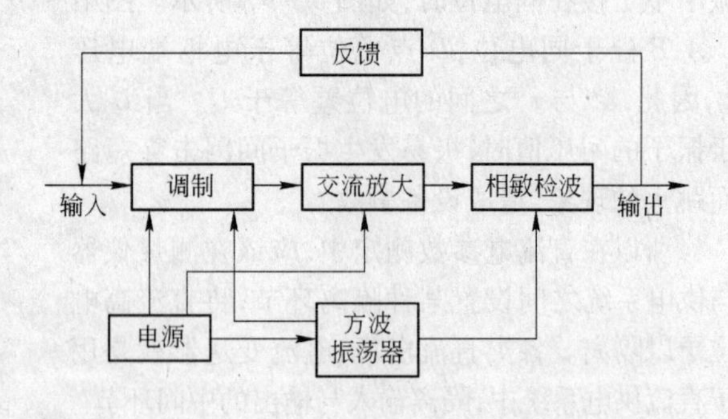

图 3 - 100　直流毫伏变送器原理

C　使用操作要点

(1)为了减少限流电阻的发热,应选用灵敏度较高的振子,如 FC6 - 1200 型等。如偏转幅度过低时,可选用 FC6 - 400 型等,但要在测量线路上兼顾振子对外阻的要求。

(2)测量回路必须用测量电压大于电枢最高工作电压的摇表进行对地、参数间的绝缘测定(将振子输入端短接),其绝缘电阻不应小于 20 ~ 500MΩ。

(3)为了保证电压振子与电流振子同电位,应照图 3 - 101 所示接线,此时 D、A、B 同电位。

(4)标准毫伏表需照图 3 - 101 接在 A、B 两点,且连接线愈短愈好。

(5)接入分流器的导线头部及分流器上的接线螺丝必须刮净,螺丝必须拧紧。导线截面宜大不宜小。

(6)为了保证数据的可靠,应在现场标定。标定时,线路中的任何参数都要维持实测时一样。标准表也要事先予以校准。

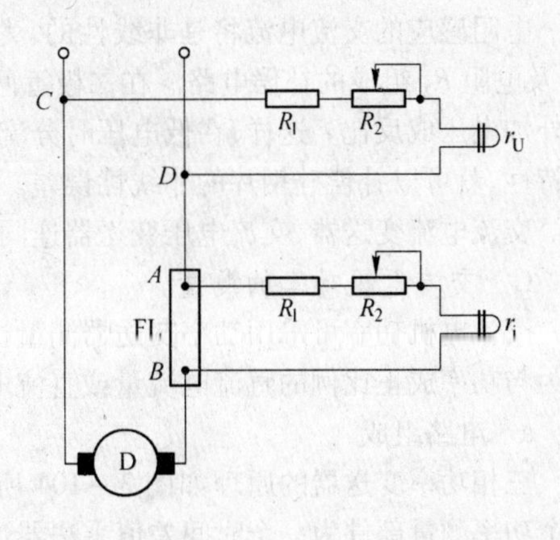

图 3-101 两振子间等电位原理线路图

3.3.4.2 交流电机电参数测量

A 交流电参数测量、记录的特点

交流电信号是随时间周期变化的电量,一般变化频率为 50Hz。若用振子直接进行示波记录,波形所占记录纸宽为直流信号的两倍,并且由于记录纸运行速度比较慢,无法展开 50Hz 波形而导致记录纸连续感光,因此影响读取其他信号曲线。故在测定交流电参数时,希望将交流电信号线性地变为直流信号,然后进行波形记录。能完成这一任务的就是各种类型的交流变送器。

B 交流电压、电流的测量

a 交流电压变送器

交流电压变送器原理线路如图 3-102 所示。其工作原理是:被测电压信号通过电压互感器 *YH* 降压后,采用桥式电路进行全波整流,由滤波电容 *C* 滤去输出中交流成分,由输出端输出 1mA 的电流信号及 5V 的电压信号。

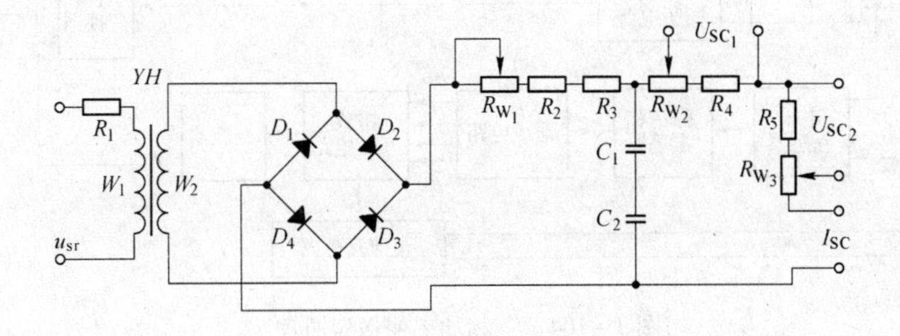

图 3-102 交流电压变送器原理线路图

b 交流电流变送器

交流电流变送器原理线路如图 3-103 所示。图中 *LH* 为电流互感器,它的铁芯是由硅钢片制成的。在磁化的起始部分有非线性区。

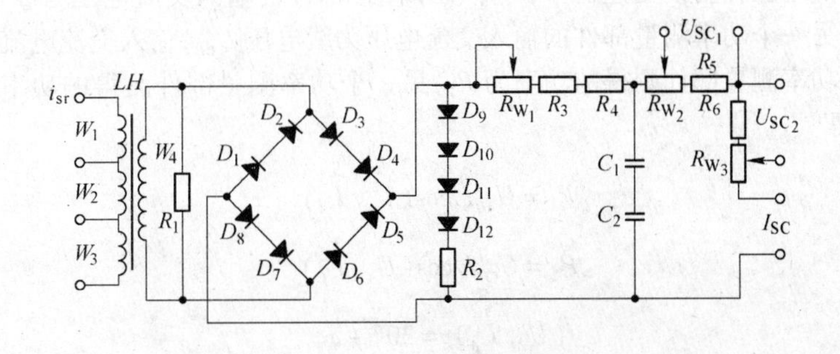

图 3-103 交流电流变送器原理线路图

电阻感应的交流电流将是非线性的，为了减小由此产生的误差，采用了由四个二极管 D_9 ~ D_{12} 及电阻 R_2 组成的补偿电路。在二极管两端电压较低时，它的伏安特性曲线呈非线性，其内阻与外加电压成反比。这样，在低电压时分流作用弱，在高电压时，分流作用强。利用二极管这样的特性，就可以补偿硅钢片的非线性误差。

交流电流变送器、交流电压变送器连同记录仪表一起进行标定。

C　交流电机功率的测量

交流电机功率可采用功率变送器测量记录，它是把被测三相有功功率（或无功功率）量变换成为与功率成正比例的直流电流量或直流电压量的一种变换装置。

a　电路组成

三相功率变送器的原理如图 3－104 所示。它主要部分为两个完全相同的功率测量部件。每个功率测量部件为一个时间差值乘法器，由磁饱和振荡器、恒流电路、桥式开关电路、电压互感器及电流互感器、滤波器等组成。

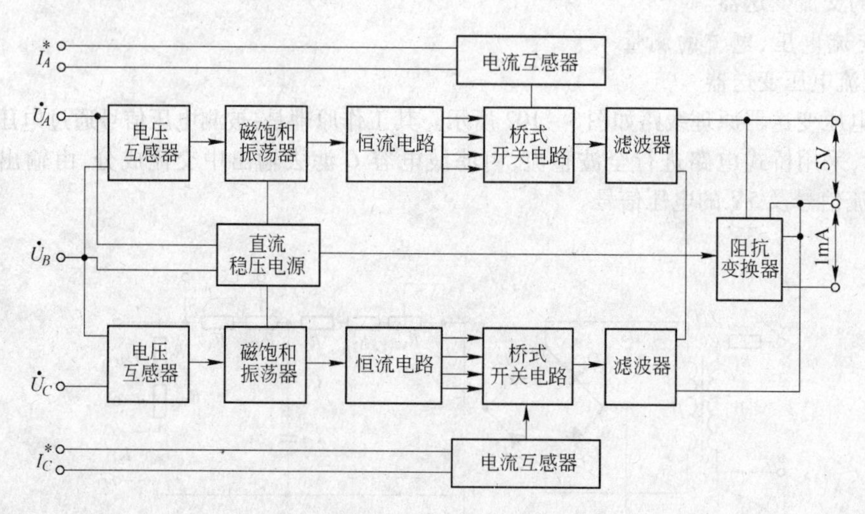

图 3－104　三相功率变送器原理

b　三相有功功率测量原理

当用两个单相功率测量部件的输出串联相加，在负载 R_{fz} 上产生一个输出电压，则两个单相功率测量部件组成的功率变送器，能用来测量三相功率，这种方法称为两元件测功法。

三相有功功率变送器总电气原理如图 3－105 所示。

采用两元件法测量三相有功功率时，常用的原理接线图和其向量如图 3－106 所示。

这种接线法是指三相功率变送器中，一个功率测量部件的输入交流电压为线电压 U_{AB}，输入交流电流为 I_A。另一个功率测量部件的输入交流电压为线电压 U_{CB}，输入交流电流为 I_C。

设其中一个功率测量部件测得的功率为 P_1，另一个功率测量部件测得的功率为 P_2，则由向量图 3－106 可得

$$P_1 = U_{AB} I_A \cos(\dot{U}_{AB} \dot{I}_A)$$

$$P_2 = U_{CB} I_C \cos(\dot{U}_{CB} \dot{I}_C)$$

因为

$$(\dot{U}_{AB} \dot{I}_A) = 30° + \varphi_1$$

$$(\dot{U}_{CB} \dot{I}_C) = 30° - \varphi_3$$

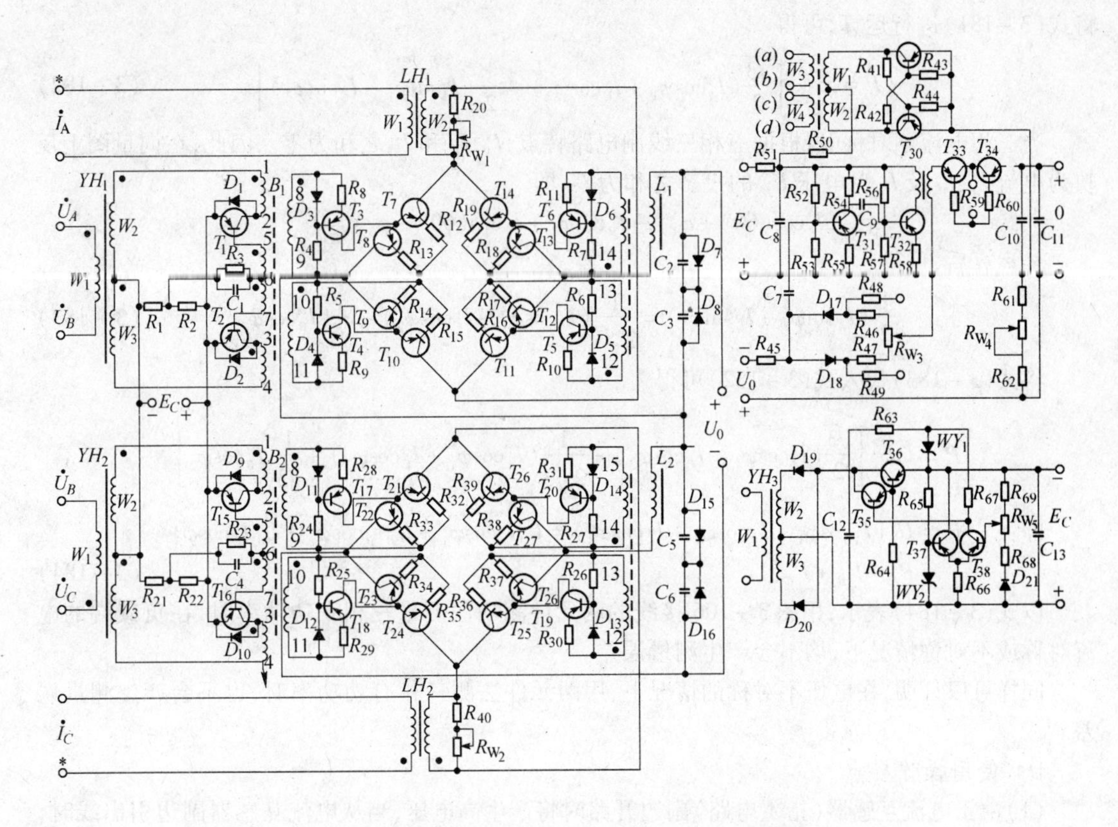

图 3－105　三相有功功率变送器总电气原理图

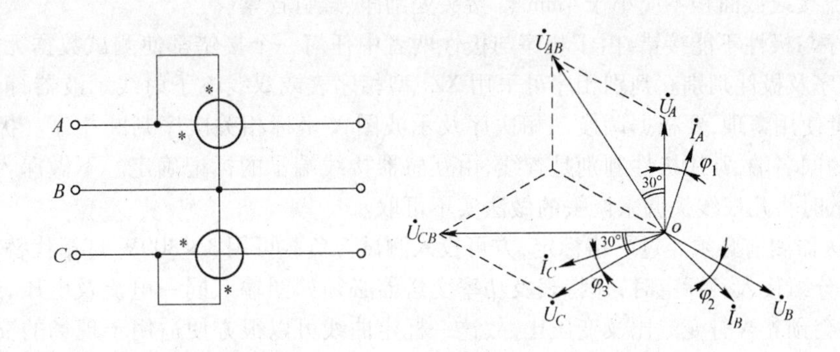

图 3－106　两元件法测三相有功功率的原理接线及向量图

$$P_1 = U_{AB} I_A \cos(30^\circ + \varphi_1)$$

所以

$$P_2 = U_{CB} I_C \cos(30^\circ - \varphi_3)$$

从图 3－106 所示接线可知，变送器所测得的三相有功功率值 P，为两个测量部件测得的有功功率值 P_1 与 P_2 的代数和，即

$$P = P_1 + P_2 = U_{AB} I_A \cos(30^\circ + \varphi_1) + U_{CB} I_C \cos(30^\circ - \varphi_3) \tag{3-181}$$

如果三相电压对称

$$U_{AB} = U_{CB} = \sqrt{3} U_A = \sqrt{3} U_B = \sqrt{3} U_C = \sqrt{3} U_\varphi$$

将式(3－181)进行运算,可得

$$P=\sqrt{3}U_{\varphi}\left[\frac{\sqrt{3}}{2}(I_A\cos\varphi_1+I_C\cos\varphi_3)-\frac{1}{2}(I_A\sin\varphi_1-I_C\sin\varphi_3)\right] \tag{3-182}$$

当三相电流不对称时,根据三相三线制电路特点,I_A、I_B 和 I_C 之和为零。因此,在向量图上反映为电流 I_A、I_B 及 I_C 对电压 U_B 的投影之和为零,即

$$I_A\cos(60°+\varphi_1)-I_B\cos\varphi_2+I_C\cos(60°-\varphi_3)=0$$

经运算后,可得

$$\frac{1}{2}(I_A\sin\varphi_1-I_C\sin\varphi_3)=\frac{1}{2\sqrt{3}}(I_A\cos\varphi_1+I_C\cos\varphi_3)-\frac{1}{\sqrt{3}}I_B\cos\varphi_2 \tag{3-183}$$

将式(3－183)代入式(3－182)可得

$$P=\sqrt{3}U_{\varphi}\left[\frac{\sqrt{3}}{2}(I_A\cos\varphi_1+I_C\cos\varphi_3)-\frac{1}{2\sqrt{3}}(I_A\cos\varphi_1+I_C\cos\varphi_3)+\frac{1}{\sqrt{3}}I_B\cos\varphi_2\right]$$

即:

$$\begin{aligned}P&=U_{\varphi}(I_A\cos\varphi_1+I_B\cos\varphi_2+I_C\cos\varphi_3)=U_AI_A\cos\varphi_1+U_BI_B\cos\varphi_2+U_CI_C\cos\varphi_3\\&=P_A+P_B+P_C\end{aligned} \tag{3-184}$$

以式(3－184)表示,用图3－106接线的两元件测功法测量三相有功功率时,在负载端的电流对称或不对称情况下,均不会产生测量误差。

同样可以证明,在电压不对称的情况下,用两元件法测三相有功功率时,也不会产生测量误差。

D 使用操作要点

(1)由于电流互感器(指主电路)副边开路时将产生高电压,当从电流互感器副边引出线时,应在副边并接一个短路刀闸,只有当确认副边不是断路时,才允许拉开短路刀闸。

(2)电流接线截面积不应小于4mm²。接头处刮净、螺钉拧紧。

(3)相序与极性不能接错,由于相序与极性两者中任何一个接错都使测试数据无效。因此,必须进行相序及极性判别。判别相序可采用 XZ_1 型相序表或双线电子射线示波器,前者使用简便可靠,后者使用繁琐,要根据调换三相次序及示波图 X 坐标相关次序判断相序。极性指的是电压、电流的同名端,常用极性判别是查线,由互感器接线端子的标记确定。不做深入细致的调研工作,测试时将几根线头调来调去的做法实不可取。

(4)变送器测前必须经过严格标定,方可投入测试。负载可用3×800W 灯箱代替,标定时灯泡负载平衡分组接入。标定时,瓦特表及功率变送器必须如图输入同一电流及电压,这样,标定特性曲线不会预先含有变流比及变压比,故这一标定曲线可以很方便适用于现场的交流比及变压比。波形(读数)判读时,实测值等于观测值乘以现场的电压比及电流比。

3.4 无损检测

3.4.1 概述

随着我国科学和工业技术的迅速发展,工业现代化进程日新月异,高温、高压、高速度和高负荷,无疑已成为现代化工业的重要标志。但它的实现是建立在材料(或构件)高质量的基础之上的,为确保这种优异的质量,还必须采用不破坏产品原来的形状、不改变使用性能的检测方法,对产品进行百分之百的检测(或抽检),以确保产品的安全可靠性,这种技术就是无损检测技术。

无损检测以不损害被检验对象的使用性能为前提,应用多种物理原理和化学现象,对各种工

程材料、零部件、结构件进行有效地检验和测试，借以评价它们的连续性、完整性、安全可靠性及某些物理性能。包括探测材料或构件中是否有缺陷，并对缺陷的形状、大小、方位、取向、分布和内含物等情况进行判断；还能提供组织分布、应力状态以及某些机械和物理量等信息。无损检测技术的应用范围十分广泛，已在机械制造、石油化工、造船、汽车、航空航天和核能等工业中被普遍采用。无损检测工序在材料和产品的静态和（或）动态检测以及质量管理中，已成为一个不可缺少的重要环节。无损检测人员享有“工业卫士”的美誉。

无损检测技术的理论基础是材料的物理性质，其发展过程几乎利用了世界上所有物理研究的新成就、新方法，可以说材料物理性质研究的进展与无损检测技术的发展是一致的。目前，在无损检测技术中利用的材料的物理性质有：材料在弹性波作用下呈现出的性质，在射线照射下呈现出的性质，在电场、磁场、热场作用下呈现出的性质等。例如射线检测（高能X射线、中子射线、质子和X光工业电视等）、超声和声振检测（超声脉冲反射、超声透射、超声共振、超声成像、超声频谱、电磁超声和声振检测等）、电学和电磁检测（电位法、电阻法、涡流法、微波法、录磁与漏磁、磁粉法、核磁共振、巴克豪森效应和外激电子发射等）、力学和光学检测（目视法和内窥镜、荧光法、着色法、光弹性覆膜法、脆性涂层、激光全息干涉法、泄漏检查、应力测试等）、热力学方法（热电势法、液晶法、红外线热图法等）和化学分析方法（电解检测法、离子散射、俄歇电子分析和穆斯堡尔谱等）。现代无损检测技术还应包括计算机数据和图像处理、图像的识别与合成以及自动化检测技术。无损检测是一门理论上综合性较强，又非常重视实践环节的很有发展前途的学科。它涉及材料的物理性质、产品设计、制造工艺、断裂力学以及有限元计算等诸多方面。

综上所述，分析材料（或构件）在不同势场作用下的物理性质，并测量材料（或构件）性能的细微变化，说明产生变化的原因并评价其适用性，就构成了无损检测工作的基本内容。

无损检测的目的可以从三个方面予以阐述：

(1)质量管理。每种产品的使用性能、质量水平，通常在其技术文件中都有明确规定，如技术条件、规范、验收标准等，均以一定的技术质量指标予以表征。无损检测的主要目的之一，就是对非连续加工（如多工序生产）或连续加工（如自动化生产流水线）的原材料、零部件提供实时的质量控制，例如控制材料的冶金质量、加工工艺质量、组织状态、涂镀层的厚度以及缺陷的大小、方位与分布等等。在质量控制过程中，将所得到的质量信息反馈到设计与工艺部门，便可反过来促使其进一步改进产品的设计与制造工艺，产品质量必然得到相应的巩固与提高，从而收到降低成本、提高生产效率的效果。当然，利用无损检测技术也可以根据验收标准，把原材料或产品的质量水平控制在设计要求的范围之内，无需无限度地提高质量要求，甚至在不影响设计性能的前提下，使用某些有缺陷的材料，从而提高社会资源利用率，亦使经济效益得以提高。

(2)在役检测。使用无损检测技术对装置或构件在运行过程中进行监测，或者在检修期进行定期检测，能及时发现影响装置或构件继续安全运行的隐患，防止事故的发生。这对于重要的大型设备，如核反应堆、桥梁建筑、铁路车辆、压力容器、输送管道、飞机、火箭等等，能防患于未然，具有不可忽视的重要意义。

在役检测的目的不仅仅是及时发现和确认危害装置安全运行的隐患并予以消除，更重要的是根据所发现的早期缺陷及其发展程度（如疲劳裂纹的萌生与发展），在确定其方位、尺寸、形状、取向和性质的基础上，还要对装置或构件能否继续使用及其安全运行寿命进行评价。虽然在我国无损评价工作才刚刚起步，但这已成为无损检测技术的一个重要的发展方向。

(3)质量鉴定。对于制成品（包括材料、零部件）在进行组装或投入使用之前，应进行最终检验，此即为质量鉴定。其目的是确定被检对象是否达到设计性能，能否安全使用，亦即判断其是否合格，这既是对前面加工工序的验收，也可以避免给以后的使用造成隐患。应用无损检测技术在铸造、锻压、焊接、热处理以及切削加工的每道（或某一种、某几种）工序中，检测材料或部件是否符合要求，以避免对不合格产品继续进行徒劳无益的加工。该项工作一般称作质量检查，实质上也属于质量鉴定的范畴。产品使用前的质量验收鉴定是非常必要的，特别是那些将在复杂恶劣条件（如高温、高压、高应力、高循环载荷等）下使用的产品。在这方面，无损检测技术表现了能进行百分之百的检验的无比优越性。

综上所述，无损检测技术在生产设计、制造工艺、质量鉴定以及经济效益、工作效率的提高等方面都显示了极其重要的作用。所以无损检测技术已越来越被有远见的企业领导人和工程技术人员认识和接受。无损检测的基本理论、检测方法和对检测结果的分析，特别是对一些典型应用实例的剖析，也就成为工程技术人员的必备知识。

值得说明的是，无损检测技术并非所谓的"成形技术"，因而对产品所期待的使用性能或质量只能在产品制造中达到，而不可能单纯靠产品检验来完成。

3.4.2 无损检测技术的发展

20 世纪 70 年代至 90 年代是国际无损检测技术发展的兴旺时期，其特点是微机技术不断向无损检测领域移植和渗透，无损检测本身的新方法和新技术不断出现，而使得无损检测仪器的改进得到很大提高。金属陶瓷管的小型轻量 X 射线机、X 射线工业电视和图像增强与处理装置、安全可靠的射线装置和微波直线加速器、回旋加速器等分别出现和应用。X 射线、γ 射线和中子射线的计算机辅助层析摄影术（CT 技术）在工业无损检测中已经得到应用。超声检测中的 A 扫描、B 扫描、C 扫描和超声全息成像装置、超声显微镜、具有多种信息处理和显示功能的多通道声发射检测系统，以及采用自适应网络对缺陷波进行识别和分类，采用波数转换技术将波形数字化，以便存储和处理的微机化超声检测仪均已开始应用。用于高速自动化检测的漏码和录磁探伤装置及多频多参量涡流测试仪，以及各类高速、高温检测、高精度和远距离检测等技术和设备都获得了迅速的发展。微型计算机在数据和图像处理、过程的自动化控制两个方面得到了广泛的应用，从而使某些项目达到了在线和实时检测的水平。

复合材料、胶接结构、陶瓷材料以及记忆合金等功能材料的出现，为无损检测提出了新的检测课题，还需研究新的无损检测仪器和方法，以满足对这些材料进行无损检测的需要。

长期以来，无损检测有 3 个阶段，即 NDI（Non－destructive Inspection）、NDT（Non－destructive Testing）和 NDE（Non－destructive Evaluation）。目前一般统称之为无损检测（NDT）。20 世纪后半叶无损检测技术得到了迅速的发展，从无损检测的三个简称及其工作内容中（详见表 3－3），便可清楚地了解其发展过程。实际上国外工业发达国家的无损检测技术已逐步从 NDI 和 NDT 阶段向 NDE 阶段过渡，即用无损评价来代替无损探伤和无损检测。在无损评价（NDE）阶段，自动无损评价（ANDE）和定量无损评价（QNDE）是该发展阶段的两个组成部分。他们都以自动检测工艺为基础，非常注意对客观（或人为）影响因素的排除和解释。前者多用于大批量、同规格产品的生产、加工和在役检测，而后者多见诸于关键零部件的检测。

表 3－3 无损检测的发展阶段及其基本工作内容简介

阶 段	第一阶段	第二阶段	第三阶段
简 称	NDI 阶段	NDT 阶段	NDE 阶段
汉语名称	无损探伤	无损检测	无损评价

续表 3-3

阶 段	第一阶段	第二阶段	第三阶段
英文名称	Non - destructive Inspection	Non - destructive Testing	Non - destructive Evaluation
基本工作内容	主要用于产品的最终检验,在不破坏产品的前提下,发现零部件中的缺陷(含人眼观察、耳听诊断等),以满足工程设计中对零部件强度设计的需要	不但要进行最终产品的检验,还要测量过程工艺参数,特别是测量在加工过程中所需要的各种工艺参数。诸如温度、压力、密度、黏度、浓度、成分、液位、流量、压力水平、残余应力、组织结构、晶粒大小等	不但要进行最终产品的检验以及过程工艺参数的测量,而且当认为材料中不存在致命的裂纹或大的缺陷时,还要: (1)从整体上评价材料中缺陷的分散程度; (2)在NDE的信息与材料的结构性能(如强度、韧性)之间建立联系; (3)对决定材料的性质、动态响应和服役性能指标的实测值(如断裂韧性、高温持久强度)等因素进行分析和评价

我国无损检测技术随着现代化工业水平的提高,已取得了很大的进步。已建立和发展了一支训练有素、技术精湛的无损检测队伍。已形成了一个包括中等专业教育、大学专科、大学本科(或无损检测专业方向)和无损检测硕士生、博士生培养方向等门类齐全的教育体系。可以乐观地说,今后在我国无损检测行业,将是一个人才济济的新天地。很多工业部门,近年来亦大力加强了无损检测技术的应用推广工作。

与此同时,我国已有一批生产无损检测仪器设备的专业厂,主要生产常规无损检测技术所需的仪器、设备。虽然,我国的无损检测技术和仪器设备的水平,从总体上讲仍落后于发达国家15~20年,但一些专门仪器设备(如X射线探伤仪、多频涡流仪、超声波探伤仪等)都逐渐采用电脑控制,并能自动进行信号处理,这就大大提高了我国的无损检测技术水平,有效地缩短了中国无损检测技术水平与发达国家的差距。

无损检测技术的发展,首先得益于电子技术、计算机科学、材料科学等基础学科的发展,才不断产生了新的无损检测方法。同时,也由于该技术广泛采用在产品设计、加工制造、成品检验以及在役检测等阶段,并都发挥了重要作用,因而愈来愈受到人们的重视和有效的经济投入。从某种意义上讲,无损检测技术的发展水平,是一个国家工业化水平高低的重要标志,也是在现代企业中,开展全面质量管理工作的一个重要标志。有资料认为,目前世界上无损检测技术最先进者当属美国,而德国、日本是将无损检测技术与工业化实际应用协调得最为有效的国家。

3.4.3 无损检测方法的选用及其对产品质量的影响

有人按照不同的原理和不同的探测方法及信息处理方式,详细地统计了各种无损检测方法,总共达70余种。其中最常用的仍然是射线检测、超声检测、磁粉检测、渗透检测和涡流检测五种常规检测方法。在其他无损检测方法中,用得比较多的有声发射检测、红外线检测和声振检测等。合理地选择无损检测方法十分重要。一般而言,选择不同的检测方法,主要基于经济和技术两方面的考虑。

3.4.3.1　经济方面的考虑

目前,在加工制造业利用无损检测技术对成品进行最终检测,其主要目的是使用户满意。当然将无损检测指定用作工艺质量控制时,第一步便是根据产品(或工程)的要求制订实用的验收回收标准,该标准将成为实际检测工作的依据。

但无损检测技术在质量和成本竞争中的地位又如何呢?这里应评估的有两个成本因子,即制造成本和使用期成本。成本的高低,往往主要取决于对产品的内在质量及对关键零部件及组装件的检测效能。例如:日本小汽车中30%的零件,采用无损检测后,质量迅速超过美国;德国奔驰汽车公司对汽车的几千个零件全部进行无损检测后,运行公里数增加了一倍,大大提高了在国际市场上的竞争能力。

当然应用无损检测技术,必须有全局观念,对其局部的有限的使用,经济收益未必能表现得那么明显。例如:若能检测出钢中的夹层,就可减少焊缝中产生的缺陷,而要防止钢中存在夹层,在轧钢时就应检测钢坯,当然要保证钢坯的质量,在连续铸造时就应对工艺过程进行有效的控制。在此过程中,一环紧扣一环,无损检测掺插或融入产品的生产制造过程。而这一切控制和检测工作,在资本投入方面,往往是某些企业领导人最为关注的。据资料统计,世界上先进的大型企业,在检测方面的投资有的高达整个企业投资的10%。也就是说,无损检测方法的采用,首先应考虑必要的资本投入,并详细评估资金的回收(图3-107)。

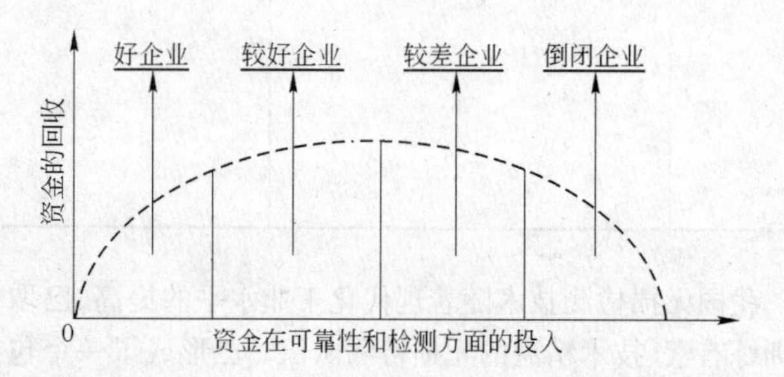

图3-107　在检测方法和可靠性方面增加费用所引发的效果

3.4.3.2　技术方面的考虑

在工程技术界人们普遍认为:(1)没有缺陷的材料是不存在的,而所有的装置、设备又都是选用不同材料来制作零部件,然后安装而成的;(2)不产生缺陷的(多少轻重不一)加工方法是没有的,而所有的零部件都是经过多种加工工序制造的。

在对材料或构件进行无损检测时,不论在什么情况下,首先检测对象要明确,才能确定应该采用怎样的检测方法和检测规范来达到预定的目的。为此,必须预先分析被检工件的材质、成形方法、加工过程和使用经历,必须预先分析缺陷的可能类型、方位和性质,以便有针对性地选择恰当的检测方法进行检测。为了达到各种不同的检测目的,发展并应用了各种不同的检测方法。在所有这些无损检测方法中,可以说都是很重要的,且往往又是不能完全相互替代的。或者说在诸多的无损检测方法中,没有哪一种方法是万能的。

根据检测目的或被检对象的重要性,需要用来描述材料和构件中缺陷状态的数据相应的有多有少,且任何一种检测方法都不可能给出所需要的全部信息。因此,从发展的角度来看,有必要使用两种或多种无损检测方法,并使之形成一个检测系统,才能比较满意地达到检测目的,对大型复杂设备的检测就更是如此。

就缺陷的检出而言,各种检测方法的适用范围,有关资料已做了详细地整理(各种加工工艺和材料中常见的缺陷见表3-4)。同时就一个成功的NDT工艺设计而言,还应考察被检对象的许多情况,主要包括以下几点:

(1)材料的特性(磁性、非磁性、金属、非金属等)。

(2)零(部)件的形状(管、棒、板、饼及各种复杂的形状)。

(3)零(部)件中可能产生的缺陷的形态(体积型、面积型、连续型、分散型)。

(4)缺陷在零(部)件中可能存在的部位(表面、近表面或内部)。

表3-4 各种加工工艺和材料中常见的缺陷

材料与工艺		常见的缺陷
加工工艺	铸造	气泡、疏松、缩孔、裂纹、冷隔
	锻造	偏析、疏松、夹杂、缩孔、白点、裂纹
	焊接	气孔、夹渣、未焊透、未熔合、裂纹
	热处理	开裂、变形、脱碳、过烧、过热
	冷加工	表面粗糙度、缺陷层深度、组织转变、晶格扭曲
金属型材	板材	夹层、夹灰、裂纹等
	管材	内裂、外裂、夹杂、翘皮、折叠等
	棒材	夹杂、缩孔、裂纹等
	钢轨	白核、黑核、裂纹
非金属材料	橡胶	气泡、裂纹、分层
	塑料	气孔、夹层、分层、粘合不良等
	陶瓷	夹杂、气孔、裂纹
	混凝土	空洞、裂纹等
复合材料		未粘合、粘合不良、脱粘、树脂开裂、水溶胀、柔化等

就缺陷类型来说,通常可分为体积型和面积型两种,表3-5为不同的体积型缺陷及其可采用的无损检测方法,表3-6为不同的面积型缺陷及其可采用的无损检测方法。一般来说,射线检测对体积型缺陷比较敏感,超声波检测对面状缺陷比较敏感,磁粉检测只能用于铁磁性材料的检测,渗透检测则用于表面开口缺陷的检测,而涡流检测对开口或近表面缺陷、磁性和非磁性的导电材料都具有很好的适用性。就检测对象来说,尽管目前被检测对象中仍然以金属材料(或构件)为主,但无损检测技术在非金属材料中的应用愈来愈多。例如复合材料无损检测、陶瓷材料无损检测、钢筋混凝土构件的无损检测等亦已全面展开。当然合理地掌握无损检测的实施时间也十分重要,无损检测应该在对材料(或构件)的质量有影响的各工序之后进行,仅以焊缝的检测为例,在热处理前应视为对原材料和焊接质量的检查;而在热处理后则是对热处理工艺的检测。另外,高合金钢焊缝有时会发生延迟裂纹,因此这种焊缝通常至少要在24~78h之后再进行无损检测。

表3-5 不同的体积型缺陷及其可采用的无损检测方法

缺陷类型	可采用的检测方法
夹杂、夹渣、疏松、缩孔、裂纹、未熔化	目视检测(表面)、渗透检测(表面) 磁粉检测(表面及近表面) 涡流检测(表面及近表面) 超声检测、射线检测、红外检测、微波检测、中子照相、光全息检测

表 3-6　不同的面积型缺陷及其可采用的无损检测方法

缺陷类型	可采用的检测方法
分层、粘结不良、折叠、裂纹、未熔化	目视检测、超声检测、磁粉检测、涡流检测、微波检测、声发射检测、红外检测

就无损评价(NDE)与无损检测(NDT)相比而言,NDE 所考虑的问题要复杂得多。在失效分析研究的基础上,首先 NDE 采用的检测技术通常不是单一技术,往往是同时采用几种检测技术。其次,NDE 利用传感器获取被检对象的信息,再将这些信息转换成材料性能和(或)缺陷的参数,并对其进行模拟、分析等,以便对被检对象的使用状态进行评价。进而言之,因为有些缺陷,特别是它们的发展趋势,对系统服役寿命的影响是至关重要的。因而,有必要按照失效分析理论做出合理的判定。每个环节之间的联系与工作内容如图 3-108 和图 3-109 所示。

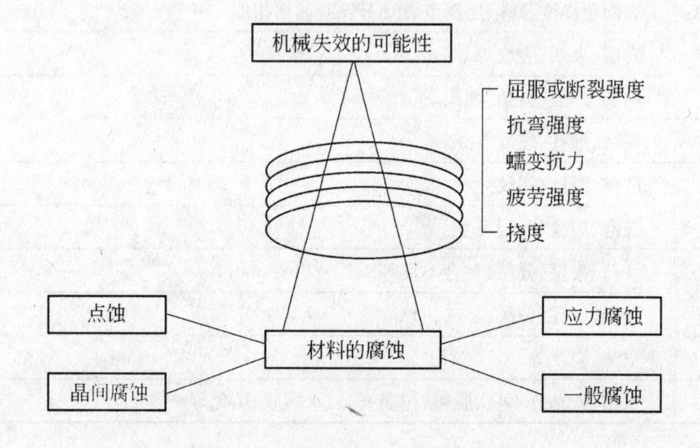

图 3-108　失效模式分析示意图

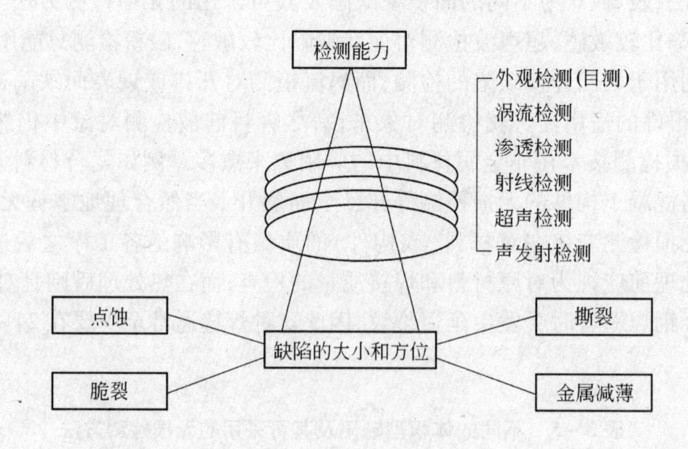

图 3-109　腐蚀性缺陷产生的原因和无损检测方法

NDE 技术的应用不仅仅限于冶金学领域,它还能监控被检对象内部损伤和疲劳积累的程度,金三角(图 3-110)表达了这种思想的内涵。即 NDE 是把材料微观结构与直观测量力学性能的方法相联系,同时还与决定力学性能的微观因子相结合,这些细微的工作是利用计算机模拟以及神经网络系统等先进工具进行的。

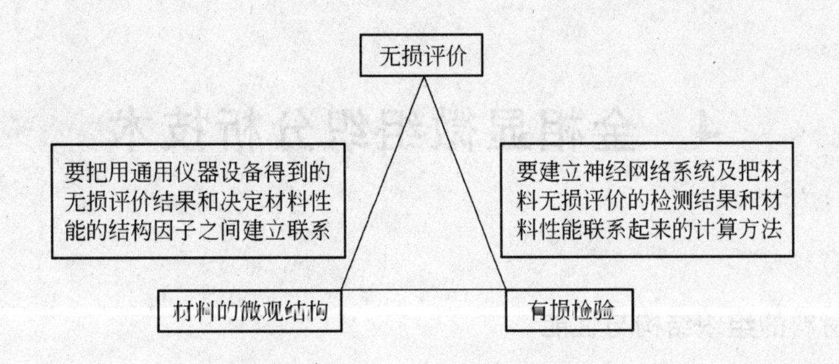

图3-110 金三角(NDE模式简图)

总之,面对一个NDE工程设计,设计师对被检对象的物理性能要有清楚的了解,对其失效形式及失效理论有明确的分析,对可能进行的检测方法要有详细的布局。

4　金相显微组织分析技术

4.1　概述

4.1.1　金属材料的组织结构与性能

4.1.1.1　组织结构与性能的关系

结构决定性能是自然界永恒的规律。材料的性能(包括力学性能与物理性能)是由其内部的微观组织结构所决定的。不同种类材料固然具有不同的性能,即使是同一种材料经不同工艺处理后得到不同的组织结构时,也具有不同的性能(例如同一种钢淬火后得到的马氏体硬,而退火后得到的珠光体软)。有机化合物中同分异构体的性能也各不相同。

4.1.1.2　微观组织结构控制

在认识了材料的组织结构与性能之间的关系及显微组织结构形成的条件与过程机理的基础上,则可以通过一定的方法控制其显微组织形成条件,使其形成预期的组织结构,从而具有所希望的性能。例如:在加工齿轮时,预先将钢材进行退火处理,使其硬度降低,以满足容易车、铣等加工工艺性能要求;加工好后再进行渗碳淬火处理,使其强度、硬度提高,以满足耐磨损等使用性能要求。

4.1.2　显微组织结构的内容

材料的显微组织结构所涉及的内容大致如下:(1)显微化学成分(不同相的成分、基体与析出相的成分、偏析等);(2)晶体结构与晶体缺陷(面心立方、体心立方、位错、层错等);(3)晶粒大小与形态(等轴晶、柱状晶、枝晶等);(4)相的成分、结构、形态、含量及分布(球、片、棒、沿晶界聚集或均匀分布等);(5)界面(表面、相界与晶界);(6)位向关系(惯习面、孪生面、新相与母相);(7)夹杂物;(8)内应力(喷丸表面,焊缝热影响区等)。

4.1.3　传统的显微组织结构与成分分析测试方法

4.1.3.1　光学显微镜

光学显微镜是最常用的也是最简单的观察材料显微组织的工具。

A　光学显微镜原理与结构

光学显微镜是利用光学原理,把人眼所不能分辨的微小物体放大成像,以供人们提取微细结构信息的光学仪器。光学显微镜一般由载物台、聚光照明系统、物镜、目镜和调焦机构组成,如图4-1所示。载物台用于承放被观察的物体。利用调焦旋钮可以驱动调焦机构,使载物台做粗调和微调的升降运动,使被观察物体调焦清晰成像。它的上层可以在水平面内做精密移动和转动,一般都把被观察的部位调放到视场中心。

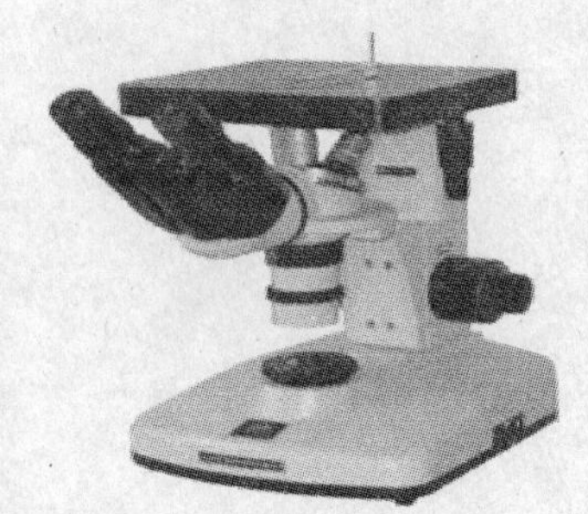

图4-1　光学显微镜

聚光照明系统由灯源和聚光镜构成,聚光镜的功能是使更多的光能集中到被观察的部位。照明灯的光谱特性必须与显微镜的接收器的工作波段相适应。

物镜位于被观察物体附近，是实现第一级放大的镜头。在物镜转换器上同时装着几个不同放大倍率的物镜，转动转换器就可让不同倍率的物镜进入工作光路，物镜的放大倍率通常为5～100倍。

物镜是显微镜中对成像质量优劣起决定性作用的光学元件。常用的有能对两种颜色的光线校正色差的消色差物镜；质量更高的还有能对三种色光校正色差的复消色差物镜；能保证物镜的整个像面为平面，以提高视场边缘成像质量的平像场物镜。高倍物镜中多采用浸液物镜，即在物镜的下表面和标本片的上表面之间填充折射率为1.5左右的液体，它能显著地提高显微观察的分辨率。

目镜是位于人眼附近实现第二级放大的镜头，镜放大倍率通常为5～20倍。按照所能看到的视场大小，目镜可分为视场较小的普通目镜和视场较大的大视场目镜（或称广角目镜）两类。

载物台和物镜两者必须能沿物镜光轴方向做相对运动以实现调焦，获得清晰的图像。用高倍物镜工作时，容许的调焦范围往往小于微米，所以显微镜必须具备极为精密的微动调焦机构。

显微镜放大倍率的极限即有效放大倍率，显微镜的分辨率是指能被显微镜清晰区分的两个物点的最小间距。分辨率和放大倍率是两个不同的但又互有联系的概念。

当选用的物镜数值孔径不够大，即分辨率不够高时，显微镜不能分清物体的微细结构，此时即使过度地增大放大倍率，得到的也只能是一个轮廓虽大但细节不清的图像，称为无效放大倍率。反之如果分辨率已满足要求而放大倍率不足，则显微镜虽已具备分辨的能力，但因图像太小而仍然不能被人眼清晰视见。所以为了充分发挥显微镜的分辨能力，应使数值孔径与显微镜总放大倍率合理匹配。

聚光照明系统是对显微镜成像性能有较大影响，但又是易于被使用者忽视的环节。它的功能是提供亮度足够且均匀的物面照明。聚光镜发来的光束应能保证充满物镜孔径角，否则就不能充分利用物镜所能达到的最高分辨率。为此目的，在聚光镜中设有类似照相物镜中的可以调节开孔大小的可变孔径光阑，用来调节照明光束孔径，以与物镜孔径角匹配。

改变照明方式，可以获得亮背景上的暗物点（称亮视场照明）或暗背景上的亮物点（称暗视场照明）等不同的观察方式，以便在不同情况下更好地发现和观察微细结构。

它能直观地反映材料样品的组织形态（如晶粒大小，珠光体还是马氏体，焊接热影响区的组织形态，铸造组织的晶粒形态等）。但由于其分辨本领低（约200nm）和放大倍率低（约1000倍），因此只能观察到10^2nm尺寸级别的组织结构，而对于更小的组织形态与单元（如位错，原子排列等）则无能为力。同时由于光学显微镜只能观察表面形态而不能观察材料内部的组织结构，更不能对所观察的显微组织进行同位微区成分分析，而目前材料研究中的微观组织结构分析已深入到原子的尺度，因此光学显微镜已远远满足不了当前材料研究的需要。

B 光学显微镜分类

光学显微镜有多种分类方法：按使用目镜的数目可分为双目和单目显微镜；按图像是否有立体感可分为立体视觉和非立体视觉显微镜；按观察对象可分为生物和金相显微镜等；按光学原理可分为偏光、相衬和微差干涉对比显微镜等；按光源类型可分为普通光、荧光、红外光和激光显微镜等；按接收器类型可分为目视、摄影和电视显微镜等。常用的显微镜有双目体视显微镜、金相显微镜、偏光显微镜、紫外荧光显微镜等。

双目体视显微镜是利用双通道光路，为左右两眼提供一个具有立体感的图像。它实质上是两个单镜筒显微镜并列放置，两个镜筒的光轴构成相当于人们用双目观察一个物体时所形成的视角，以此形成三维空间的立体视觉图像。双目体视显微镜在生物、医学领域广泛用于切片操作和显微外科手术；在工业中用于微小零件和集成电路的观测、装配、检查等工作。

金相显微镜是专门用于观察金属和矿物等不透明物体金相组织的显微镜。这些不透明物体无法在普通的透射光显微镜中观察，故金相和普通显微镜的主要差别在于前者以反射光照明，而后者以透射光照明。在金相显微镜中照明光束从物镜方向射到被观察物体表面，被物面反射后再返回物镜成像。这种反射照明方式也广泛用于集成电路硅片的检测工作。

紫外荧光显微镜是用紫外光激发荧光来进行观察的显微镜。某些标本在可见光中觉察不到结构细节，但经过染色处理，以紫外光照射时可因荧光作用而发射可见光，形成可见的图像。这类显微镜常用于生物学和医学中。

电视显微镜和电荷耦合器显微镜是以电视摄像靶或电荷耦合器作为接收元件的显微镜。在显微镜的实像面处装入电视摄像靶或电荷耦合器取代人眼作为接收器，通过这些光电器件把光学图像转换成电信号的图像，然后对之进行尺寸检测、颗粒计数等工作。这类显微镜可以与计算机联用，这便于实现检测和信息处理的自动化，多应用于需要进行大量繁琐检测工作的场合。

扫描显微镜是成像光束能相对于物面做扫描运动的显微镜。在扫描显微镜中依靠缩小视场来保证物镜达到最高的分辨率，同时用光学或机械扫描的方法，使成像光束相对于物面在较大视场范围内进行扫描，并用信息处理技术来获得合成的大面积图像信息。这类显微镜适用于需要高分辨率的大视场图像的观测。

4.1.3.2　化学分析

采用化学分析方法测定钢的成分只能给出一块试样的平均成分（所含每种元素的平均含量），并可以达到很高的精度，但不能给出所含元素分布情况（如偏析，同一元素在不同相中的含量不同等）。光谱分析给出的结果也是样品的平均成分。而实际上元素在钢中的分布不是绝对均匀的，即在微观上是不均匀的。恰恰是这种微区成分的不均匀性造成了微观组织结构的不均匀性，以致带来微观区域性能的不均匀性，这种不均匀性对材料的宏观性能有重要的影响作用。例如在淬火钢中，未溶碳化物附近的高碳区形成硬脆的片状马氏体，而含碳量较低的区域则形成强而韧的板条马氏体。片状马氏体在承载时往往易形成脆性裂纹源，并逐渐扩展而造成断裂。

4.1.4　X 射线衍射与电子显微镜

4.1.4.1　X 射线衍射

X 射线衍射（XRD，X - Ray Diffraction）是利用 X 射线在晶体中的衍射现象来分析材料的晶体结构、晶格参数、晶体缺陷（位错等）、不同结构相的含量及内应力的方法。这种方法是建立在一定晶体结构模型基础上的间接方法。即根据与晶体样品产生衍射后的 X 射线信号的特征去分析计算出样品的晶体结构与晶格参数，并可以达到很高的精度。然而由于它不是像显微镜那样直观可见的观察，因此也无法把形貌观察与晶体结构分析微观同位地结合起来。由于 X 射线聚焦的困难，所能分析样品的最小区域（光斑）在毫米数量级，因此对微米及纳米级的微观区域进行单独选择性分析也是无能为力的。

4.1.4.2　电子显微镜

电子显微镜（EM，Electron Microscope）是用高能电子束作光源，用磁场作透镜制造的具有高分辨率和高放大倍数的电子光学显微镜。

（1）透射电子显微镜（TEM，Transmission Electron Microscope）。TEM 是采用透过薄膜样品的电子束成像来显示样品内部组织形态与结构的。因此它可以在观察样品微观组织形态的同时，对所观察的区域进行晶体结构鉴定（同位分析）。其分辨率可达 10^{-1}nm，放大倍数可达 10^6 倍。

（2）扫描电子显微镜（SEM，Scanning Electron Microscope）。SEM 是利用电子束在样品表面扫

描激发出来代表样品表面特征的信号成像的。最常用来观察样品表面形貌(断口等)。分辨率可达到1nm,放大倍数可达 2×10^5 倍。还可以观察样品表面的成分分布情况。

(3)电子探针显微分析(EPMA,Electron Probe Micro - Analysis)。EPMA 是利用聚焦得很细的电子束打在样品的微观区域,激发出样品该区域的特征 X 射线,分析其 X 射线的波长和强度来确定样品微观区域的化学成分。将扫描电镜与电子探针结合起来,则可以在观察微观形貌的同时对该微观区域进行化学成分同位分析。

(4)扫描透射电子显微镜(STEM,Scanning Transmission Electron Microscope)。STEM 同时具有 SEM 和 TEM 的双重功能,如配上电子探针附件(分析电镜)则可实现对微观区域的组织形貌观察,晶体结构鉴定及化学成分测试三位一体的同位分析。

4.2 扫描电子显微分析

4.2.1 概述

扫描电子显微镜(Scanning Electron Microscope)简称扫描电镜或 SEM,是利用聚焦电子束在试样上扫描,激发的某些物理信号来调试一个同步扫描的显像管在相应位置的亮度而成像的一种显微镜。

早在 1935 年,德国的 Knoll 就提出了扫描电镜的工作原理。1938 年,Ardenne 开始进行实验研究,到 1942 年,Zworykin. Hill 制成了第一台实验室用的扫描电镜,但正式作为商品,那是 1965 年的事。70 年代开始,扫描电镜的性能突然提高很多,其分辨率优于 20nm 和放大倍数达 100000 倍者,已是普通商品信誉的指标,实验室中制成扫描透射电子显微镜已达到优于 0.5nm 分辨率的新水平。1963 年,A. V. Grewe 研制的场发射电子源用于扫描电镜,该电子源的亮度比普通热钨丝大 $10^3\sim10^4$ 倍,而电子束径却较小,大大提高了分辨率。将这种电子源用以扫描透射电镜,分辨率达十分之几纳米,可观察到高分子中置换的重元素,引起人们极大的注意。此外,在这一时期还增加了许多图像观察,如吸收电子图像、电子荧光图像、扫描透射电子图像、电位对比图像、X 射线图像,还安装了 X 射线显微分析装置等。因而一跃而成为各种科学领域和工业部门广泛应用的有力工具。从地学、生物学、医学、冶金、机械加工、材料、半导体制造、微电路检查,到月球岩石样品的分析,甚至纺织纤维、玻璃丝和塑料制品、陶瓷产品的检验等均大量应用扫描电镜作为研究手段。

目前,扫描电镜在向追求高分辨率、高图像质量发展的同时,也在向复合型发展。这种把扫描、透射、微区分析结合为一体的复合电镜,使得同时进行显微组织观察、微区成分分析和晶体学分析成为可能,因此成为自 20 世纪 70 年代以来最有用途的科学研究仪器之一。

4.2.2 扫描电镜的工作原理及结构

4.2.2.1 工作原理

图 4-2 所示为扫描电镜的原理示意图。由最上边电子枪发射出来的电子束,经栅极聚焦后,在加速电压作用下,经过 2~3 个电磁透镜所组成的电子光学系统,电子束会聚成一个细的电子束聚焦在样品表面。在末级透镜上边装有扫描线圈,在它的作用下使电子束在样品表面扫描。由于高能电子束与样品物质的交互作用,结果产生了各种信息:二次电子、背反射电子、吸收电子、X 射线、俄歇电子、阴极发光和透射电子等。这些信号被相应的接收器接收,经放大后送到显像管的栅极上,调制显像管的亮度。由于经过扫描线圈上的电流是与显像管相应的亮度一一对应,也就是说,电子束打到样品上一点时,在显像管荧光屏上就出现一个亮点。扫描电镜就是这样采用逐点成像的方法,把样品表面不同的特征,按顺序、成比例地转换为视频信号,完成一帧图

像,从而在荧光屏上可观察到样品表面的各种特征图像。

4.2.2.2　工作方式

在扫描电镜中,用来成像的信号主要是二次电子,其次是背反射电子和吸收电子,X射线和俄歇电子主要用于成分分析,其他一些信号也有一定的用途。下面介绍几种主要信号:

(1)二次电子,是从表面5~10nm层内发射出来的,能量小于50eV的电子。它对试样表面状态非常敏感,能非常有效地显示试样表面的微观形貌。由于它发自试样表面层,入射电子还没有被多次散射,因此产生二次电子的面积与入射电子的照射面积基本相同,所以二次电子的空间分辨率较高,一般可达5~10nm。

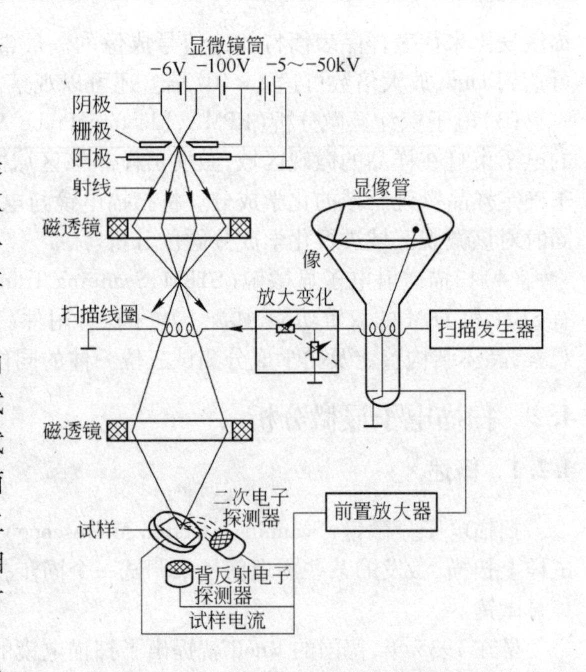

图4-2　扫描电镜原理示意图

(2)背反射电子,是入射电子在试样中受原子核卢瑟福散射而形成的大角度散射的电子,它们能量损失很小,其能量值接近入射电子能量。由于入射电子进入试样较深,入射电子束已被散射开,因此电子束斑直径较二次电子的束斑直径要大,所以背反射电子成像分辨率较低,一般在50~200nm。

(3)吸收电子,是入射电子中一部分与试样作用后能量损失殆尽,不能再逸出表面,这部分就是吸收电子。吸收电子像与二次电子像和背反射电子像的反差是互补的,它的反差决定试样表面的形貌和原子序数,其分辨率一般为0.1~1.0μm。

(4)X射线,当入射电子与核外电子作用,产生非弹性散射,外层电子脱离原子变成二次电子,使原子处于较高能量的激发状态,它是一种不稳定状态,外层电子迅速填充内层电子空位而使能量降低,这时就有能量释放出来,即从样品的原子内部发射出具有一定能量的特征X射线,发射深度为0.5~5μm。

(5)俄歇电子,是由试样表面及有限的几个原子层中发射的并且有特征能量的二次电子,称作俄歇电子,其能量一般为1000eV。常用这种信号进行表面成分分析。

4.2.2.3　扫描电镜的结构

扫描电镜由电子光学系统(电子枪、电磁透镜、扫描线圈、消像散器、光圈、样品室),信号收集及显示系统,真空系统,电源及控制系统等部分组成。

A　电子光学系统

只介绍电磁透镜、扫描线圈及样品室。

a　电磁透镜

扫描电镜要求有一个尽可能细而又有一定强度的电子束,这主要靠电磁透镜来实现。实际上是把电子枪处的电子束的最小截面圆当作物,经电磁透镜聚焦缩小成像,形成细的电子束针射到试样上。要将电子束直径缩小几千倍,主要是前边两个透镜,连同末级透镜一起使电子束聚细。末级透镜(物镜)比较特殊,采用上下极靴不同孔径不对称的磁透镜,这样可大大减小下极靴的圆孔直径,从而减少试样表面的磁场,避免磁场对二次电子轨迹的干扰,不影响对二次电子的收集。另外,末级透镜中要有一定空间,用来容纳扫描线圈和消像散器。

b 扫描线圈

扫描线圈能使电子束作光栅扫描,与显示系统的CRT(显像管)扫描线圈由同一个锯齿波发生器控制,以保证镜筒中的电子束与显示系统的CRT中的电子束的偏转严格同步。

c 样品室

最重要的部件之一是样品台,它应容纳大的试样,还要能进行三维空间的移动、倾斜和转动,活动范围很大,要求精度很高,振动要小,这样才能适应多种多样分析的要求。

B 信号的收集和显示系统

a 信号的收集

对扫描电镜来说,最重要的待测信号是二次电子和背散射电子,它们通常用闪烁体计数器测量。闪烁体计数器是由闪烁体、光电管、光电倍增器组成,如图4-3所示。闪烁体一端加工成半球形,另一端与光导管连接。在半球形接收端蒸镀几十纳米厚的铝膜,既可作反光层,屏蔽杂散光的干扰,又可作高压电极,其上加6~10kV正高压,吸引和加速进入栅网的电子。当检测二次电子时,栅网加250~500V正压,吸引二次电子,可加大有效的检测立体角。当检测背散射电子时,栅网上加负50V偏压,阻止二次电子进入栅网,并对背散射电子有一定的聚焦作用。当信号电子撞击并进入闪烁体时将引起电离。当离子和自由电子复合时产生可见光,沿光导管送到光电倍增器进行放大,输出电流经电流—电压转换和视频放大器放大,可直接调制CRT的栅极电位,得到一幅供观察和照相的图像。

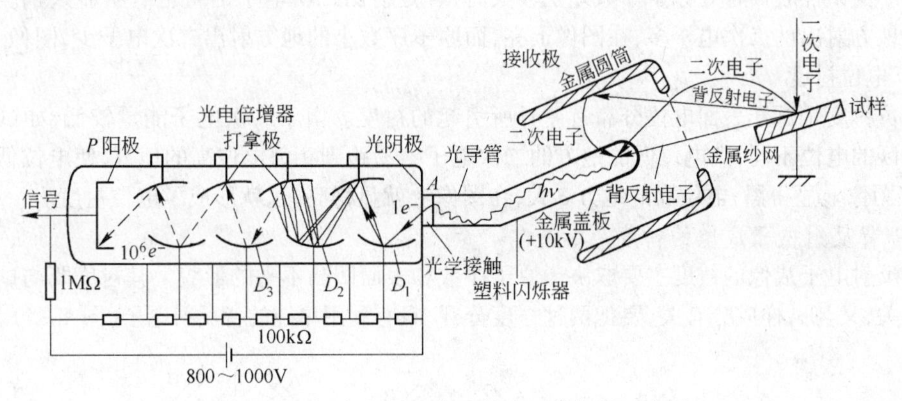

图4-3 二次电子和背反射电子收集器示意图

b 显示系统

上边检测器收集的信号,最终在阴极射线管上得到放大的像。显示装置一般有两个显示通道:一个用来观察,另一个供记录用(照相)。观察用长余晖显像管,由于这种阴极射线管中初始电子打到荧光屏上所产生的光,能在周围的磷光中激发出荧光。照相记录用短余晖显像管,有较高的分辨率。观察时为了便于调焦,采用尽可能快的扫描速度,而拍照时为了得到分辨率高的图像,要尽可能采用慢的扫描速度。

4.2.2.4 扫描电镜的成像衬度

影响二次电子像衬度的因素很多,主要有表面凹凸形貌造成的衬度,原子序数差别造成的衬度及表面电压有差别造成的衬度。

A 二次电子衬度

a 形貌衬度

形貌衬度是由试样表面凹凸不平造成的。二次电子是低能电子,在逸出过程易被样品吸收,只有在近表层产生的二次电子才能逸出表面，其逸出深度为 L，见图 4－4（a）。设入射电子方向与表面法线方向的夹角为 θ，见图 4－4（b），则入射电子在较长的路程上与样品原子作用所激发的低能电子都有可能逸出，因此产生二次电子的数量 δ 正比于夹角的正割，即 $\delta \propto \sec\theta$。此外，由于逸出深度是固定的，所以尖棱和棱角处的 δ 增加，而沟槽和孔穴处的 δ 减少，使图像上各处亮度不同。

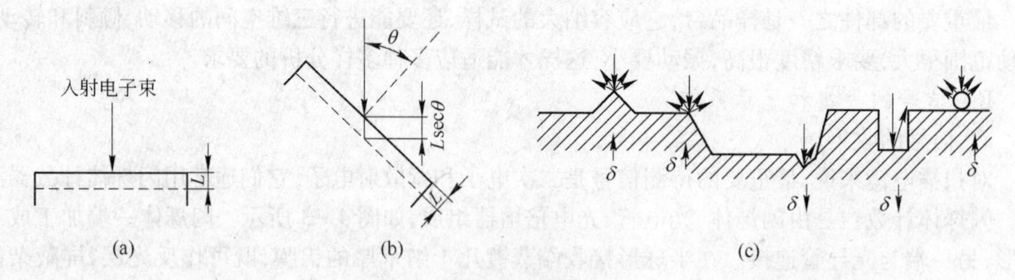

图 4－4　形貌衬度的产生

（a）—二次电子的逸出深度；（b）—倾角对 δ 的影响；（c）—棱角及沟槽对 δ 的影响

b　成分衬度

成分衬度是由试样表面不同部位原子序数不同造成的。在试样中发生的二次电子有两类，一类是直接由入射电子产生，主要显示试样表面形貌；另一类是背反射电子激发出来的，形成像的背底。当试样表面各处原子序数差别较大时，各处射出二次电子的量也有明显差别。原子序数大的地方射出的二次电子多，在图像上亮，而原子序数小的地方射出二次电子少，图像上就暗。

c　电位衬度

电位衬度是试样表面电位分布有差异所引起的衬度。由于二次电子能量较低，如试样表面不同微区的电位不同，则电位低的地方的二次电子容易跑到相邻电位高的地方，使电位低的地方 δ 小，在图像上显得黑；电位高的地方 δ 大，在图像上就显得亮，这就形成了电位衬度。

B　背反射电子成像的衬度

背反射电子成像的衬度主要取决于原子序数和表面凹凸不平的形貌。其衬度既与试样表面形貌有关，又与试样成分有关，要把两种衬度分开，只有利用单纯的背反射电子（图 4－5）。用 A、

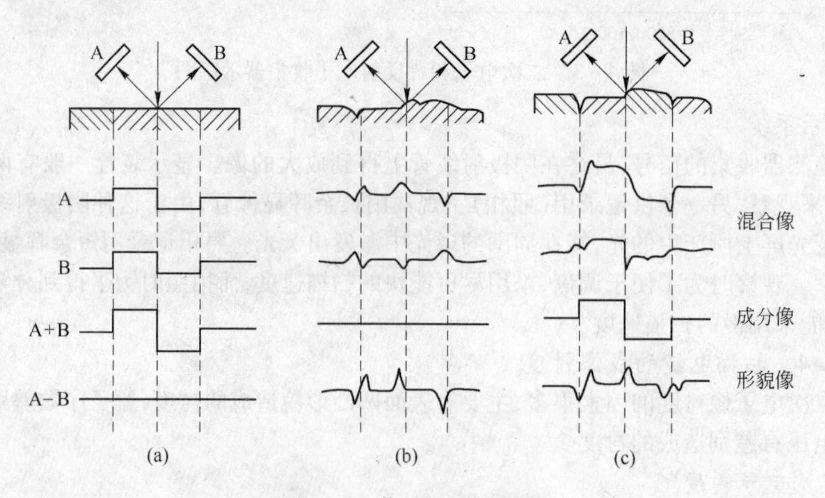

图 4－5　信号处理示意图

（a）—试样表面光滑成分不均匀；（b）—试样表面不光滑成分均匀；（c）—试样表面不光滑成分不均匀

B两个检测器,放在相对于入射束对称的两个位置上。当两检测器不加正偏压时,它们收集的是背反射电子。这时由于原子序数不同,所产生的衬度效果在A、B两检测器上是相同的,表面形貌产生的衬度效果是相反的。如果取两检测器信号之和,则反映原子序数衬度,如取它们之差则反映形貌衬度。

C 吸收电子像的衬度

吸收电子像的衬度是与背反射电子像和二次电子像的衬度互补的。

D 信号处理的人工衬度

信号处理的人工衬度是通过人为的调节改变图像的衬度。

4.2.3 样品的制备方法

用于扫描电镜的样品分为两类:一是导电性良好的样品,一般可以保持原始形状,不经或稍经清洗,就可放到电镜中观察;二是不导电的样品,或在真空中有失水、放气、收缩变形现象的样品,需经适当处理,才能进行观察。制备样品应考虑以下几个问题:

(1)试样必须是干净的固体(块状、粉末或沉积物),在真空中能保持稳定。含有水分的试样应先进行脱水处理,并要采取措施防止试样因脱水而变形。对木材、催化剂等容易吸气的多孔试样应在预抽气室适当预抽。有些试样因表面生锈或被尘埃污染而影响观察,必须进行适当清洗后再观察。粘有油污的试样,是造成样品荷电的重要原因,必须先用丙酮等溶剂仔细清洗。

(2)试样应有良好的导电性,或样品表面至少要有良好的导电性。导电性不好或不导电的样品,如高分子材料、陶瓷、生物样品等,在入射电子照射下,表面易积累电荷,严重影响图像质量。因此对不导电的样品,必须进行真空镀膜,在样品表面蒸镀一层厚约10nm的金属膜或碳膜,以避免荷电现象。采用真空镀膜技术,除了能防止不导电样品产生荷电外,还可增加试样表面的二次电子发射率,提高图像衬度,并能减少入射电子束对试样的辐射损伤。

(3)试样尺寸不能过大,必须能放置在试样台上。一般扫描电镜最大允许尺寸为ϕ25mm,高20mm。对金属断口及质量事故中的一些样品,可保持原始形状放到扫描电镜中观察,但过大的试样必须分割,分割试样时要注意不要损伤观察表面。

(4)用波长色散X射线光谱仪进行元素分析时,分析样品应事先进行研磨抛光,以免样品表面的凹凸部分影响X射线检测。采用X射线能谱仪进行元素分析时,则允许样品表面有一定的起伏。

(5)生物样品,因其表面常附有黏液、组织液,体内含有水分等,用扫描电镜观察前,一般都要进行脱水干燥、固定、染色、真空镀膜等处理。

4.2.4 扫描电镜在材料研究中的应用

扫描电镜的像衬度主要是利用样品表面微区特征(如形貌、原子序数或化学成分、晶体结构或位向等)的差异,在电子束作用下产生不同强度的物理信号,导致阴极射线管荧光屏上不同的区域不同的亮度差异,从而获得具有一定衬度的图像。

4.2.4.1 表面形貌衬度及其应用

表面形貌衬度是利用二次电子信号作为调制信号而得到的一种像衬度。由于二次电子信号主要来自样品表层5~10nm深度范围,它的强度与原子序数没有明确的关系,而仅对微区截面相对于入射电子束的位向十分敏感,且二次电子像分辨率比较高,所以特别适用于显示形貌衬度。此外,由于检测器上加正偏压,使得低能二次电子可以走弯曲轨迹被检测器吸引,这就使得背向检测器的那些区域仍有一部分二次电子到达检测器,而不至于形成阴影。基于这些优点,使得二次电子像成为扫描电镜应用最广的一种方式,尤其在失效工件的断口检测,各种材料形貌特征观察上，成为目前最方便、最有效的手段。

A　断口分析

工程构件的断裂分析无论在理论上还是在应用上都是十分有用的。断裂分析包括宏观分析和微观分析，通过断口分析可以揭示断裂机理，判断裂纹性质及原因，裂纹源及走向；还可以观察到断口中的外来物质或夹杂物。由于扫描电镜的特点，使得它在现有各种断裂分析方法中占有突出的地位。

材料断口的微观形貌往往与其化学成分、显微组织、制造工艺及服役条件存在密切联系，所以断口形貌的确定对分析断裂原因常常具有决定性作用。

金属材料断口按断裂性质可分为脆性断口、韧性断口、疲劳断口及环境因素断口；按断裂途径可分为穿晶断口、沿晶断口及混合断口。

a　韧窝断口

这是一种伴随有大量塑性形变的断裂方式，宏观断口为纤维状。在拉伸试验时，当应力超过屈服强度并开始塑性变形，这时材料内部的夹杂物、析出相、晶界、亚晶界或其他塑性形变不连续的地方将发生位错塞积，产生应力集中，进而开始形成显微孔洞。随着应变增加，显微孔洞不断增大，相互吞并，直到材料发生颈缩和破断。结果在断口上形成许多微孔坑，称为韧窝，在韧窝中心往往残留有引起开裂的夹杂物。韧性较好的结构材料，在常温冲击试验条件形成韧窝断口。

韧窝的形状与材料断裂时的受力状态有关，单轴拉伸造成等轴韧窝；剪切和撕裂造成拉长或呈抛物线状的韧窝。韧窝的大小和深浅取决于断裂时微孔生核数量和材料本身的相对塑性，若微孔生核数量很多或材料的相对塑性较低，则韧窝的尺寸较小或较浅；反之，尺寸较大或较深。韧窝断口是大多数结构零件在室温条件下的正常断裂方式。图 4 – 6 所示为一典型韧窝断口。

b　解理断裂

解理断裂（图 4 – 7）是金属在拉应力作用下，由于原子间结合键的破坏而造成的穿晶断裂。通常是沿着一定的、严格的结晶学平面发生开裂。例如，在体心立方点阵金属中，解理主要沿{100}面发生，有时也可能沿基体和形变孪晶的界面{112}面发生。在密排六方点阵的金属中，解理沿{001}面发生。在特殊情况下，例如应力腐蚀环境中，面心立方金属也会发生解理。解理是脆性断裂，但并不意味着所有的解理断裂都是脆性的，有时还伴有一定程度的塑性变形。

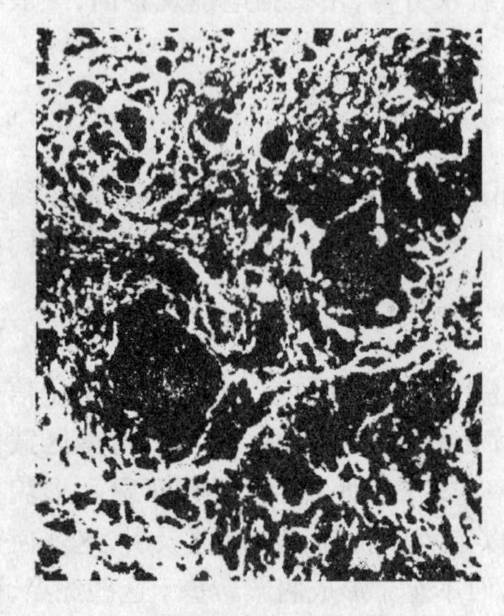

图 4 – 6　韧窝断口微观形貌

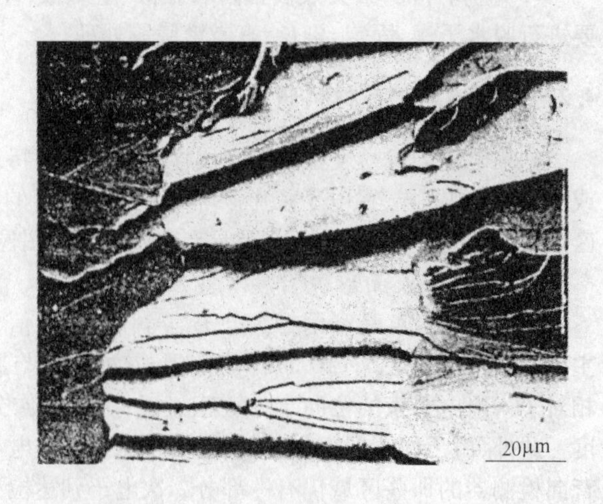

图 4 – 7　解理断口

典型的解理断口具有以下特点，解理断口的典型微观特征为河流花样。从理论上讲在单个晶体内解理断口应是一个平面，但是实际晶体难免存在缺陷，如位错、夹杂物、沉淀相等，所以实际的解理面是一簇相互平行的（具有相同晶面指数）、位于不同高度的晶面。这种不同高度解理面之间存在着的台阶称为解理台阶。在解理裂纹的扩展过程中，众多的台阶相互汇合便形成河流状花样，它由“上游”许多较小的台阶汇合在“下游”较大的台阶，“河流”的流向就是裂纹扩展的方向。可见，河流花样就是裂纹扩展中解理台阶在图像上的表现。裂纹源常常在晶界处，当解理裂纹穿过晶界时将发生“河流”的激增或突然停止，这取决于相邻晶体的位向和界面的性质。

当解理裂纹以很高速度向前扩展时塑性变形只能以机械孪晶的方式进行，这时裂纹沿着孪晶—基体界面进行扩展，在裂纹的前端形成“舌状花样”。这种特征在解理断裂中也经常看到。

此外，羽毛状花样、二次裂纹等，在解理断口也常发现。

准解理断裂（图 4－8）也是一种脆性的穿晶断裂，断裂沿一定的结晶面扩展，也有河流花样，与解理断裂没有本质区别。但其河流一般是从小平面中心向四周发散的（断裂源起于晶粒内的碳化物或夹杂物），形状短而弯曲，支流少，并形成撕裂岭。准解理断口常出现具有回火马氏体组织的碳钢及合金钢中，尤其是在低温冲击试验时。

低温、高应变速率、应力集中及晶粒粗大均有利于解理的发生。解理裂纹一经形成，就会迅速扩展，造成灾难性破断。

c　沿晶断口

沿晶断口又称晶界断裂，如图 4－9 所示，此时断裂沿晶界发生。这是因为晶界往往是析出相、夹杂物及元素偏析较集中的地方，因而其强度受到削弱。沿晶断裂多属脆性，微观上为冰糖状断口。但在某些情况下，例如由于过热而导致的沿原奥氏体晶界开裂的石状断口，在石状颗粒表面上有明显的塑性变形存在，呈韧窝特征，而且韧窝中常有夹杂物，这种断口称为延性沿晶断口。

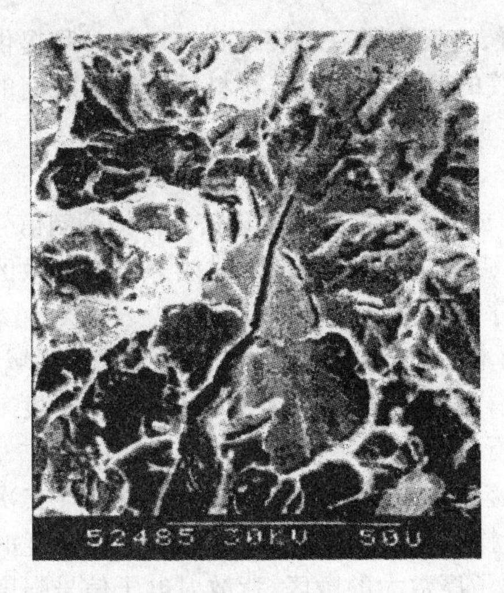

图 4－8　准解理断口

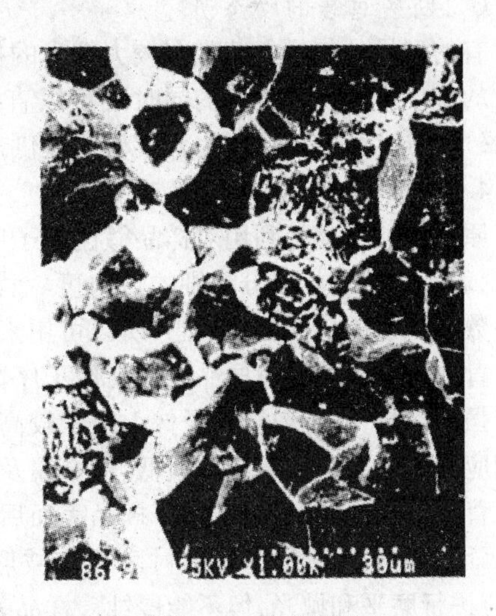

图 4－9　沿晶断口

d　疲劳断口

金属因周期性交变应力引起的断裂称为疲劳断裂。从宏观上看，疲劳断口分为三个区域，即疲劳核心区、疲劳裂纹扩展区和瞬时断裂区。疲劳核心是疲劳裂纹最初形成的地方，一般起源于零件表面应力集中或表面缺陷的位置，如表面槽、孔、过渡小圆角、刀痕和材料内部缺陷（夹杂、白点、气孔等)。疲劳裂纹扩展区(简称疲劳区)裂纹扩展缓慢,断口较为平滑,其微观特征是具有略带弯曲但大致平行的疲劳条纹(与裂纹扩展方向垂直),条纹间距取决于应力循环的振幅。

一般的说,面心立方的金属,如铝及其合金、不锈钢的疲劳效应比较清晰、明显;体心立方金属及密排六方金属中疲劳纹不及前者明显;超高强度钢的疲劳纹短而不连续,轮廓不明显,甚至难以见到,而中、低强度钢则可见明显规则的条纹。形成疲劳纹的条件之一是至少有 1000 次以上的循环寿命。

疲劳又可分为韧性疲劳和脆性疲劳两类,后者的特征是在断口上还能观察到放射状的河流花样,疲劳纹被放射状台阶分割成短而平坦的小段。

e 应力腐蚀开裂断口

应力腐蚀开裂是在一定的介质条件和拉应力共同作用下引起的一种破坏形式。其过程大致是,首先在材料表面产生腐蚀斑点,然后在应力和介质的联合作用下逐渐连接而形成裂纹,并向材料内部侵蚀和扩展,直至断裂。因而其断口宏观形貌与疲劳断口颇为相似,也包括逐渐扩展区和瞬断区两部分,后者一般为延性破坏。

因材料性质和介质不同,应力腐蚀开裂可能是沿晶的,也可能是穿晶的。其断口的微观特征主要是腐蚀坑、腐蚀产物及泥状花样。

B 高倍金相组织观察与分析

扫描电镜不仅在材料断裂研究中有十分重要的价值,同时在观察显微组织、第二相的立体形态、元素的分布以及各种热处理缺陷(过烧、脱碳、微裂纹等)方面,也是一种十分有力的工具。

多相结构材料中,特别是在某些共晶材料和复合材料的显微组织和分析方面,由于可以借助于扫描电镜景深大的特点,所以完全可以采用深侵蚀的方法,把基体相溶去一定的深度,使得欲观察和研究的相显露出来,这样就可以在扫描电镜下观察到该相的三维立体的形态,这是光学显微镜和透射电镜无法做到的。

C 断裂过程的动态研究

有的型号的扫描电镜带有较大拉力的拉伸台装置,这就为研究断裂过程的动态过程提供了很大的方便。在试样拉伸的同时既可以直接观察裂纹的萌生及扩展与材料显微组织之间的关系,又可以连续记录下来,为科学研究提供最直接的证据。

4.2.4.2 原子序数衬度及其应用

原子序数衬度是利用对样品微区原子序数或化学成分变化敏感的物理信号作为调制信号得到的,表示微区化学成分差别的像衬度。背散射电子、吸收电子和特征 X 射线等信号对微区原子序数或化学成分的变化敏感,所以可用来显示原子序数或化学成分的差别。

背散射电子产量随样品中元素原子序数的增大而增加,因而样品上原子序数较高的区域,产生较强的信号,在背散射电子像上显示较高的衬度,这样就可以根据背散射电子像亮暗衬度来判断相应区域原子序数的相对高低,对金属及其合金进行显微组织分析。

背散射电子能量较高,离开样品表面后沿直线轨迹运动,故检测到的信号强度远低于二次电子,因而粗糙表面的原子序数衬度往往被形貌衬度所掩盖。为此,对于显示原子序数衬度的样品,应进行磨平和抛光,但不能侵蚀。样品表面平均原子序数大的微区,背散射电子信号强度较高,而吸收电子信号强度较低,因此,背散射电子像与吸收电子像的衬度正好相反。

4.3 透射电子显微分析

4.3.1 概述

光学显微镜的分辨率受限于光的波长,其分辨率在 0.2μm 左右,而透射电子显微镜(Transmission Electron Microscope)简称透射电镜或 TEM，是以电子束代替光束，其分辨率在 0.2nm 左右。

1924 年德国科学家 Brogliel. De 提出了微观粒子具有二象性的假设，后来这种假设得到了实验证实。1932 年德国的 Knoll 和 Ruska 制造出第一台透射电镜，放大率只有 12 倍，分辨率与光学显微镜差不多。1939 年德国的西门子公司生产出分辨率优于 10nm 的透射电镜商品。1947 年 Le Poole 发展了 TEM 的选区衍射模式，把电子显微像和电子衍射对应起来。1956 年 Hirsh 用衍射动力学法说明衍射衬度，在不锈钢和铝中观察到位错和层错。20 世纪 70 年代形成直接观察二维晶格条纹像和结构像的高潮，形成高分辨电子显微术。现代的透射电镜点分辨率优于 0.3nm，晶格分辨率达到 0.1 ~ 0.2nm，自动化程度相当高，而且具备多方面的综合分析功能。

20 世纪 50 年代以前，透射电镜主要用于微细组织的形貌观察。50 年代后，透射电镜已普遍配有选区电子衍射装置，使它不仅可作高分辨率形貌观察，还可以作微区结构分析。透射电镜除作选区电子衍射外，还可作小角度衍射、高分辨率衍射和高精度衍射等。为了进行动态观察，还配备了试样拉伸、加热和大角度倾转装置，可以观察相的析出过程及晶体缺陷的运动。近年来在透射电镜中又制成了作显微分析的波长色散谱仪及半导体探测器的能量色散谱仪等附件；有的甚至制成电子显微镜 - 电子探针联合装置，这就使透射电镜变成一种能进行微观形貌观察、选区衍射结构分析和微区成分分析的多用途综合性仪器，这对材料科学的研究，弄清微观组织结构非常有效。

4.3.2 透射电镜的结构

尽管目前商品电镜的种类繁多，高性能多用途的透射电镜不断出现，但其成像原理相同，结构类似。图 4 - 10 所示为电镜剖面示意图。各部分的组成及作用简介如下。

4.3.2.1 电子光学部分

整个电子光学部分完全置于镜筒之内，自上而下顺序排列着电子枪、聚光镜、样品室、物镜、中间镜、投影镜、观察室、荧光屏、照相机构等装置。根据这些装置的功能不同又可将电子光学部分分为照明系统、样品室、成像系统及图像观察和记录系统。

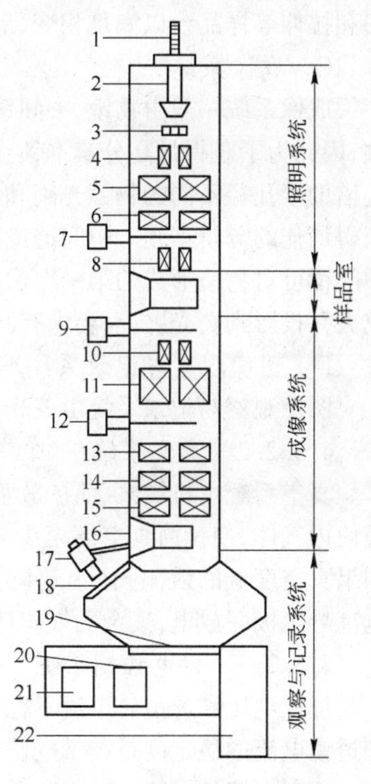

图 4 - 10 电镜剖面示意图

1—高压电缆；2—电子枪；3—阳极；4—束流偏转线圈；5—第一聚光镜；6—第二聚光镜；7—聚光镜光阑；8—电磁偏转线圈；9—物镜光阑；10—物镜消像散线圈；11—物镜；12—选区光阑；13—第一中间镜；14—第二中间镜；15—第三中间镜；16—高分辨衍射室；17—光学显微镜；18—观察窗；19—荧光屏；20—发片盒；21—收片盒；22—照相室

A 照明系统

照明系统由电子枪、聚光镜和相应的平移对中及倾斜调节装置组成。它的作用是为成像系统提供一束亮度高、相干性好的照明光源。为满足暗场成像的需要照明电子束可在 2° ~ 3°范围内倾斜。

a 电子枪

电子枪通常采用发夹式热阴极三极电子枪，它由阴极、栅极和阳极构成。在真空中通电加热后使从阴极发射的电子获得较高的动能形成定向高速电子流。有的新型电镜还采用六硼化镧(LaB_6)及场发射电子枪，它们的寿命、亮度、能量分散和机械性能稳定性均优于钨丝三极电子枪。

b 聚光镜

聚光镜的作用是会聚从电子枪发射出来的电子束，控制照明孔径角、电流密度和光斑尺寸。几乎所有的高性能电镜都采用双聚光镜，这两个透镜一般是整体的。其中第一聚光镜为短焦距强激磁透镜，可将光斑缩小为1/20～1/60，使照明束直径降为0.2～0.75μm；第二聚光镜是长焦距磁透镜，放大倍数一般是2倍，使照射在试样上的束增为0.4～1.5μm左右。在第二聚光镜下面径向插入一个孔径200～400μm的多孔的活动光阑，用来限制和改变照明孔径角。为了使投射到样品上的光斑较圆，在第二聚光镜下方装有机械式或电磁式消像散器。

B 样品室

样品室中有样品杆、样品杯及样品台。透射电镜样品一般放在直径3mm、厚50～100μm的载网上，载网放入样品杯中。样品台的作用是承载样品，并使样品能在物镜极靴孔内平移、倾斜、旋转以选择感兴趣的样品区域进行观察分析。样品台有顶插式和侧插式两种，一般高分辨型电镜采用顶插式样品台。分析型电镜采用侧插式样品台。最新式的电镜上还装有双倾斜、加热、冷却和拉伸等样品台以满足相变、形变等动态观察的需要。

C 成像系统

成像系统一般由物镜、中间镜和投影镜组成。物镜是关键的透镜，决定着透射电镜的分辨本领，因此为了获得最高分辨本领、最佳质量的图像，物镜采用了强激磁、短焦距透镜以减少像差，还借助于孔径不同的物镜光阑和消像散器及进一步降低球差，改变衬度，消除像散，防止污染以获得最佳的分辨本领。中间透镜一般用弱磁透镜，要求其电流可调范围大，用以改变放大倍数。中间镜可对物镜形成的第一次像进行放大或缩小。投影镜是将中间透镜形成的第二次像进一步放大并投影到荧光屏上，要求有高的放大倍数，一般用强磁透镜。

D 图像观察与记录系统

图像观察与记录系统由荧光屏、照相机、数据显示等组成。

4.3.2.2 真空系统

真空系统由机械泵、油扩散泵、换向阀门、真空测量仪表及真空管道组成。它的作用是排除镜筒内气体，使镜筒真空度至少要在10^{-3}Pa以上，目前最好的真空度可以达到10^{-7}～10^{-8}Pa。如果真空度低的话，电子与气体分子之间的碰撞引起散射而影响衬度，还会使栅极与阳极间高压电离导致极间放电，残余的气体还会腐蚀灯丝，污染样品。

4.3.2.3 供电控制系统

加速电压和透镜磁电流不稳定将会产生严重的色差及降低电镜的分辨本领，所以加速电压和透镜电流的稳定度是衡量电镜性能好坏的一个重要标准。

透射电镜的电路主要由高压直流电源、透镜励磁电源、偏转器线圈电源、电子枪灯丝加热电源，以及真空系统控制电路、真空泵电源、照相驱动装置及自动曝光电路等部分组成。另外，许多高性能的电镜上还装备有扫描附件、能谱仪、电子能量损失谱等仪器。

在透射电镜中，电子的加速电压很高，采用的试样很薄，所接受的是透过的电子信号，而人的眼睛不能直接感受电子信号，需要将其转变成眼睛敏感的图像。图像上明暗的差异称为图像的衬度。在不同情况下，电子图像上衬度形成的原理不同，它所能说明的问题也就不同。透射电镜的图像衬度主要有散射（质量－厚度）衬度、衍射衬度和相位差衬度。

4.3.3 透射电镜的图像衬度及电子衍射原理

4.3.3.1 散射衬度

入射电子进入试样后，与试样中原子发生相互作用，使入射电子发生散射。由于试样上各部位散射能力不同所形成的衬度称为散射衬度，其形成原理如图 4－11 所示。

物镜光阑放在物镜的后焦面上，挡住了散射角度大的电子，只有未散射及散射角很小的那部分电子可以通过光阑被物镜聚焦于物镜像平面上。如入射电子束的强度为 I_0，照射在试样的 A 点和 B 点，由于试样各点对电子的散射能力不同，电子束穿过试样上不同点后的散射情况亦不同。设穿过 A 点及 B 点后能通过物镜光阑的电子束强度为 I_A 及 I_B，由于 I_A 与 I_B 的差异，形成了 A′与 B′两像点的亮度不同。假设 A 点比 B 点对电子的散射能力强，则 $I_A < I_B$，在荧光屏上可以看到 A′点比 B′点暗。这样，试样上各点散射能力的差异变成了有明暗反差的电子图像。

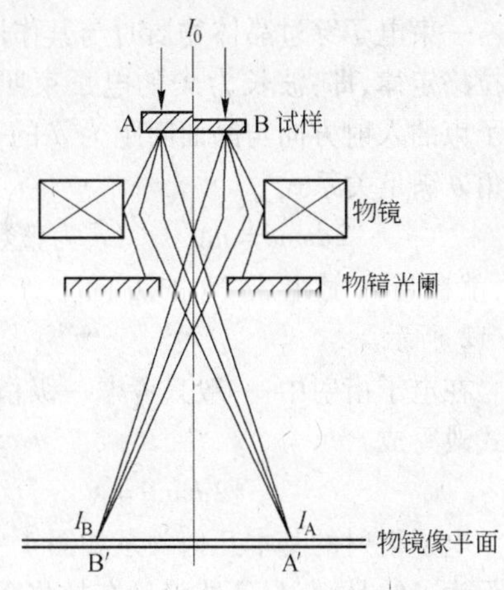

图 4－11 散射衬度的形成

那么如何将电子图像与试样的微观结构联系起来呢？

设强度为 I_0 的电子束照射在试样上，试样的厚度为 t，相对原子质量为 A，密度为 ρ，对电子的散射截面为 σ_α，则参与成像的电子束强度 I 为

$$I = I_0 e^{-\frac{k\sigma_\alpha}{A}\cdot\rho t} \tag{4-1}$$

式中 k——阿伏加德罗常数。

图像上相邻的反差决定成像电子束的强度差

$$G = (I_2 - I_1)/I_2 \tag{4-2}$$

式中 I_1、I_2——相邻两点的成像电子束强度。

将式(4－1)代入式(4－2)，得

$$G = 1 - e^{-k\left(\frac{\sigma_{\alpha 1}}{A_1}\cdot\rho_1 t_1 - \frac{\sigma_{\alpha 2}}{A_2}\cdot\rho_2 t_2\right)} \tag{4-3}$$

由于透射电镜中所用试样很薄，式(4－3)可简化为

$$G = k\left(\frac{\sigma_{\alpha 1}}{A_1}\cdot\rho_1 t_1 - \frac{\sigma_{\alpha 2}}{A_2}\cdot\rho_2 t_2\right) \tag{4-4}$$

可用式(4－4)来分析图像上的衬度与试样微观结构的关系。

(1)图像衬度与试样原子序数及密度的关系

$$G = kt\left(\frac{\sigma_{\alpha 1}\rho_1}{A_1} - \frac{\sigma_{\alpha 2}\rho_2}{A_2}\right)$$

设试样上相邻两点的厚度相同，则由上式可知，图像衬度与原子序数及密度有关。试样中不同的物质，其原子序数及密度不同，可形成图像反差。如相邻部位的原子序数相差越大，电子图像上的反差也越大。

(2)图像衬度与试样厚度的关系。设试样上相邻两点的物质种类和结构完全相同，则

$$G = k\frac{\sigma_\alpha}{A}\rho(t_1 - t_2)$$

在这种情况下，图像的衬度反映了试样上各部位的厚度差异，荧光屏上暗的部位对应的试样厚，亮的部位对应的试样薄，试样上相邻部位的厚度相差越大，得到的电子图像反差越大。

从以上分析可知，散射衬度主要反映了试样的质量和厚度的差异，故也将散射衬度称为质量－厚度衬度。

4.3.3.2　衍射衬度

一束电子穿过晶体物质时与其作用产生衍射现象。与 X 射线的衍射类似，电子衍射也遵循布拉格定律，即：波长为 λ 的电子束照射到晶体上，当电子束的入射方向与晶面间距为 d 的一组晶面之间的夹角 θ 满足关系式

$$2d\sin\theta = n\lambda \qquad (n \text{ 为整数})$$

时，就在与入射束成 2θ 的方向上产生衍射束，如图 4-12 所示。

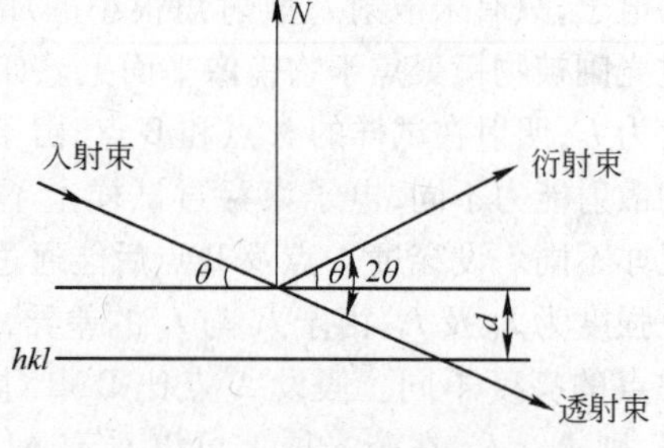

图 4-12　布拉格定律的几何关系

在电子衍射中，一般只考虑一级衍射，可将布拉格公式改写成

$$2d\sin\theta = \lambda$$

电子衍射的基本几何关系如图 4-13 所示，表示面间距为 d 的晶面(hkl)处满足布拉格条件，在距离晶体样品为 L 的底片上照下了透射斑点 O' 和衍射斑点 G'，G' 与 O' 之间的距离为 R。由图 4-13 可知

$$R/L = \tan 2\theta$$

由于在电子衍射中的衍射角非常小，一般只有1°~2°，所以

$$\tan 2\theta \approx 2\sin\theta = \lambda/d$$

可得

$$R/L = \lambda/d$$

$$Rd = L\lambda$$

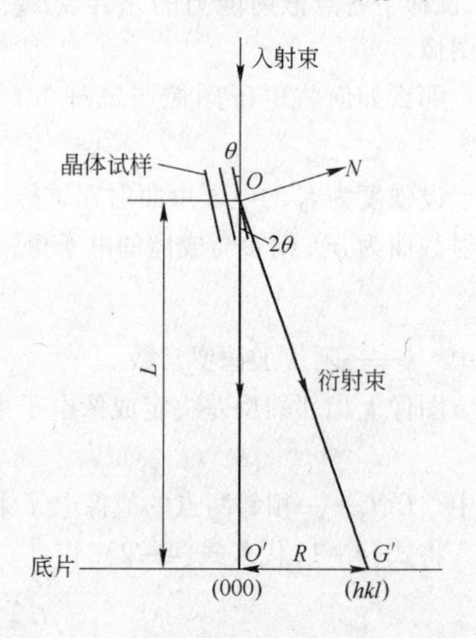

图 4-13　电子衍射的基本几何关系

这是电子衍射的基本公式，式中 L 称为相机长度，是做电子衍射时的仪器常数。根据加速电压可计算出电子束的波长 λ，R 是衍射底片上衍射斑点到透射斑点之间的距离，d 就是该衍射斑点对应的那一组晶面的晶面间距。从底片上测出 R 值，利用一些确定的关系可以对电子衍射花样进行标定和分析。

与 X 射线衍射相比，电子衍射主要有以下几个特点：(1) 在电镜中作电子衍射时，电子的波长比 X 射线的波长短得多，因此电子衍射的衍射角很小，一般只有 1°~2°，而 X 射线衍射角可以大到几十度。(2) 由于物质对电子的散射作用比 X 射线强，因此电子衍射比 X 射线衍射强得多，摄取电子衍射花样的时间只需几秒钟，而 X 射线衍射则需数小时，所以电子衍射有可能研究晶粒很小或者衍射作用相当弱的样品。正因为电子的散射作用强，电子束的穿透能力很小，所以电子衍射只适用于研究薄晶体。(3) 在调节电镜中作电子衍射时，可以将晶体样品的显微像与电子衍射花样结合起来研究，而且可以在很小的区域作选区电子衍射。然而，在结果的精确性和试验方法的成熟程度方面，电子衍射不如 X 射线衍射分析。

前面讲了电子衍射只适用于研究薄晶体。薄晶试样电镜图像的衬度，是由与样品内结晶学性质有关的电子衍射特征所决定的，这种衬度称为衍射衬度，其图像称为衍射图像。

现以单相多晶体样品为例，说明衍射衬度原理。图 4-14 所示为两个不同位向的晶粒产生的衍射衬度。假设试样中 A 和 B 两晶粒的结晶位向不同，且只有 B 晶粒中的某个晶面(hkl)恰好与入射电子束交成布拉格角 θ_B，而其他晶面都不满足布拉格条件，这时，B 晶粒在物镜的后焦面上产生一个强衍射斑点($W_{(hkl)}$)。如果入射电子束的强度为 I_0，样品足够薄，电子的吸收等效

应不用考虑,在满足“双束条件”下,可近似地认为

$$I_B + I_{(hkl)} = I_0$$

式中 I_B——B晶粒的透射束强度;

$I_{(hkl)}$——衍射束强度。

假若A晶粒中所有的晶面都不满足布拉格条件,则A晶粒在物镜后焦面上不产生衍射斑点,这时

$$I_A = I_0$$

式中 I_A——A晶粒的透射束强度。

在物镜的后焦面处放有物镜光阑,其孔只能使透射斑点 $V_{(000)}$ 通过,而挡住了衍射斑点 $W_{(hkl)}$。若在像平面处放一荧光屏,其上对应于B晶粒的像B′处的电子束强度 I_B 为

$$I_B = I_0 - I_{(hkl)}$$

对应于A晶粒的像A′比较亮,而B晶粒的像B′比较暗,于是出现了有明暗反差的图像。

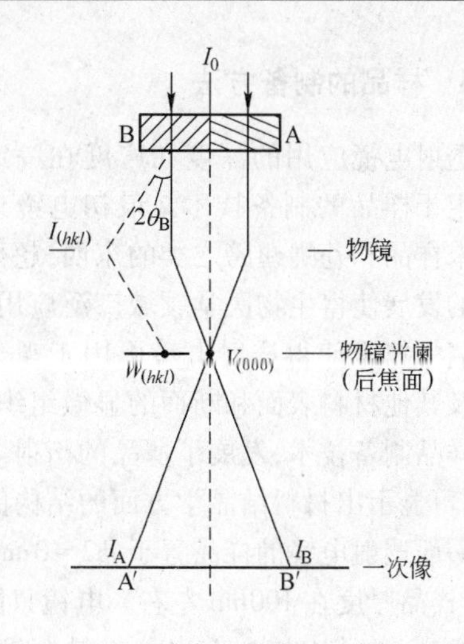

图4-14 晶粒位向不同产生的衍射效应

由于晶体试样上各部位满足布拉格条件的程度不同而形成的电子显微图像是衍衬图像。衍衬像反映试样内部的结晶学特性,不能将衍衬像与实物简单地等同起来,更不能用一般金相显微像的概念来理解薄晶样品的衍衬图像。薄晶样品的电子显微分析必须与电子衍射分析结合起来,才能正确理解图像的衬度。

4.3.3.3 相位衬度

相位衬度是透射电子束和各级衍射束之间相互干涉而形成的。随着电子显微分辨率的不断提高,人们对物质微观世界的观察更加深入,现在已能拍下原子的点阵结构像和原子像。这种高分辨电子显微像的形成原理是相位衬度原理。进行这种观察的试样厚度必须小于10nm,甚至薄到3~5nm。入射电子波穿过极薄的试样后,形成的散射波和直接透射波之间产生相位差,同时有透镜的失焦和球差对相位差的影响,经物镜的会聚作用,在像平面上会发生干涉。由于穿过试样各点后电子波的相位差不同,在像平面上电子波发生干涉形成的合成波也会由此形成图像上的衬度,如图4-15所示。两个衍射波与透射波相互干涉的波峰都交在像平面上以黑点表示的地方,这里将出现亮区。黑点与黑点之间则是衍射波波峰与透射波的波谷相交的地方,那里将出现暗区。

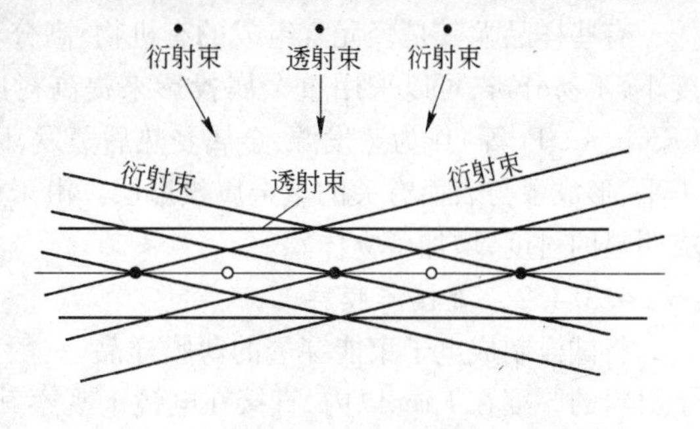

图4-15 透射束与衍射束相互干涉示意图

相位衬度与散射衬度不同,如图4-16所示。在图4-16(a)中,电子束照在试样的 P 点,由于物镜光阑挡住了散射角大的那部分电子波,穿过光阑孔的电子波的强度决定了像点 P' 的亮度,这样形成的是散射衬度。在图4-16(b)中,电子束穿过试样原子后,散射角大的电子波很弱,散射角小的散射电子波也能穿过物镜光阑孔。在穿过光阑孔的电子波中,散射波与直接穿透电子波之间有相位差,到达像平面处发生干涉,决定了像平面处合成波的强度,使像点 P' 具有与试样特征相关的亮度。为了获得更多的信息,进行高分辨观察时,可以选用大孔径物镜光阑。但由于图像上形成的相位衬度值与透镜的失焦量和球差值有关,因此必须选择最佳实验条件,才能得到好的高分辨像。

4.3.4　样品的制备方法

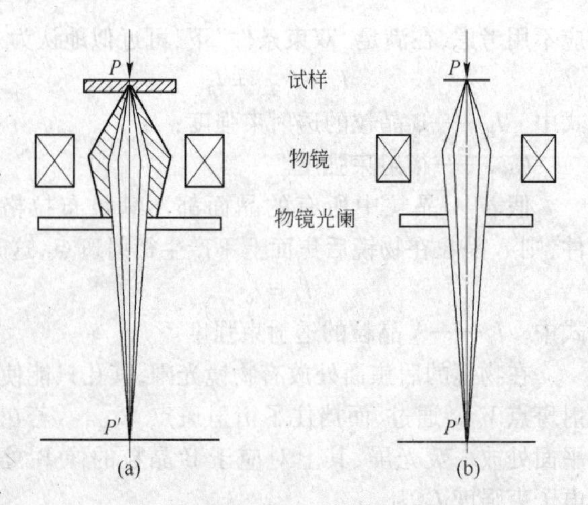

图 4－16　相位衬度与散射衬度的区别

(a)—散射衬度的形成;(b)—相位衬度的形成

透射电镜应用的深度和广度在一定程度上决定于样品的制备技术。最初电镜只能观察粉末样品和苍蝇翅膀之类的东西,超薄切片技术的发展使得生物医学领域广泛应用电镜;表面复型技术使得透射电镜可用于观察大块金属及其他材料表面和断面的显微组织;金属薄膜样品制备技术,发展了薄晶的衍射电子显微术,可显示出材料结晶学方面的结构信息。

一般透射电镜的样品置于 $\phi 2 \sim 3$mm 的铜网上,样品厚度在 100nm 左右。电镜只能研究固体样品,样品中如含有水分或易挥发物质,需预先处理。样品应有足够的强度和稳定性,在电子轰击下不致损坏或发生变化。

4.3.4.1　粉末样品的制备

先在铜网上制备一层支持膜,支持膜要有一定的强度,对电子透明性好,并且不显示自身的结构,常用的有火棉胶膜、碳增强火棉胶膜、碳膜等。火棉胶膜的制备方法是将一滴火棉胶的醋酸异戊酯溶液(浓度 1% ~2%),滴在蒸馏水表面上,在水表面上形成厚度约 20 ~30nm 的薄膜,将薄膜捞在铜网上即可。这种支持膜透明性好,但在电子束轰击下易损坏,有时将这种膜捞在铜网上,然后在真空镀膜机中蒸一层 5 ~10nm 厚的碳层。蒸有碳层的火棉胶支持膜性能好,用得很多。在要求高分辨率的情况下,可把火棉胶支持膜溶掉,得到纯的碳支持膜。

粉末样品在支持膜上必须有良好的分散性,同时又不过分稀疏,这是制备粉末样品的关键。具体的方法有悬浮液法、喷雾法、超声波振荡分散法等,可根据需要选用。

有些样品尤其是轻元素组成的有机物、高分子聚合物等,对电子的散射能力差,因此,散射衬度小,不易分辨,可以采用重金属投影来提高衬度。在真空镀膜机中,选用某种重金属(如 Ag、Cr、Ce、Au、Pt 等)作为蒸发源,金属受热后蒸发,以最大倾斜角投到样品表面,由于样品表面凹凸不平,形成了与表面有关的重金属投影层。由于重金属的散射能力强,投影层与未蒸金属部分形成明显的衬度,增加了立体感。

4.3.4.2　直接薄膜样品

将试样制成电子束能穿透的薄膜样品,一般金属薄膜的厚度是 100 ~200nm,有机物或高分子材料的厚度在 1μm 以内,直接在电镜下观察其形貌及结晶性质。制膜方法有真空蒸发法、溶液凝固(结晶)法、离子轰击减薄法、超薄切片法和金属薄片制备法,使用中应根据样品的性质和研究的要求,选用不同方法。

A　真空蒸发法

在真空蒸发设备中,把被研究材料蒸发并形成薄膜。被研究材料可以是金属或有机物。

B　溶液凝固(结晶)法

用适当浓度溶液滴在某种光滑表面上,待溶液挥发后,溶液凝固成膜。

C　离子轰击减薄法

用离子束将试样逐层剥离,使其减薄,直到适于透射电镜观察。此法适用于金属和非金属样品,尤其是对高聚物、陶瓷、矿物等不能用电解抛光减薄的试样更显示出它的优越性。

D 超薄切片法

试样经预处理后，用环氧树脂或有机玻璃包埋，然后将包埋块放在超薄切片机上用金刚石刀切成50～60nm厚的薄片，再捞到铜网上，供电镜观察用。超薄切片是等厚样品，衬度很小，还要用“染色”的办法来增加衬度，即将某种重金属原子选择性地引入试样的不同部位，以提高衬度。研究高分子材料及催化剂等样品时，经常采用超薄切片方法。

E 金属薄片制备法

金属材料一般都是大块的，要制成电子束能穿透的薄膜，应先从大块材料上切割厚度为0.5mm的薄片，然后用机械研磨或化学抛光法，将薄片减薄至0.1mm，再用电解抛光减薄法或离子减薄法制成厚度小于500nm的薄膜，这时薄膜厚度是不均匀的，从电镜中选择对电子束透明的区域进行形貌和结构分析。

4.3.4.3 透射电镜的复型技术

由于电子束穿透能力很低，因此要求所观察的样品很薄，对于透射电镜常用的75～200kV加速电压来说，样品厚度控制在100～200nm为宜。复型样品是一种间接试样，是用中间媒介物（碳、塑料薄膜）把样品表面浮雕复制下来，利用透射电子的质厚衬度效应，通过对浮雕的观察，间接地得到材料表面组织形貌。

A 塑料－碳二级复型技术

在各种复型制备中，塑料－碳二级复型是一种迄今为止最为稳定和应用最为广泛的一种。该方法在制备过程中不损坏试样表面，重复性好，供观察的碳二级复型——碳膜导热导电好。具体制备方法如下：

(1)在样品表面滴一滴丙酮，然后贴上一片稍大于样品的AC纸(6%醋酸纤维素丙酮溶液制成的薄膜)，注意不可留下气泡或皱折。待AC纸干透后小心揭下。AC纸应反复贴几次以便使试样表面的腐蚀产物或灰尘等去除，将最后一片AC纸留下，这片AC纸就是需要的塑料一级复型。

(2)将得到样品浮雕的AC纸复型面朝上平整地贴在衬有纸片的胶带纸上。

(3)上述的复型放入真空镀膜机内进行投影重金属，最后在垂直方向上喷镀一层碳，从而得到醋酸纤维素－碳的复合复型。

(4)将复合复型剪成小于ϕ3mm小片投入丙酮溶液中，待醋酸纤维素溶解后，用铜网将碳膜捞起。

(5)将捞起的碳膜连同铜网一起放到滤纸上吸干水分，经干燥后即可入电镜进行观察。整个制备过程如图4－17所示。

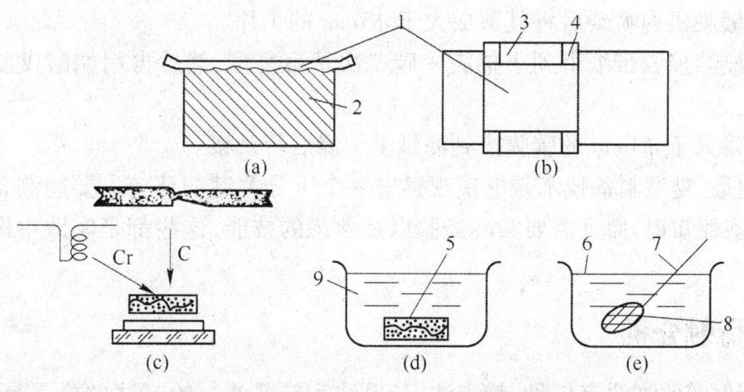

图4－17 塑料－碳二级复型制备过程

1—一级复型(AC纸)；2—金相样品；3—衬纸；4—胶带纸；
5—复合复型；6—碳复型；7—镊子；8—铜网；9—丙酮

B　萃取复型技术

萃取复型法是样品制备中最重要的进展之一,其目的在于如实地复制样品表面的形貌,同时又把细小的第二相颗粒(如金属间化合物、碳化物和非金属夹杂物等)从腐蚀的金属表面萃取出来,嵌在复型中,被萃取出的细小颗粒的分布与它们原来在样品中的分布完全相同,因而复型材料就提供了一个与基体结构一样的复制品。萃取出来的颗粒具有相当好的衬度,而且可在电镜下做电子衍射分析。

萃取复型方法也有很多种,常见的有碳萃取复型和火棉胶 - 碳二次萃取复型两种方法。

a　碳萃取复型方法

(1)按一般金相试样的要求对试样磨削、抛光。

(2)选择适当的侵蚀剂进行深腐蚀,这种侵蚀剂既能溶去基体而又不会腐蚀第二相颗粒。

(3)将试样认真清洗以除去腐蚀产物。

(4)将试样放入真空镀膜机中喷碳,喷碳时转动试样以使碳复型致密地包住析出物或夹杂物,一般情况下不投影。

(5)选择适当的电解液进行电解脱膜,电解脱膜时电流密度要适当,电流过大形成大量气泡会使碳膜碎裂,电流过小则长时间脱不掉碳膜,适当的电流密度可通过实验来确定。

(6)将脱下的碳膜捞入新鲜电解液中停留 10min 左右以溶掉贴在碳膜上的腐蚀产物。

(7)将碳膜捞入酒精中清洗,最后用铜网捞起放到滤纸上干燥待观察。图 4 - 18 所示为碳萃取复型过程。

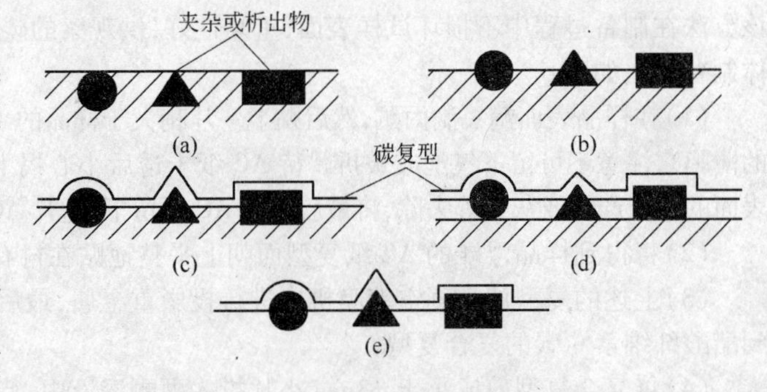

图 4 - 18　碳萃取复型过程示意图

b　火棉胶 - 碳二次萃取复型方法

火棉胶 - 碳二次萃取复型方法的试样准备、深侵蚀与碳萃取复型方法相同,在此基础上进行如下操作:

(1)将 1% 的火棉胶滴到试样上,待火棉胶干燥后用刀片轻划四周,然后用胶带纸将其取下。

(2)在真空镀膜机内喷碳后将其剪成大于 ϕ3mm 的小片。

(3)用石油醚溶掉胶带纸得到火棉胶 - 碳二次萃聚复型,然后再用醋酸戊脂溶去火棉胶得到碳萃取复型。

(4)用铜网将大于 ϕ3mm 的碳膜捞到滤纸上干燥后待观察。

值得一提的是,复型制备技术是电镜观察中一个十分关键的环节。要想制备出合格的试样样品,不仅需要各种知识,而且需要实际经验以及熟练的技能,这些都是实践中锻炼和摸索出来的。

4.4　X 射线衍射分析

最基本的衍射实验方法有三种:粉末法、劳厄法和转晶法。粉末法的样品是粉末多晶体,其样品容易取得,衍射花样可提供丰富的晶体结构信息,通常作为一种常用的衍射方法。劳厄法和转晶法采用单晶体作为样品,应用较少。

4.4.1　粉末照相法

4.4.1.1　粉末法成像原理

粉末法的样品是由数目极多的微小晶粒组成，这些晶粒的取向完全是无规则的。这种粉末多晶中的某一组平行晶面在空间的分布，与一在空间绕着所有各种可能的方向转动的单晶体中同一组平行晶面在空间分布是等效的。当用倒易点阵来描写这种分布时，因单晶中某一组平行晶面（hkl）对应于倒易点阵中的一个倒易点，不言而喻，与粉末多晶中的一组平行晶面（hkl）相对应的必是以倒易点阵原点中心，以 $|H_{hkl}| = 1/d_{hkl}$ 为半径的一个倒易点绕各种可能的方向转动而形成的一个倒易球，如图 4－19 所示。显然，当以波长为 λ 的单色辐射线照射多晶粉末样品时，并非所有的晶面都能参加衍射，仅那些处在倒易球与半径为 $\frac{1}{\lambda}$ 的反射球相交割的圆环上的倒易点所对应的晶面能参加衍射。这个圆环称为衍射环。对于一系列间距不等的晶面来说，相应存在一系列半径不等的倒易球，它们分别与反射球相互交割而形成一系列相应的衍射环。对于某一组平行晶面（hkl）来说，它们所有可能的衍射线都躺在以 A 点为顶点，2θ 为半顶角的圆锥面上，此圆锥称为衍射锥，如图 4－20 所示。

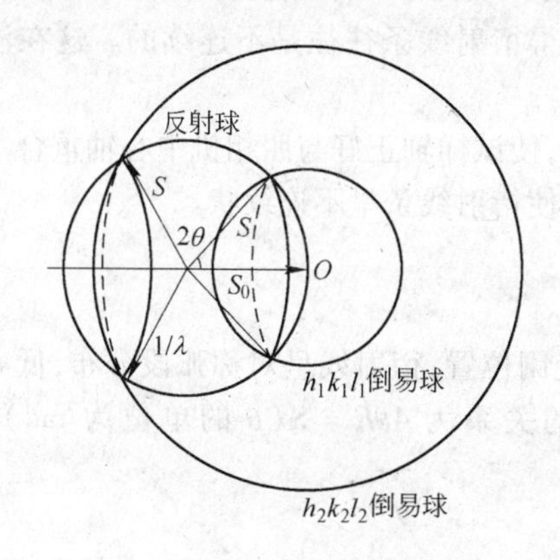

图 4－19　粉末法的成像原理

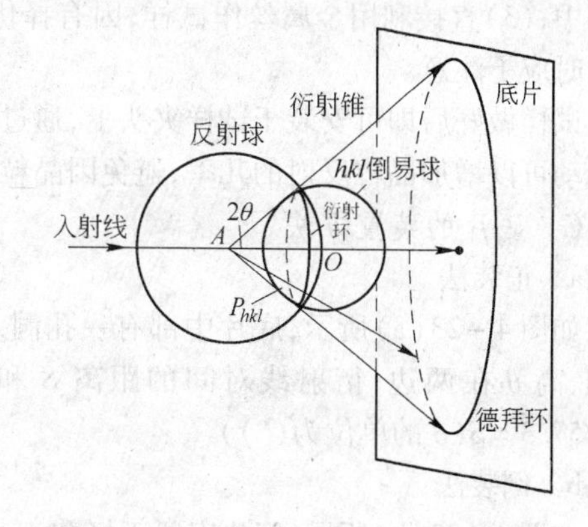

图 4－20　粉末照相法中的衍射锥

4.4.1.2　德拜－谢勒法

A　照相机

德拜相机如图 4－21 所示。这种相机是圆筒形的，筒里四周贴着软片，在相机中心有一可以安置试样的中心轴，并各有调节机构，使试样中心与相机中心轴线一致而且绕其中心旋转。入射线经光阑射至试样处，穿透试样后的入射线进入后光阑，经过一层黑纸及荧光屏后被铅玻璃所吸收。

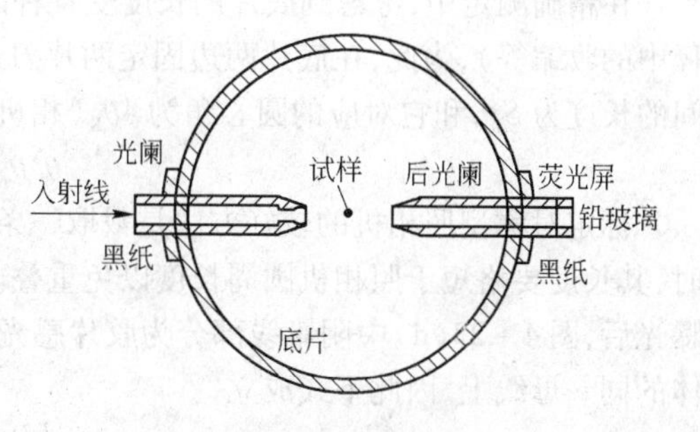

图 4－21　德拜相机示意图

常用德拜相机直径（指内径）为 57.3mm、114.6mm、190mm 等。用 57.3 及 114.6 直径相机的优点是底片上每 1mm 的距离分别相当于 2°或 1°的圆心角，对于解释衍射花样时很方便。在图 4－22 中，R 是照相机半径，S 是一对相应衍射弧线的间距 PP'（或 QQ'），则 $S = R \cdot 4\theta$（θ 的单位为 rad），$S = 4R\theta/57.3$（θ 的单位为（°）），当 $2R = 57.3$mm 时，上式化为 $S = 2\theta$（S 的单位为 mm，θ 的单位为（°））。同理，当 $2R = 114.6$mm 时，$S = 4\theta$，在背射区（$2\theta > 90°$，$S' = R \cdot 4\varphi$（φ 的单位为

rad)，$S'=R\cdot 4\varphi/57.3$（φ 的单位为(°)）。式中，$2\varphi=180°-2\theta$，$\varphi=90°-\theta$。

B　试样的制备

最常用的试样是细圆柱状的粉末集合体，圆柱直径小于 0.8mm，当进行较精确测定时应小于 0.5mm。

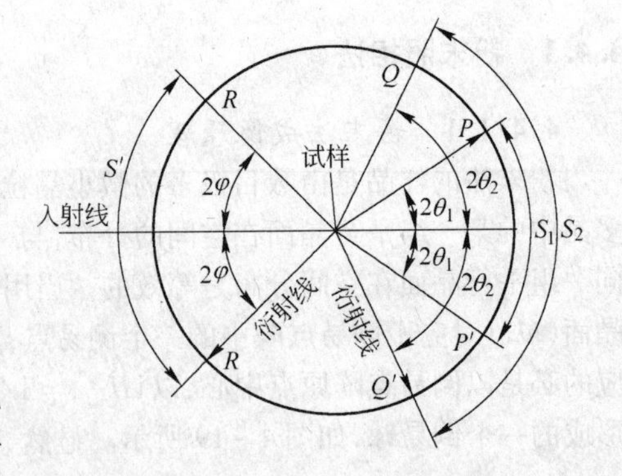

图 4-22　德拜法的衍射几何

各类待测物质事先粉碎后再用研钵磨细，为了消除样品的加工应力，粉末样品应在真空或保护气氛下进行退火。为使衍射线光滑而连续，粉末最好能全部通过 0.043mm（325 目）的筛孔。特别在做相分析时，若试样中某相比另一相较脆，则该相也一定较另一相容易碎而被过筛，而部分过筛的粉末已不代表试样中的相成分状态。如粉末的粒度太大，则因参与反射的晶粒数目减小而使衍射线呈不连续的斑点。如粒度太细，将使衍射条变宽。由粉末制成细圆柱试样常有以下几种方法：(1) 在很细的玻璃丝上涂以一层薄胶水或其他有机黏结剂，然后在粉末中滚动，得到所要求的试样；(2) 将粉末填充于硼酸钾玻璃、醋酸纤维制成的细管中；(3) 直接利用金属丝作试样，因有择优取向，所得衍射线条往往是不连续的。这在注释谱线时应予注意。

试样做好后即可安装于试样夹头上，通过调节机构，使试样轴正好与照相机中心轴重合。试样转动可以增加晶粒反射的几率，避免因晶粒度稍大而使衍射线条呈不连续状。

C　底片的装置方法

a　正装法

如图 4-23(a) 所示，底片中部有一孔洞，放于后光阑位置，衍射线呈对称弧段分布，低 θ 在中间，高 θ 在两边，衍射线对间的距离 S 和 θ 之间的关系为 $4\theta R=S$（θ 的单位为 rad），或 $4\theta R/57.3=S$（θ 的单位为(°)）

b　倒装法

如图 4-23(b) 所示，底片安置正好和正装法相反，衍射线也呈对称弧段分布，高 θ 在中间，低 θ 在两边，衍射线对间的距离 S 和 θ 之间的关系为 $(2\pi-4\theta)R=S$（θ 单位为 rad）。

在精确测定中，考虑到底片的长度受各种因素影响而引起的误差（例如，底片在显影定影过程中的收缩等），为此，在底片两边固定两片刀边，使底片在曝光过程中留下两条边缘，若刀边之间的长度为 S_K，和它对应的圆心角为 $4\theta_K$（相机常数），下列关系式成立

$$\theta/\theta_K=S/S_K \tag{4-5}$$

标定对称型照相机的较好方法是裁取一条 X 射线照相底片，两端各切成 45°角，当弯成柱面时，其长度要略短于照相机圆周长度以免重叠。胶片在光线的入射和出射光阑处各冲一圆孔，经曝光后，图 4-23(d) 中阴影线部分为胶片感光部分，A、B 两边是刀边。标定时，B 与 B' 应在圆柱体的同一母线上，因此下式成立

$$2\pi/BB'=4\theta_K/AB \tag{4-6}$$

式中，θ_K 为刀边常数，由于这种标定只用了一个绝对常数 π，所以它比用标准样品或直接量度要正确。

c　不对称法

如图 4-23(c) 所示，底片上有两个孔，一个供安置前光阑，一个供安置后光阑，低 θ 在右边，高 θ 在左边，这时衍射线对间距离 S 与对应的 θ 角的关系为

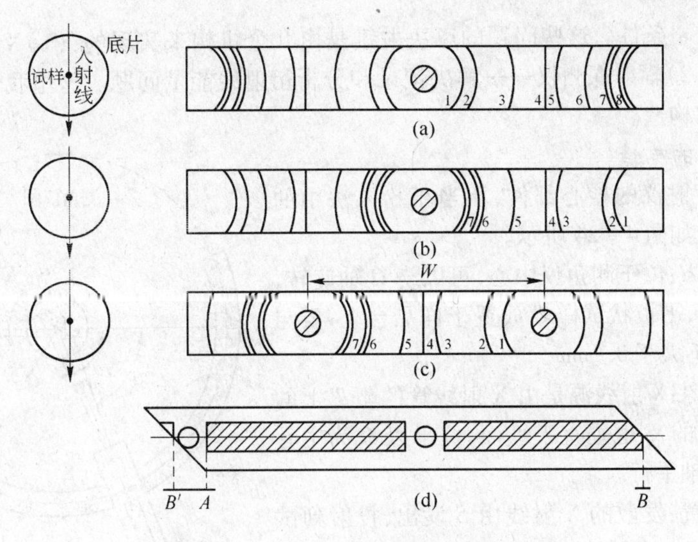

图4-23 德拜法中的底片装置方式

(a)—正装法;(b)—倒装法;(c)—不对称法;(d)—45°对接法

$$2\theta/\pi = S/2W \tag{4-7}$$

式中,W的长度可以从底片上直接量出,因此不必用刀边来校正半径。它的缺点是衍射线的分布不如上述两种方法那样对称,须仔细分辨出高低θ的位置。

德拜-谢勒法的优点在于所需样品极少,而由试样发出的所有衍射线条,除很小一部分外,几乎能全部同时记录在一张底片上。再者,此法可以调整试样的吸收系数,使整个照片的衍射强度比较均匀,同时还保持相当高的测量精度,这些都是其他衍射方法所不能同时兼得的。

4.4.2 X射线衍射仪

4.4.2.1 衍射仪的构造及几何光学

照相法是较原始的方法,有其自身的优缺点,如摄照时间长,根据入射束的功率和样品的反射能力从30min到数十小时不等;衍射线强度靠照片的黑度来估计,准确度不高;但设备简单,价格便宜,在试样量非常少的时候,如1mg左右也可以进行分析,而衍射仪则至少要0.5g;可以记录晶体衍射的全部信息,需要迅速确定晶体取向、晶粒度等时候尤为有效;另外在试样太重不便于用衍射仪时照相法也是必不可少的。相比之下,衍射仪法的优点较多,如速度快、强度相对精确、信息量大、精度高、分析简便。试样制备简便等等。衍射仪对衍射线强度的测量是利用电子计数器(计数管)(electronic counter)直接测定的。计数器的种类有很多,但是其原理都是将进入计数器的衍射线变换成电流或电脉冲,这种变换电路可以记录单位时间里的电流脉冲数,脉冲数与X射线的强度成正比,于是可以较精确地测定衍射线的强度。

从历史发展看,首先是有劳埃相机,再有了德拜相机,在此基础上发展了衍射仪。衍射仪的思想最早是由布拉格(W. L. Bragg)提出的,原始叫X射线分光计(X-ray spectrometer)。可以设想,在德拜相机的光学布置下,若有个仪器能接收到X射线并作记录,那么让它绕试样旋转一周,同时记录转角θ和X射线强度I就可以得到等同于德拜像的效果。其实,考虑到衍射圆锥的对称性,只要转半周即可。

这里关键要解决的技术问题是:(1)X射线接收装置——计数管;(2)衍射强度必须适当加大,为此可以使用板状试样;(3)相同的(hkl)晶面也是全方向散射的,所以要聚焦;(4)计数管的移动要满足布拉格条件。这些问题的解决关键是由几个机构来实现的：(1)X射线测角仪——解决聚焦问题；(2)辐射探测仪——解决记录和分析衍射线能量问题。这里我们重点介绍X射线测角仪的基本构造。

A　测角仪的构造

测角仪是衍射仪的核心部件，相当于粉末法中的相机。基本构造如图4－24所示。

(1)样品台 H：位于测角仪中心，可以绕 O 轴旋转，O 轴与台面垂直，平板状试样 C 放置于样品台上，要与 O 轴重合，误差不大于0.1mm。

(2)X射线源：X射线源是由X射线管的靶 T 上的线状焦点 S 发出的，S 也垂直于纸面，位于以 O 为中心的圆周上，与 O 轴平行。

(3)光路布置：发散的X射线由 S 发出，投射到试样上，衍射线中可以收敛的部分在光阑 F 处形成焦点，然后进入计数管 G。A 和 B 是为获得平行的入射线和衍射线而特制的狭缝，实质上是只让处于平行方向的X线通过，将其余的遮挡住。光学布置上要求 S、G(实际是 F)位于同一圆周上，这个圆周称作测角仪圆。若使用滤波片，则要放置在衍射光路而不是入射线光路中，这是为了一方面限制 W 线强度，另一方面也可以减少由试样散射出来的背底强度。

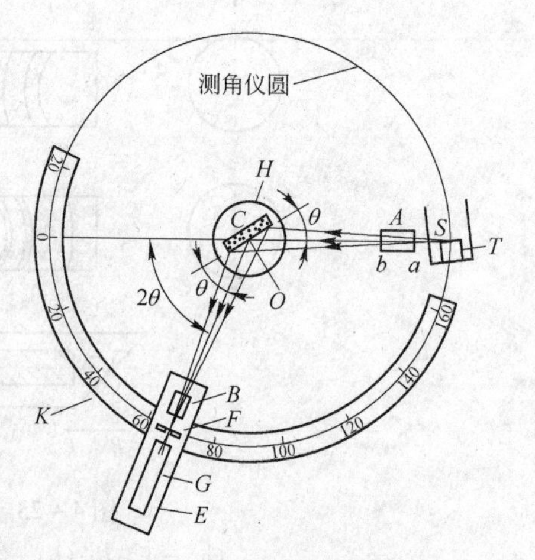

图4－24　测角仪构造示意图

(4)测角仪台面：狭缝 B、光阑 F 和计数管 C 固定于测角仪台 E 上，台面可以绕 O 轴转动(即与样品台的轴心重合)，角位置可以从刻度盘 K 上读取。

(5)测量动作：样品台 H 和测角仪台 E 可以分别绕 O 轴转动，也可机械连动，机械连动时样品台转过 θ 角时计数管转 2θ 角，这样设计的目的是使X射线在板状试样表面的入射角经常等于反射角，常称这一动作为 $\theta-2\theta$ 连动。在进行分析工作时，计数管沿测角仪圆移动，逐一扫描整个衍射花样。计数器的转动速率可在0.125(°)/min～2(°)/min之间根据需要调整，衍射角测量的精度为0.01°，测角仪扫描范围在顺时针方向 2θ 为165°，逆时针时为100°。

B　测角仪的衍射几何

图4－25所示为测角仪衍射几何的示意图。衍射几何的关键问题是一方面要满足布拉格方程反射条件，另一方面要满足衍射线的聚焦条件。为达到聚焦目的，使X射线管的焦点 S、样品表面 O、计数器接收光阑 F 位于聚焦圆上。在理想情况下，试样是弯曲的，曲率与聚焦圆相同。对于粉末多晶体试样，在任何方位上总会有一些(hkl)晶面满足布拉格方程产生反射，而且反射是向四面八方的，但是，那些平行于试样表面的(hkl)晶面满足入射角＝反射角＝θ 的条件，此时反射线夹角为($\pi-2\theta$)，($\pi-2\theta$)正好为聚焦圆的圆周角，由平面几何可知，位于同一圆弧上的圆周角相等，所以，位于试样不同部位的 M、O、N 处平行于试样表面的(hkl)晶面，可以把各自的反射线会聚到 F 点(由于 S 是线光源，所以 F 点得到的也是线光源)，这样便达到了聚焦的目的。由此可以看出，衍射仪的衍射花样均来自于与试样表面相平行的那些反射面的反射，这一点与粉末照相法是不同的。

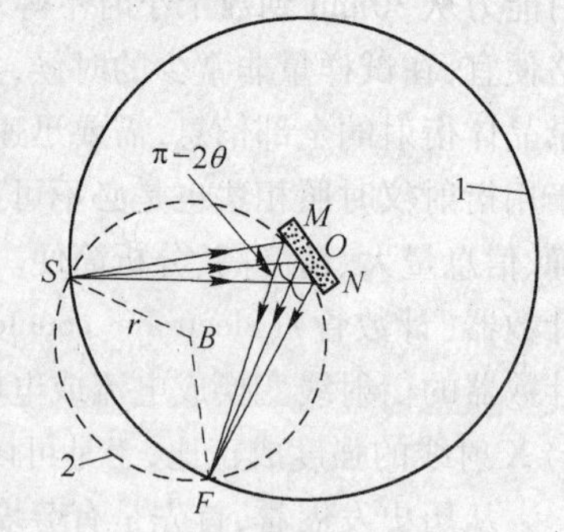

图4－25　测角仪的聚焦几何

1—测角仪圆；2—聚焦圆

在测角仪的测量动作中，计数器并不沿聚焦圆移动，而是沿测角仪圆移动逐个地对衍射线进行测量。除 X 射线管焦点 S 之外,聚焦圆与测角仪圆只能有一个公共交点 F,所以,无论衍射条件如何改变,最多只可能有一个(hkl)衍射线聚焦到 F 点接受检测。

但这里又出现了新问题:

(1)光源 S 固定在机座上,与试样 C 的直线位置不变,而计数管 G 和接收光阑 F 在测角仪大圆周上移动,随之聚焦圆半径发生改变。2θ 增加时,弧 SF 接近,聚焦圆半径 r 减小;反之,2θ 在减小时弧 SF 拉远,r 增加。可以证明

$$r=\frac{R}{2\sin\theta} \tag{4-8}$$

式中,R 为测角仪半径。从式(4-8)看出,当 $\theta=0$ 时,聚焦圆半径为∞;当 $\theta=90°$ 时,聚焦圆直径等于测角仪圆半径,即 $2r=R$。较前期的衍射仪聚焦通常存在误差 $\Delta\theta$,而较新式衍射仪可使计数管沿 FO 方向径向运动,并与 $\theta-2\theta$ 连动,使 F 始终在焦点上。

(2)按聚焦条件的要求,试样表面应永远保持与聚焦圆有相同的曲率。但是聚焦圆的曲率半径在测量过程中是不断改变的,而试样表面却难以实现这一点。因此,只能作为近似而采用平板试样,要使试样表面始终保持与聚焦圆相切,即聚焦圆的圆心永远位于试样表面的法线上。为了做到这一点,还必须让试样表面与计数器保持一定的对应关系,即当计数器处于 2θ 角的位置时,试样表面与入射线的掠射角应为 θ。为了能随时保持这种对应关系,衍射仪应使试样与计数器转动的角速度保持 1:2 的速度比,这便是 $\theta-2\theta$ 连动的主要原因之一。

C 测角仪的光学布置

测角仪的光学布置如图 4-26 所示。测角仪光学布置要求与 X 射线管的线状焦点的长边方向与测角仪的中心轴平行。X 射线管的线焦点 S 的尺寸一般为 1.5mm×10mm,但靶是倾斜放置的,靶面与接收方向夹角为 3°,这样在接收方向上的有效尺寸变为 0.08mm×10mm。采用线焦点可使较多的入射线能量照射到试样。但是,在这种情况下,如果只采用通常的狭缝光阑,便无法控制沿窄缝长边方向的发散度,从而会造成衍射圆环宽度的不均匀性。为了排除这种现象,在测角仪中采用由窄缝光阑与梭拉光阑组成的联合光阑系统。如图 4-20 中所示,在线焦点 S 与试样之间采用由一个梭拉光阑 S_1 和两个窄缝光阑 a 和 b 组成的入射光阑系统。在试样与计数器之间采用由一个梭拉光阑 S_2 和一个窄缝光阑组成的接收光阑系统,有时还在试样与梭拉光阑 S_2 之间再安置一个狭缝光阑(防寄生光阑),以遮挡住除由试样产生的衍射线之外的寄生散射线。光路中心线所决定的平面称为测角仪平面,它与测角仪中心轴垂直。

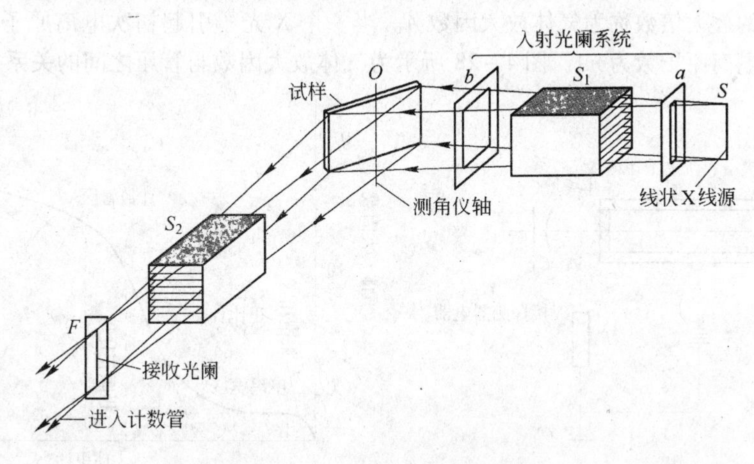

图 4-26 测角仪的光学布置

梭拉光阑是由一组互相平行、间隔很密的重金属(Ta 或 Mo)薄片组成。它的代表性尺寸为:长 32mm,薄片厚 0.05mm,薄片间距 0.43mm。安装时,要使薄片与测角仪平面平行。这样,梭拉光阑可将倾斜的 X 射线遮挡住,使垂直测角仪平面方向的 X 射线束的发散度控制在 1.5°左右。狭缝光阑 a 的作用是控制与测角仪平面平行方向的 X 射线束的发散度。狭缝光阑 b 还可以控制入射线在试样上的照射面积。从图 4－20 可以看出,在当 θ 很小时入射线与试样表面的倾斜角很小,所以只要求较小的入射线发散度,例如,采用 1°的狭缝光阑在 $2\theta = 18°$时可获得 20mm 照射宽度。而 θ 角增加时,试样表面被照射的宽度增加,需要 3°～4°的狭缝光阑。但是,在实际测量时,只能采用一种发散度的狭缝光阑,此时要保证在全部 2θ 范围内入射线的照射面积均不能超出试样的工作表面。狭缝光阑 F 是用来控制衍射线进入计数器的辐射能量,选用较宽的狭缝时,计数器接收到的所有衍射线的确定度增加,但是清晰度减小。另外,衍射线的相对积分强度与光阑缝隙大小无关,因为影响衍射线强度的因素很多,如管电流等,但是,一个因素变化后,所有衍射线的积分强度都按相同比例变化,这一点是需要注意的。

4.4.2.2　探测器

X 射线辐射探测器(deteetor)主要有气体电离计数器、闪烁计数器和半导体计数器。目前主要以前二者为主。

A　气体电离计数器

图 4－27 所示为充气电离计数器的示意图,它由一个充气圆柱形金属套管作为阴极,中心的细金属丝作为阳极所组成。套管一端用云母或被作为窗口,射线通过,另一端用绝缘体封闭。若在阳极与阴极之间保持电压低于 200V 左右,当 X 光子射入窗口时,除一小部分直接穿透外,其中大部分光子与管内气体分子撞击,产生光电子及反冲电子,这些电子在电场作用下向阳极丝运动,而带电的气体离子则飞向阴极套管。因而当 X 射线的强度恒定时,便有一个微弱而恒定的电流(10^{-12}A)通过电阻 R_1 以这种方式来度量 X 射线衍射强度的计数器称作电离室。但由于灵敏度过低,目前已被淘汰。

若将阳极和阴极之间电压提高到 600～900V 时,则为正比计数管的范围。由于电场强度较高,从而使电离的电子获得足以使其他中性气体原子继续电离的动能,这样,在电子飞向阳极的途中又引起进一步的电离。如此反复,最终在阳极的某个点上形成一"雪崩",而在外电路中产生一个电流脉冲,这个电流经 R_1 形成一个数毫伏电压脉冲,再通过耦合电容 C_1 输入到检测回路的前置放大器中。由于正比计数管中存在多次电离过程,从而使计数管具有"气体放大作用"。相应于某电压的放大倍数称为气体放大因数 A。当一个 X 光子引起初次电离原子数为 n 时,则最终将获得的电离原子数为 nA。图 4－28 所示为气体放大因数与管压之间的关系。

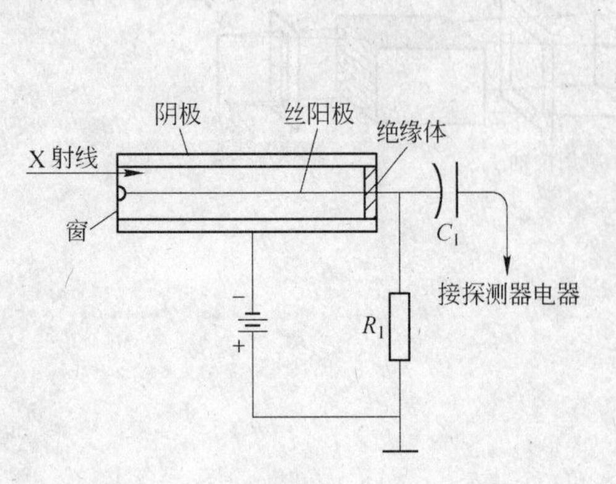

图 4－27　充气电离计数器示意图

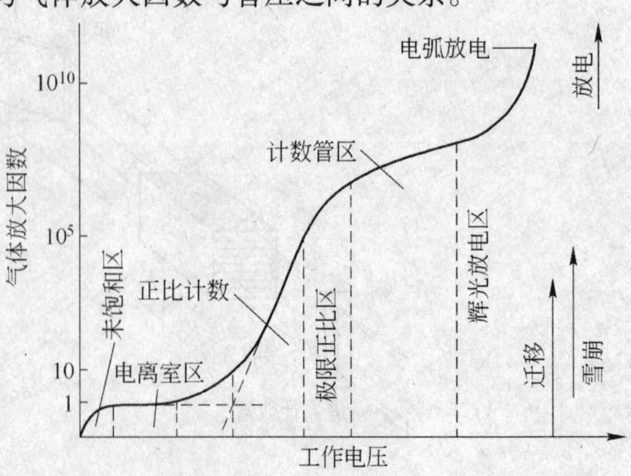

图 4－28　气体放大因数与管压之间的关系

在电离室下，$A=1$，即没有气体放大作用。因为由一个X光子造成的n个初次电离原子未能获得足够的动能造成多次电离。当电压处于正比计数器工作电压范围时，A的数值可达到$10^3\sim10^5$。在一定电压下，其脉冲大小与每个X光子所形成的初次电离原子数n成正比，从而得名正比计数器。例如，吸收一个CuKa光子（$h\nu=9$keV）产生1mV的电压脉冲，而吸收一个MoKa光子（$h\nu=20$keV）时，便产生2.2mV的电压脉冲。这是正比计数器的一个重要特点。

正比计数器是一个非常快速的计数器，它能分辨输入速率高达10^6次/s的分离脉冲。其所以具有此种性能是由于管中多次电离进行得十分迅速（约在0.2～0.5μs内完成）且每次“雪崩”仅发生在局部区域内（长度小于0.1mm），不会沿阴极丝的纵向蔓延。这是正比计数器的另一个重要特点。

B　闪烁计数器（SC）

这是目前最常用的一种计数器，它是利用X射线能在某些固体物质（磷光体）中产生的波长在可见光范围内的荧光，这种荧光再转换为能够测量的电流。由于输出的电流和计算器吸收的X光子能量成正比，因此可以用来测量衍射线的强度。

图4-29所示为闪烁计数器的构造示意图，其中的磷光体为一种透明的晶体，最常用的是加入少许铊（Tl）作为活化剂的碘化钠（NaI）晶体。当晶体中吸收一个X射线光子时，便会在其中产生一个闪光，这个闪光射到光敏阴极上，并由此激发出许多电子（图4-29中表示一个电子）。在光电倍增管中装有好几对联极，每一对联极之间加上一定的正电压，最后一个轻极接到测量电路上。由光敏阴极上发出的电子经过一系列联极的倍增，至最后一个联极可以得到大量的电子，所以，在闪烁计数器的输出端产生一个几毫伏的脉冲。由于这种倍增作用十分迅速，整个过程还不到1μs，因此，闪烁计数器可以在高达10^5次/s的速率下使用不会有计数损失。但这种计数器的能量分辨率远不如正比计数器好，同时，由于光敏阴极中热电子发射致使噪声背景较高，当X射线的波长大于0.3nm时，信号的波高同噪声几乎相等而难于分辨。

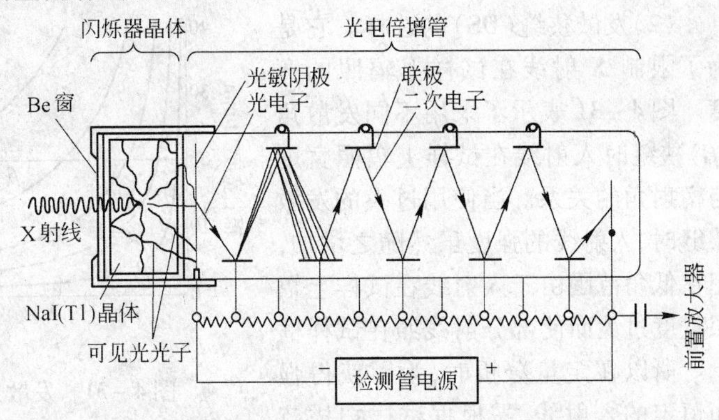

图4-29　闪烁计数器的构造示意图

C　计数电路

图4-30所示为计数电路。探测器将X射线光子转换成电脉冲后，经前置放大器作阻抗变

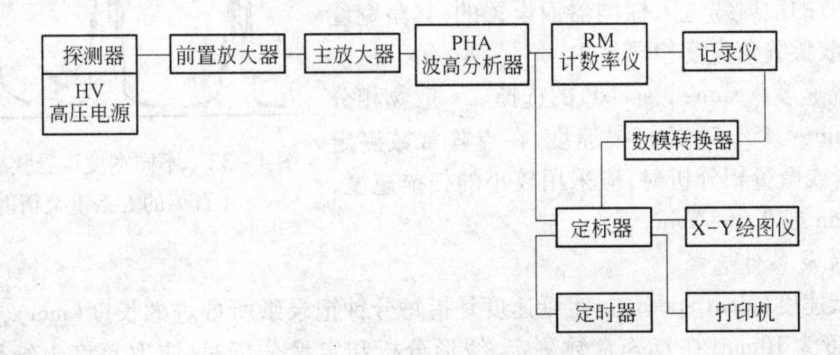

图4-30　计数电路

换，再经过主放大器放大。放大的脉冲进入波高分析器进行脉冲选择，滤去过高和过低的脉冲，然后以二进制或十进制的形式将脉冲输入计数率仪或定标器。在计数率仪中将脉冲信号转化为正比于单位时间内脉冲数的直流电压，最后的计数结果可用数码显示，也可由数字打印或 X－Y 绘图仪记录下来。

当以一定时间内记录到的脉冲数来衡量 X 射线衍射强度时，则通过定标器可能测定预置时间内的累计脉冲数或达到预置脉冲数的计数时间。前者为定时计数方式，后者为定数计时方式。由定标器取得的计数值以数字的形式输至 X－Y 绘图仪和数码管上，并由打印机打印。

4.4.2.3　实验条件选择及试样制备

A　测角器实验条件的选择

下面仅就影响实验结果质量的几个实验条件的选择作简单介绍。

(1) 取出角(take－off angle)或掠射角(glancing angle)的选择。分辨率的大小和 X 射线强度直接与取出角有关，随取出角变小，分辨率相应提高，但 X 射线强度却随之减小，兼顾以上两个因素，通常取出角以 6°为宜。

(2) 发散狭缝(DS)的选择。它是为了限制 X 射线在试样上辐照的宽度。图 4－31 表示了采用不同发散角(β)狭缝时入射线在试样上辐照宽度与衍射角的关系。当使用过大的发散狭缝时，入射线的强度虽然随之增加，但在低角范围由于入射线在试样上辐照宽度过大而使部分射线照在试样框上。所以在定量分析时，为了获得强而恒定的入射线，需根据试样扫描范围合理选择发散狭缝。通常，在定性分析时选用 1°发散狭缝，对于研究某些低角度出现的衍射峰时，选择(1/2)°或(1/6)°为宜。

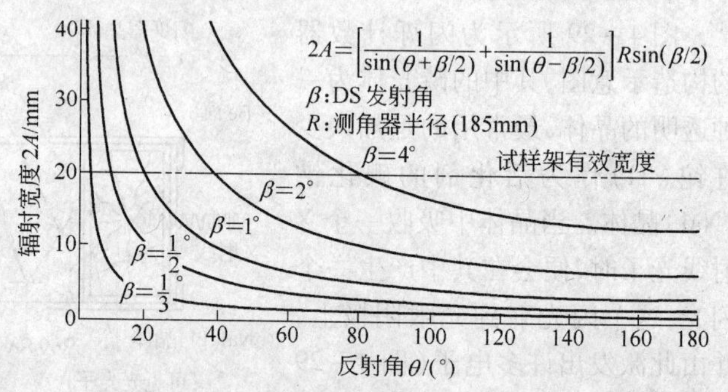

图 4－31　发散角(β)与辐照宽度(2A)的关系

(3) 接收狭缝(RS)的选择。接收狭缝的大小决定衍射谱线的分辨率，随着接收狭缝变窄，分辨率提高，而衍射强度下降，如图 4－32 所示。通常，在定性分析时选用 0.3mm，但当分析有机化合物的复杂谱线时，为了获得较高分辨率，宜采用 0.15mm 接收狭缝为好。

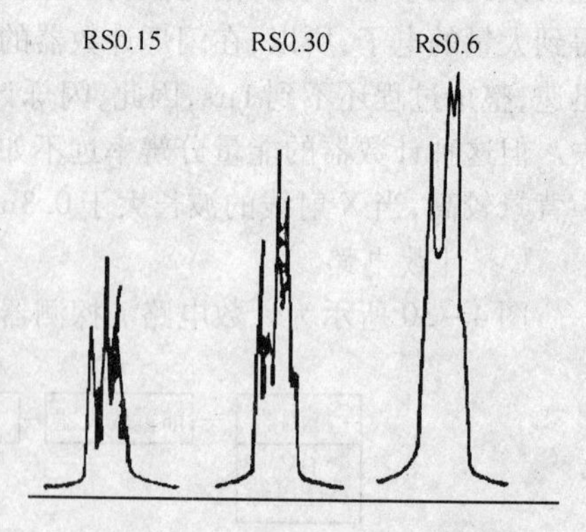

图 4－32　不同宽度接受狭缝的衍射峰（石英的五条重叠衍射线）

(4) 防散射狭缝(SS)的选择。防散射狭缝是为了防止空气等物质的散射线进入探测器而设置的，其角宽度与相应的发散狭缝角宽度相同。

(5) 扫描速度(scanning speed)的选择。一般物相分析采用 2°/min ~ 4°/min 的扫描速度，在点阵常数测定中，定量分析或微量相分析时，应采用较小的扫描速度，例如 0.5°/min 或 0.25°/min。

B　记录及条件选择

(1) 走纸速度(chart speed)。走纸速度是指每分钟记录纸所推进的长度(mm)，在物相分析时的走纸长度为 10mm；在点阵常数测定、线形分析和定量分析时，应取每度走纸长度为 40 ~ 80mm。

(2)时间常数(tine conslant)。增大时间常数可使记录纸上的强度波动趋于平滑,但同时降低了强度和分辨率,并使衍射峰向扫描方向偏移,造成衍射线宽化,如图4-33(a)、(b)所示。通常,时间常数可根据式(4-9)来决定,在物相分析时,$\omega\tau/r<10$,在点阵常数测定和线形分析时,

$$\omega\tau/r \approx 2 \tag{4-9}$$

式中 ω——扫描速度,(°)/ min;

τ——时间常数,s;

r——接收狭缝宽度,mm。

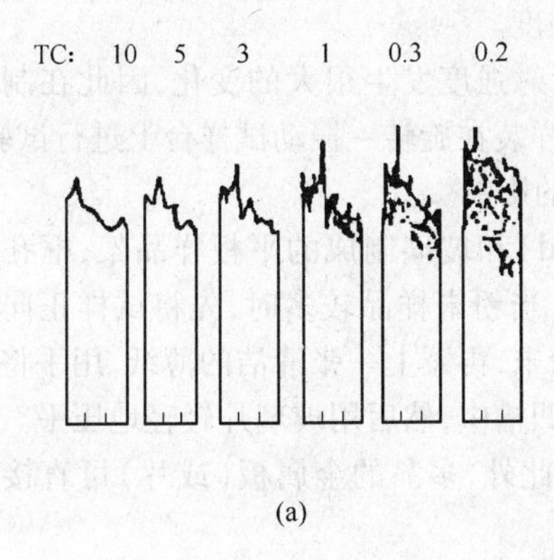

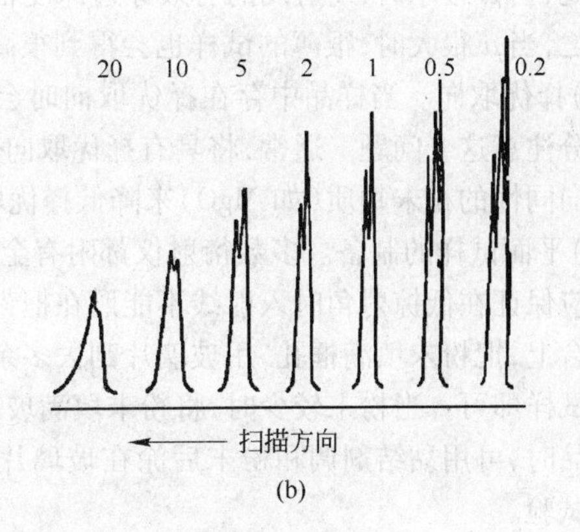

图4-33 时间常数对强度波动和衍射峰的影响

(a)—时间常数对强度波动的影响;(b)—不同时间常数时的衍射峰形

(3)满刻度量程(scale-range)。满刻度量程是指计数率的记录范围。当进行物相分析时,将量程调到使主要相的2~3条衍射峰超出量程为宜。当作微量相分析时可将衍射峰局部放大。

(4)记录方式。连续扫描(continuous cans)是最常用的一种记录方式,随着测角器连续扫描,记录仪同时记录衍射谱线。另一种方式是利用定标器依次在不同角度下测量衍射峰的脉冲数,称为阶梯扫描(step scanning),这种方式的特点是利用定标器测定一定时间内的脉冲数,以利于电子计算机处理数据,估计统计数据误差以及实现自动化。

C 试样制备

在X射线衍射仪分析中,粉末样品的制备及安装对衍射峰的位置和强度有很大影响,应注意以下几点:

(1)晶粒尺寸。在衍射仪分析中,由于试样的粉末实际不动,故需要用比德拜法细得多的粉末制成样品,其粒度应控制在5μm左右,太大或太小都会影响试验结果。表4-1为四种不同粒度的衍射强度的重现性。由此可见,粉末尺寸过大会严重影响衍射强度的测量结果,如果粒度太小,当小于1μm时,会引起衍射线宽化。因此,粉末粒度在1~5μm之间为最好。

表4-1 四种不同粒度石英粉末试样的衍射强度的重现性试样

粉末尺寸/μm	15~50	5~50	5~15	<5
强度相对标准偏差/%	24.4	12.6	4.3	1.4

(2)试样厚度。理论上的衍射强度认为是无限厚的样品所贡献的,但实际上,入射线和衍射线在穿入试样表面很薄一层以后,其强度即被强烈地衰减,所以只有表面很薄一层物质才对衍射峰作出有效贡献。若把射线的有效穿透深度定义为,当某深度内所贡献的衍射强度是总的衍射

强度的95%时,此深度为X射线的有效穿透深度。即当

$$G_x = \int_0^x \mathrm{d}I_D \Big/ \int_0^\infty \mathrm{d}I_D = 1 - \exp(-2\mu x/\sin\theta) = 95\%$$

$$x = -\frac{\sin\theta}{2\mu}\ln(1 - G_x) \times 1.5\sin\theta/\mu \tag{4-10}$$

式中　μ——试样的线吸收系数;

　　θ——布拉格角。

可见,当μ很小时,X射线的有效穿透深度很大,如果试样制备很薄,将会使衍射强度激烈下降。反之,当μ很大时,很薄的试样也会得到很高的强度。

(3)择优取向。当样品中存在择优取向时会使衍射强度发生很大的变化,因此在制备样品时应十分注意这个问题。通常,将具有择优取向的试样装在旋转-振动试样台上进行试验,或者掺入各向同性的粉末物质(如MgO)来降低择优取向的影响。

(4)平面试样的制备。多数衍射仪都附有金属(Al)和玻璃制成的平板样品架,框孔和凹槽的大小应保证在低掠射角时入射线不能照在框架上。当粉末样品较多时,先将试样正向紧贴在毛玻璃台上,把粉末填满框孔,用玻璃片刮去多余的粉末,再蒙上一张清洁的薄纸,用手将纸轻轻地压紧试样即可。当粉末较少时,将粉末填满玻璃的凹槽中,然后用玻璃片轻轻地压平。当制备微量样品时,可用黏结剂调和粉末后涂在玻璃片上。此外,多晶的金属板(或片)可直接作为样品进行试验。

5 材料力学性能测试技术

5.1 概述

金属的力学性质是金属科学研究的重要领域。掌握了力学行为的规律性，既有助于深入了解金属内部世界的奥秘，同时也促进金属材料生产的发展与技术的进步。进行合金设计、工程选材、改善材料冶金质量等工作时，都需要依据力学性质的基本原理提供指导。

金属力学性质的研究方法包括力学分析与力学试验两个方面。力学分析的基础是宏观强度理论和微观强度理论。从金属学、金属物理、弹性和塑性力学等一系列学科知识中总结出力学性质的本质及其规律性。力学试验则依靠实践的手段掌握材料行为的动态，从中概括出具有普遍意义的规律，检验有关理论并重新指导实践。这两方面是互相促进的。

力学试验是在特定的加载条件下探讨材料的性态的，金属材料的力学试验大致分成两类：一类称作力学性质试验，专门测试材料的强度特性、变形特性和断裂特性，是力学试验的基础部分；另一类称作工艺性质试验，诸如冷弯试验、深冲试验、可锻性试验、切削性试验等，用来检查材料对某种变形工艺的适应能力。虽然这些试验也反映金属在某个方面的性质，但试验结果多数不具有明确的内涵，其应用的针对性较强。

力学试验的对象，可以是构件、零部件或材料。

构件或零部件的试验，主要是考验它在类似服役条件下的行为，试验时的外载分布、温度变化、介质条件等都尽可能复现其实际使用的状态，以考核其结构强度、使用寿命、失效形式。一些大型构件不便于用实物直接试验时，也可以采用模型或模拟的试验方法。这些试验多半是在复杂的加载条件下进行的，不能以材料的基本力学性质试验来代替，甚至零部件的试验也不能代替整机的试验。

材料的力学试验则是在从金属材料中加工出的试样上进行的，是力学试验的基础工作，试验的目的有：

(1)确定材料在各种受载条件下的行为，为工程设计提供依据。

(2)材质的比较与检验。如具有特定用途的材料的筛选，企业中原材料、半成品或产品的质量控制等。

(3)通过力学行为与金属内部状态研究的配合，掌握力学性质变化的基本原理，各种因素影响的本质，为高性能合金的研制提供指导。

(4)以力学试验作为手段研究金属内部的变化过程。如应变时效现象，钢的过冷奥氏体的分解等。

可见，金属的力学试验服务于两个相关的领域：一个是工业性的，即材料的检验、选择和质量控制；另一个是科学性的，那就是把试验作为探索性质变化规律和本质的手段。这些年来，随着科学的进步和技术的发展，金属的力学试验技术无论在深度上还是在广度上都有长足的进步。服务于工业应用目的的力学试验很多已经建立起国家或部一级的标准试验方法了。这为控制统一的试验条件，促进数据的互换和流通提供了很大的方便。标准方法有一定的先进性、普遍性和严密性。以这些方法为基础得到的试验结果是可以在国内甚至国际上得到认可并能互相对照和引用的。凡是生产检验、材料鉴定、专利数据等一般都应严格按照标准规定的程序开展试验。即便是一般的试验研究,遵循标准的试验方法也是有很大好处的,它可以获得重现性好和可比的效果,可以在报告时省去冗长的对试验条件的说明。表5-1列出了我国标准的力学性质试验方法。但是一个标准试验方法的建立,要求有广泛的适应性和普及面。比如对于先进的和较为陈旧的试验设备,对于技术熟练和不够熟练的操作人员,按照标准方法做试验都应当取得大致相同的结果。因此,可以把标准方法视为严格限定试验状态的法定程序,但却不能将其看成是最先进和高度精确的方法。若需进行更为精确的试验,有必要设计和安排更合适的试验条件。

表5-1 我国金属力学性质试验标准方法

序 号	标 准 名 称	标 准 号
1	金属拉力试验法	GB 228—63
2	线材拉力试验法	YB 39—64
3	金属薄板(带)拉伸试验方法	GB 3067—82
4	金属高温拉伸试验法	GB 4338—84
5	金属夏比(U形缺口)冲击试验方法	GB 229—84
6	金属夏比(V形缺口)冲击试验方法	GB 2106—80
7	金属艾氏冲击试验方法	GB 4158—84
8	金属低温夏比冲击试验方法	GB 4159—84
9	硬质合金冲击韧性试验方法	GB 1817—79
10	金属高温冲击韧性试验法	YB 900—77
11	金属扭转试验法	YB 36—64
12	硬质合金横向断裂强度测定方法	GB 3851—83
13	金属洛氏硬度试验方法	GB 230—83
14	硬质合金洛氏硬度(A标尺)试验方法	GB 3849—83
15	金属表面洛氏硬度试验法	GB 1818—79
16	金属布氏硬度试验法	GB 231—63
17	金属维氏硬度试验方法	GB 4340—84
18	金属显微维氏硬度试验方法	GB 4342—84
19	金属小负荷维氏硬度试验方法	GB 5030—85
20	金属肖氏硬度试验方法	GB 4341—84
21	金属薄板塑性应变比(r)值试验方法	GB 5027—85
22	金属薄板拉伸应变硬化指数(n)试验方法	GB 5028—85
23	金属高温拉伸持久试验方法	YB 899—77
24	金属拉伸蠕变试验方法	GB 2039—80
25	金属旋转弯曲疲劳试验方法	GB 4337—84
26	金属轴向疲劳试验方法	GB 3075—82
27	金属材料平面应变断裂韧度K_{1c}试验法	GB 4161—84
28	利用JR阻力曲线确定金属材料延性断裂韧度的试验方法	GB 2038—80
29	金属材料动态撕裂试验方法	GB 5482—85
30	金属材料杨氏模量测量方法	GB 1586—79
31	金属材料切变模量及泊桑系数测定方法	GB 2105—80
32	金属材料力学及工艺性能试验取样规定	GB 2975—82

金属的力学性质既由材料内在状态所决定，亦随试验的外界条件而变化。外界因素可以直接影响材料的性质，也可能通过改变其内部组织而影响它的力学行为，于是相互间构成了如图5-1所示的关系网。

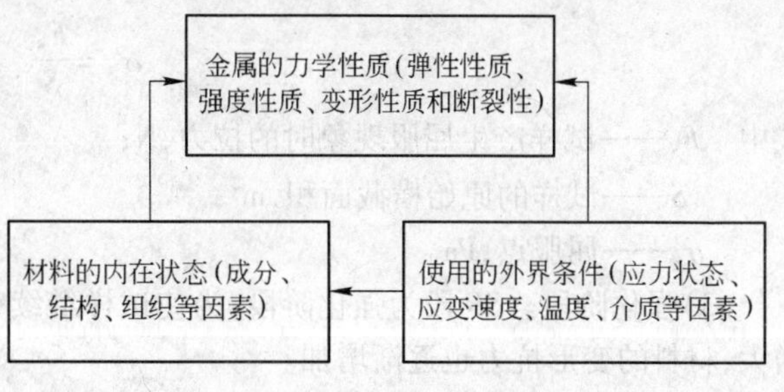

图5-1　决定金属力学性质的因素

因此，在力学性质的研究中，仅仅依靠力学试验的结果是不够的。为了把金属的性质与它的冶金质量、组织状态、点阵类型、缺陷分布等关系发掘出来，就必须配合进行各种组织检验、结构分析、断口研究、应力分析、物理性质测试等多种试验工作，这些试验与力学试验相配合，可以有效地揭示材料行为的内在本质，是力学冶金学科发展的实验基础。

5.1.1　强度

金属材料在外力作用下抵抗永久变形和断裂的能力称为强度。根据外力作用形式的不同，强度可分为抗拉强度、抗压强度、抗弯强度、抗剪强度和抗扭强度等。工程上常用来表示金属材料强度的指标有屈服点和抗拉强度。

为确定金属材料的屈服点和抗拉强度可进行拉伸试验。先将图5-2(a)所示的标准拉伸试样安装在拉伸试验机的两个夹头上，在试样两端缓慢施加拉力，试样在不断增加的拉力作用下逐渐发生变形，直至被拉断为止，如图5-2(c)所示。在拉伸试验过程中，试验机将自动记录每一瞬间试样所受拉和伸长量ΔL，绘出拉伸曲线。图5-3所示为低碳钢的拉伸曲线。

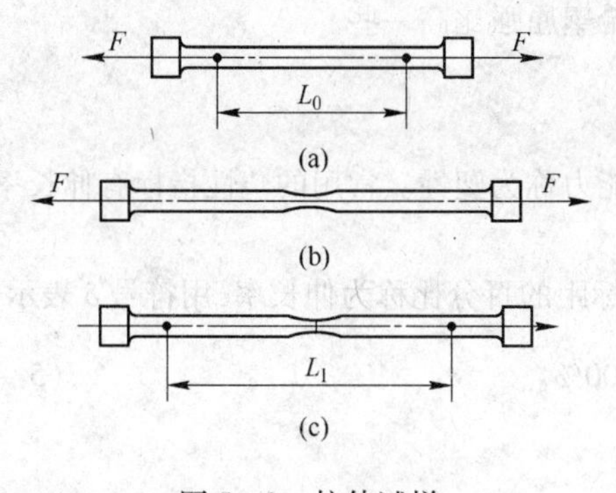

图5-2　拉伸试样

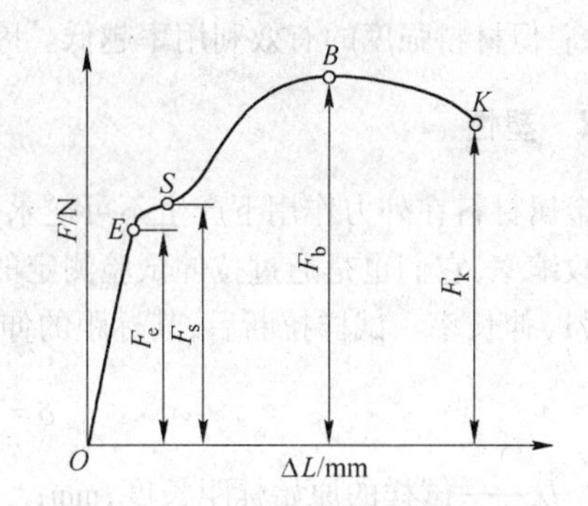

图5-3　低碳钢的拉伸曲线

当金属材料受外力作用时，其内部产生与外力相平衡的内力。材料单位截面上的内力称为应力。

从图5-3中可以明显地看出金属材料的以下几个变形阶段：

(1)弹性变形阶段。OE段为弹性变形阶段，试样所受应力小于F_e，其变形量与外力成正比，外力去除后，试样将恢复到原始状态。

(2)屈服阶段。ES段为屈服阶段，试样所受外力超过F_e，这时试样除发生弹性变形外，还发生了部分塑性变形。当外力增大到F_s时，在S点的曲线几乎呈水平线段或锯齿折线，说明外力不再增加而试样仍继续变形，这种现象称为“屈服”。它表明材料开始发生塑性变形。外力去除后，材料一部分变形恢复，还有一部分变形不能恢复，这部分不能恢复的变形即为塑性变形。材

料产生屈服现象时的应力称为屈服点，可通过式(5－1)计算

$$\sigma_S = \frac{F_S}{S} \tag{5-1}$$

式中　F_S——试样产生屈服现象时的拉力，N；

S——试样的原始横截面积，m^2；

σ_S——屈服点，Pa。

(3)强化阶段。SB 段为强化阶段，为使试样继续变形，外力由 F_S 增大到 F_b，随着塑性变形增大，材料的变形抗力也逐渐增加。

(4)缩颈和断裂阶段。BK 段为缩颈和断裂阶段，当外力增加到最大值 F_b 时，试样的直径发生局部收缩现象(图 5－2(b))，称为“缩颈”。由于截面减小，使试样继续变形所需的外力下降。当外力减至 F_K 时，试样在缩颈处断裂。试样在拉断前所能承受的最大拉应力称为抗拉强度，可通过式(5－2)计算

$$\sigma_b = \frac{F_b}{S} \tag{5-2}$$

式中　F_b——试样在拉断前的最大拉力，N；

S——试样的原始横截面积，m^2；

σ_b——抗拉强度，Pa。

有些金属材料(如铸铁等)在拉伸试验时没有明显的屈服现象，工程上规定用产生 0.2% 塑性变形时的应力值作为条件屈服强度，用 $\sigma_{0.2}$ 表示。

σ_S、$\sigma_{0.2}$ 和 σ_b 是一般机器零件和构件设计选材的主要依据。

此外，工程上还希望金属材料具有适当的屈强比(σ_S/σ_b)。材料的屈强比越小，零件的可靠性越高，但材料强度的有效利用率越低。因此，一般希望屈强比高一些。

5.1.2　塑性

金属材料在外力作用下产生不可逆永久变形的能力称为塑性。常用的塑性指标有伸长率和断面收缩率，它们也是通过拉伸试验测定的。

(1)伸长率。试样拉断后，其标距的伸长与原始标距的百分比称为伸长率，用符号 δ 表示。

$$\delta = \frac{L_1 - L_0}{L_0} \times 100\% \tag{5-3}$$

式中　L_0——试样的原始标距长度，mm；

L_1——试样拉断后的标距长度，mm。

伸长率的大小与试样尺寸有关。为了便于比较，必须采用标准试样尺寸。一般规定，试样的原始标距长度等于其直径的 10 倍时，测得的伸长率用 δ_{10}(通常简写成 δ)表示；试样的原始标距长度等于其直径的 5 倍时，测得的伸长率用 δ_5 表示。

(2)断面收缩率。试样拉断后，缩颈处截面积的最大缩减量与原始横截面积的百分比称为断面收缩率，用符号 φ 表示。

$$\varphi = \frac{S_0 - S_1}{S_0} \times 100\% \tag{5-4}$$

式中　S_0——试样的原始横截面积，m^2；

S_1——试样断裂处的横截面积，m^2。

金属材料的伸长率和断面收缩率数值越大，表示材料的塑性越好。良好的塑性是材料能进

行各种压力加工(如锻造、热轧、冲压、挤压、冷拔等)的必要条件。此外,零件工作时,为了避免由于超载引起突然断裂,也要求其具有一定的塑性。

5.1.3 硬度

硬度是指金属材料表面抵抗局部变形(特别是塑性变形)的能力或抵抗表面局部压痕或划痕的能力,其值通常在硬度计上测定。常用的硬度试验方法有布氏硬度试验和洛氏硬度试验等。

5.1.3.1 布氏硬度试验

图5-4为布氏硬度试验原理示意图。试验时采用直径为 D 的钢球或硬质合金球作压头,在相应的试验力 F 作用下压入试样表面(图5-4(a)),保持规定的时间后卸除试验力,测量压痕直径 d(图5-4(b)),通过式(5-5)计算布氏硬度值。

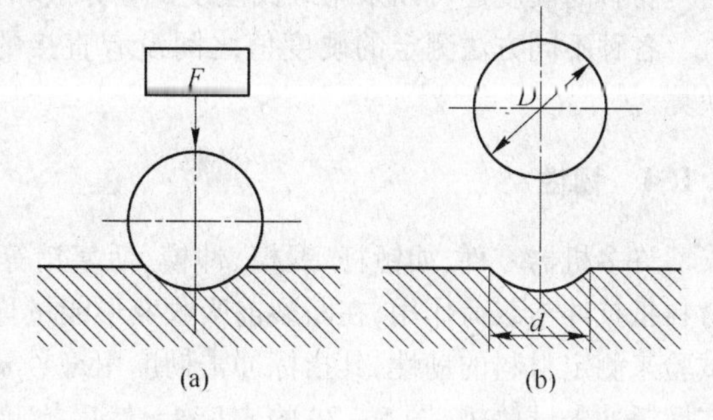

图5-4 布氏硬度试验原理示意图

$$HBS(HBW)=\frac{F}{S}=\frac{2F}{\pi D(D-\sqrt{D^2-d^2})}\times 0.102 \tag{5-5}$$

式中 F——试验力,N;

S——压痕面积,mm^2;

D——球体直径,mm;

d——压痕平均直径,mm。

压头为钢球时用HBS,适用于布氏硬度值在450以下的材料;压头为硬质合金球时用HBW,适用于布氏硬度值在650以下的材料。表示布氏硬度时,在符号HBS或HBW之前为硬度值,符号后面按一定顺序用数值表示试验条件(球体直径、试验力大小和保持时间等)。当保持时间为10~15s时,不需标注。例如,200HBS10/1000/30表示用直径10mm的钢球在1000kgf(9.81kN)试验力作用下保持30s测得的布氏硬度值为200。

布氏硬度主要用于各种退火状态下的钢材、铸铁、有色金属等。

5.1.3.2 洛氏硬度试验

图5-5所示为洛氏硬度试验原理。试验时采用顶角为120°的金刚石圆锥或直径为1.588mm的钢球做压头,在初始试验力 F_0 及总试验力 F(初始试验力 F_0 + 主试验力 F_1)的先后作用下压入被测材料表面(图5-5(a)、(b)),保持规定的时间后卸除主试验力,在初始试验力下测量压痕深度残余增量 e(图5-5(c)),计算硬度值。实际测量时,可通过洛氏硬度计上的刻度盘直接读出洛氏硬度值。

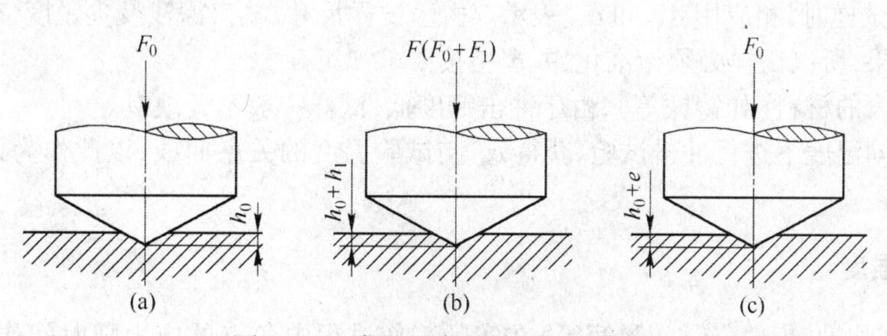

图5-5 洛氏硬度试验原理示意图

根据所采用的压头和试验力不同，洛氏硬度有几种硬度标尺，常用的有 A、B、C 三种标尺。洛氏硬度用符号 HR 表示，符号后面加字母表示所用标尺，硬度值写在符号 HR 的前面。例如，60HRC 表示用 C 标尺测定的洛氏硬度值为 60。

硬度试验方法简便易行，测量迅速，不需要特别试样，试验后零件不被破坏。因此，硬度试验在工业生产中应用十分广泛。

材料的硬度还可以采用维氏硬度试验方法和显微硬度试验方法测定。

各种不同方法测定的硬度值之间没有直接的换算公式，需要时可以通过查表的方法进行换算。

5.1.4　韧性

许多机器零件，如锤杆、锻模、冲模、活塞销等，在工作过程中往往要受到冲击载荷的作用。材料抵抗冲击载荷作用，在断裂前吸收变形能量称为韧性。工程上通常采用一次摆锤冲击弯曲试验来测定材料的韧性，其指标冲击韧度用符号 α_K 表示。试验时把标准冲击试样(图 5－6)放在摆锤冲击试验机(图 5－7)的支座上，然后抬起摆锤，让它从一定高度 H_1 落下，将试样打断。摆锤又升到 H_2 的高度。冲击韧度通过式(5－6)计算

$$\alpha_K = \frac{A_K}{S} \tag{5-6}$$

式中　A_K——折断试样所消耗的冲击吸收功，J；

S——试样断口处的横截面积，cm^2；

α_K——冲击韧度，J/cm^2。

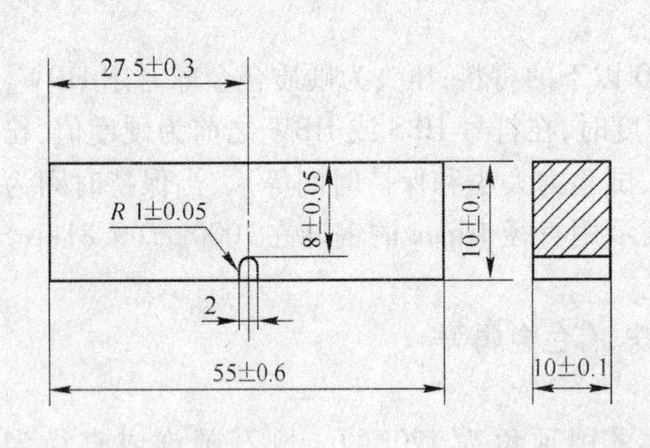

图 5－6　冲击试样

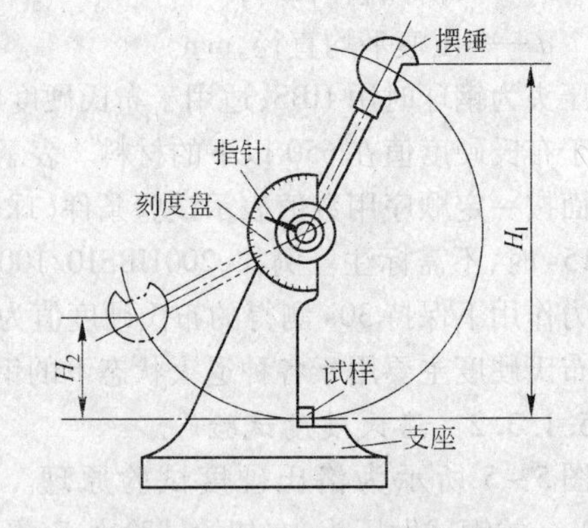

图 5－7　摆锤冲击试验机

A_K 值越大(或好值越大)则材料的韧性越好。一般情况下，在冲击试样的中部开有缺口，缺口形式有 V 形和 U 形等。采用 V 形缺口试样时，冲击吸收功和冲击韧度分别用 A_{KV} 和 α_{KV} 表示；采用 U 形缺口试样时，相应用 A_{KU} 和 α_{KU} 表示。由于试样尺寸、缺口深浅及尖锐度、表面粗糙度等均影响试验结果，所以试样必须标准化，并严格按要求加工。

对于脆性大的材料(如铸铁等)，由于冲击韧度低，试样一般不开缺口。

可以在不同温度下进行冲击试验，获得 α_K 与试验温度的关系曲线，以此作为评定材料冷脆性能的依据。

5.1.5　疲劳强度

许多零件(如轴、齿轮、连杆、弹簧等)在实际工作过程中各点的应力随时间作周期性变化，

这种随时间作周期性变化的应力称为循环应力(也称交变应力)。金属材料在循环应力作用下,在一处或几处产生局部永久性累积损伤,经一定循环次数后发生裂纹或突然断裂的过程称为疲劳。材料产生疲劳时的应力通常低于其屈服点,在断裂前材料不产生明显的塑性变形。金属材料在无数次循环应力作用下不致引起断裂的最大应力称为疲劳强度。工程上测定疲劳强度的基本方法是通过疲劳试验得到疲劳曲线(图5-8(a)),即材料承受的交变应力σ与材料断裂前承受交变应力的循环次数N之间关系的曲线。材料承受的交变应力越大,则断裂时的应力循环次数N越少。当应力低于一定值时,疲劳曲线成为水平线,表明该材料可能经受无数次应力循环而仍不发生疲劳断裂,此应力值称为材料的疲劳强度。对于对称循环交变应力(图5-8(b)),其疲劳强度用符号σ_{-1}表示。实际上,金属材料不可能做无限次交变载荷试验,一般需要规定各种金属材料的应力循环基数,如钢材以10^7为基数,有色金属以10^8为基数。金属材料在指定循环基数下的疲劳强度称为疲劳极限。

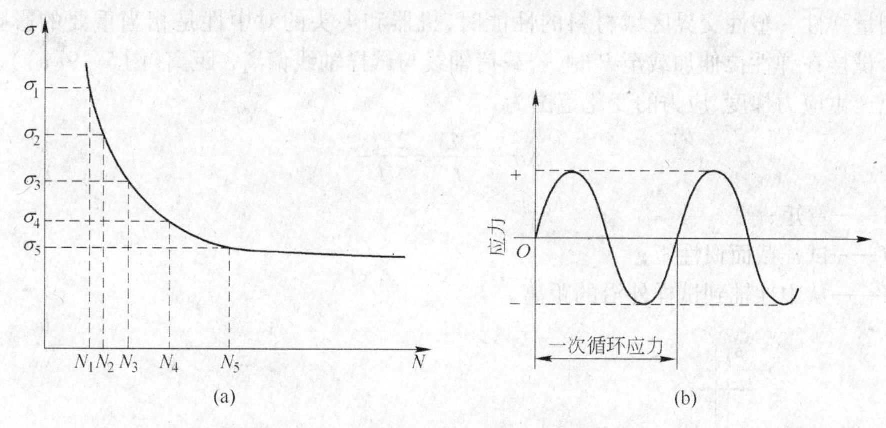

图5-8 疲劳曲线和对称循环交变应力

(a)—疲劳曲线;(b)—对称循环交变应力

材料发生疲劳断裂的主要原因是材料的内部缺陷、表面划痕、截面突变等因素引起应力集中而导致产生微裂纹。在长期循环交变应力作用下,这些微裂纹逐渐扩展,使零件实际承载截面缩减,当截面缩减到某一极限时,实际应力超过了材料的抗拉强度,因而发生突然断裂。为了提高材料的疲劳强度,除改善零件的结构设计,避免应力集中外,还应尽量提高零件的表面质量以及采取各种表面强化处理(如表面淬火)措施。

5.2 材料试验机

材料试验机是使试样产生变形以至断裂的机械系统,它的基本任务是对试样施加给定形式的载荷并且准确地显示出过程中载荷的变化。很多试验机也配备有测量变形的装置,现代的材料试验机已发展成具有多种功能的高精度机器了。例如,它可以按照任何规定的载荷—应变—时间函数进行操作;能通过伺服系统实行高精度控制;能对各种有关参量自动记录、显示和计算等,目前已经出现了具有多种测试功能为一体的电子万能试验机,例如像三思公司生产的CMT系列微机控制电子万能试验机。这里只叙述用于拉、压、弯、剪的试验机。

准静态试验使用的机器按加载方式可以分成砝码式、液压式和机械式三类。

砝码式是固定载荷的试验机,利用检定过的砝码或者再通过杠杆系统加载,该机多用于弹性性能的测量、常规检验及蠕变试验,由于不能连续加载,要建立应力-应变曲线是不方便的。

液压式试验机的使用最广泛,价格也很便宜。目前吨位较大的试验机都是液压式的,普通的机器靠人操作，阀门加载，这种操作方式的缺点是不能精确控制加载速度或试样变形的速度。而机械式试验机则是利用齿轮传动系统驱动的。与液压式机器比较起来，它的优点是：

(1)夹头移动的速度比较稳定，可以调节。适于测量对应变速度敏感的性质（例如超塑变形的性质）。

(2)可以实现恒位移控制，像应力松弛试验等。

(3)它比液压式机器有大得多的夹头移动距离。

无论是什么样的加载方式，试验机都是由框架、试样夹持部分、加热部分和执行部分组成的。既可进行拉伸也可进行压缩加载的机器称为万能试验机，能承担拉、压、弯等试验项目，但扭转试验不能在这种机器上进行。

影响一台试验机功能的主要因素有：载荷测量的准确性和灵敏度，对中性、机器刚性、反应时间以及载荷与应变控制的准确性等。

在测量弹性－塑性交界区域材料的性能时，机器和夹头的对中性是相当重要的影响因素。设想一个试样在弹性拉伸加载至 P 时，若载荷轴线与试样轴线偏离 ζ 距离（图 5－9(a)），则试验横截面上产生应力梯度、应力的变化范围为

$$\Delta\sigma = \frac{2MX}{I} = \frac{2P\zeta x}{I} \tag{5-7}$$

式中　M——弯矩；

I——试样截面惯性矩；

X——从中性轴到试样外沿的距离。

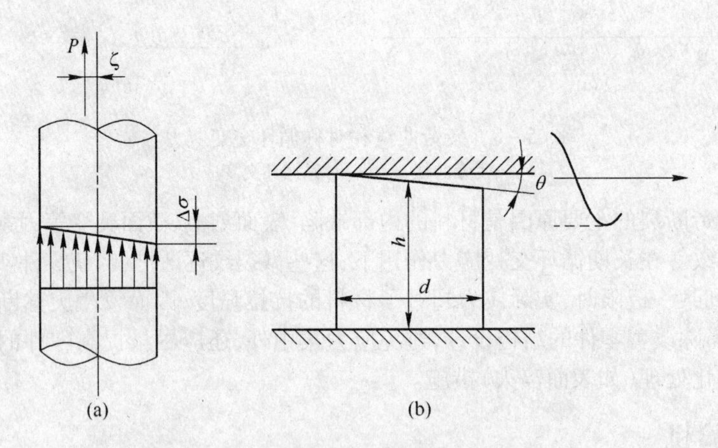

图 5－9　拉伸和压缩时截面上的压力梯度

如果是直径为 d 的圆试样，并且平均应力是 σ_0，则

$$\Delta\sigma = 16\left(\frac{\zeta}{d}\right)\sigma_0 \tag{5-8}$$

为了使横截面上应力的波动维持在 ±1% 以内，即 $\Delta\sigma/\sigma \leqslant \pm 1\%$，那么 ζ/d 应当不大于 ±0.0625%。这一要求是相当高的，而且试样直径越小，那么要求越严格。

压缩试验中，试样的端面或者压头表面的不平行同样引起应力梯度，如图 5－9(b)所示，这种应力梯度使圆形试样截面上应力发生变化的范围是

$$\Delta\sigma = \frac{Ed\sin\theta}{h} \tag{5-9}$$

式中　E——杨氏模量；

d、h——试样的直径和高度；

θ——试样表面与压头表面的夹角。

假定试样是钢制的，$E=210000\mathrm{MN/m^2}$，直径 $d=15\mathrm{mm}$，高度 $h=30\mathrm{mm}$，当 $\Delta\sigma$ 要求保持在 $10\mathrm{MN/m^2}$ 以下时，θ 角必须小于 0.327°。

机器的刚性是在加载期间机器本身抵抗弹性变形的能力，若试验机容易发生弹性变形，则它是“软”的，否则是“硬”的或“刚性”的。机器刚性的大小对测出的试验数据是有影响的。当试样发生塑性失稳流变、裂纹扩展等行为时，它的干扰尤其显著。其危害在于使用刚性低的机器测试，会大大降低在这些事件中载荷变化的敏感性。

机械式加载的试验机中，弹性变形来源于试验台、试样夹具、通杆等零件受潮时产生的位移或变形，液压式试验机的刚性还和油的可压缩性、气缸的膨胀、活塞的渗漏等因素有关。所以液压式试验机的刚性不如机械式好。

设在载荷 P 的作用下，长度为 l_0，截面积为 A_0 的试样活动端发生的位移为 X_0

$$X_0=\frac{Pl_0}{EA_0} \tag{5-10}$$

令加载系统各元件产生的位移量之和是 X_m，X_m 与载荷 P 的关系如图 5-10 所示，这曲线上某点的切线斜率就是在该载荷下机器的刚性 K_m

$$K_m=\frac{dP}{dX_m} \tag{5-11}$$

为了简便，也有用割线斜率来代替的

$$K_m\approx\frac{P}{X_m} \tag{5-12}$$

但是，位移并不是载荷的线性函数，K_m 是随载荷增加而变大。

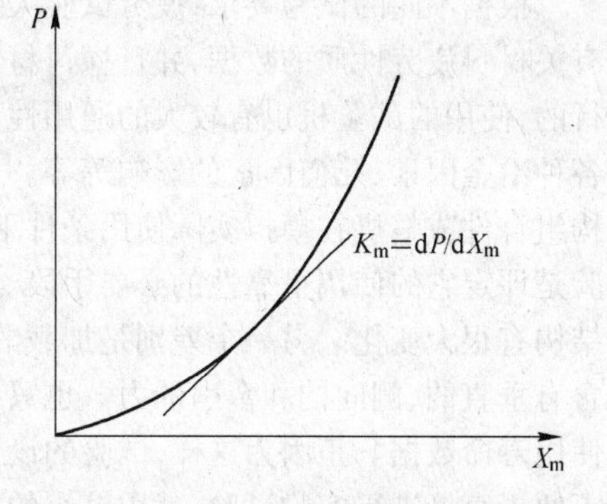

图 5-10 机器的载荷与位移量的关系

总的位移量为

$$X=X_0+X_m \tag{5-13}$$

于是，整个系统的刚性是

$$K\approx\frac{P}{X_0+X_m}\approx\frac{P}{\frac{Pl_0}{EA_0}+\frac{P}{X_m}}=\frac{1}{\frac{l_0}{EA_0}+\frac{1}{K_m}} \tag{5-14}$$

如果受载体内由于某种事件发生突然的变形（如屈服、孪生等）或突然伸长（如裂纹的形成与扩展），由此引起位移的变化假定为 ΔX，而对应载荷变化量 ΔP 的大小就受制于系统的刚性了，因为

$$\Delta P=K\Delta X=\frac{\Delta X}{\frac{l_0}{EA}+\frac{1}{K_m}} \tag{5-15}$$

倘若机器的刚性无限大，$1/K_m\to 0$，即试验机本身不发生弹性变形，则位移 ΔX 就完全反映试样的变形 $\Delta X=\Delta l$

$$\Delta P=\frac{\Delta l}{l_0}A_0E \tag{5-16}$$

这就是说，试样上出现的变形或位移将能在载荷的变化中成比例地表现出来。然而实际机器的 K_m 不会是无限大的，$1/K_m$ 因子的存在使得与 ΔX 对应的 ΔP 减少了，机器的刚性越差，在突

发事件中载荷感受的敏感性越低。

在“软”的机器上试验时，载荷之所以表现出这种惰性，是因为加载时试验机内部贮存了一些弹性能，当试样出现突然的变形（位移）时，系统内的弹性能发生变化，在机器和试样之间有部分能量的转移，从而减少了对外载的依赖性。所以，除了一些特殊目的的试验外，在一般准静态性能的测量时，都希望试验机有足够的刚性。

5.3　疲劳试验

5.3.1　疲劳试验的分类

疲劳是材料在变动应力和应变的作用下，其内部某个局部区域发生累积的永久性组织变化的过程。当应力和应变变动的次数足够多之后，这种组织变化可以导致裂纹的产生甚至完全断裂。由于这个原因造成的金属破坏行为称为疲劳破坏。在各种机械的破坏事故中，疲劳破坏占有最大的比例，对于承受动载荷的机器，它是主要的危险因素。因此对疲劳现象的研究也较其他破坏行为更为广泛和深入。

根据不同的试验要求，疲劳试验大致分成两类。一类是材料的疲劳试验，它的目的在于取得有关材料疲劳性质的数据，并且探讨材料疲劳破坏的规律。试验是在较为简单的受力状态下进行的，使用的试验机也有较大的通用性，可以用来对比不同材料、不同加工工艺的效果，可以研究各种冶金因素、几何因素的影响等等。另一类是结构的疲劳试验，用来测定零件、部件、结构、结构组合件或整机在模拟实际使用条件下的抗疲劳破坏能力。对于一些重要的工程结构，这种试验是评定它的使用可靠性的必要手段。和材料的疲劳试验相比，由于考验的对象不同，试验机的结构有很大变化。另一个差别是加载的形式会变得很复杂，例如机翼或汽车悬架的疲劳加载包含有垂直的、侧向的和牵引的力。也只有在与实际相似的加载条件下进行试验才能得到有用的使用寿命数据。正因为这样，试验的设备就比较庞大、复杂和昂贵，其通用性低。有时大型机件不便于直接进行实物试验，就用缩小的模型来进行，但模型的试验数据与实物本身的试验结果是有差距的。

疲劳试验时，试样接受的是变化的载荷、应力、应变或应力强度因子，输入变量的幅值、波形、频率都直接影响到试验的结果，其中以幅值的影响最大，按照输入变量幅值的变化可以分为如下几类：

（1）恒幅疲劳试验。试验中，输入变量的振幅随时间而周期性地变化，每一个周期代表一个循环过程，图 5-11（a）是最简单的变量的波形——正弦波形。在旋转弯曲疲劳试验机上施加的就是这样变化的载荷，它近似于恒速运转的旋转轴的工作情况，它的最大与最小载荷绝对值是相等的，在一般恒速试验时，应力并非都呈正弦变化，变量的最大值和最小值的绝对值也不一定相等，但是仍随时间周期性地重复，如图 5-11（b）、（c）所示，这样，破坏时的循环次数可以用来表示试样寿命的长短。

（2）变幅疲劳试验。所加变量的振幅是随时间作周期或非周期变化的，但在同一周期内可能包含着变量的多次重复。对于变幅变量，不能仅考虑周期的变化，这类试验往往是模拟实际使用条件下变量变化状态的，例如飞机的机翼常因阵风而受到重复的但不是确定的多次过载就是一个例子。图 5-11（d）是周期的变幅载荷。由于变量幅值低的部分对疲劳行为的影响比较小，也可将其归入恒幅疲劳的范畴。图 5-11（e）是幅值随机变化的变量。有时候需要把变量简化成程序变量从而进行程序疲劳试验，把整个载荷按照幅值的大小分解成阶梯式的程序谱。图 5-11（f）是规则的六级程序变量。图 5-11（g）是程序随机变量。

在恒幅试验中，根据控制变量的不同分为应力疲劳和应变疲劳试验。大致说来，疲劳寿命高

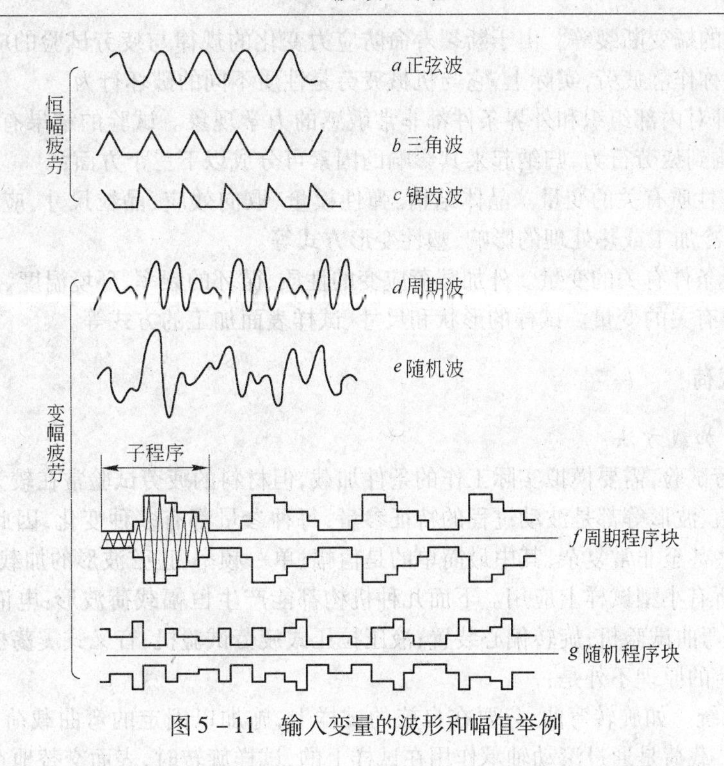

图5-11 输入变量的波形和幅值举例

于$10^4 \sim 10^5$循环的试验过程称作高周疲劳。这种试验过程是在恒应力幅的条件下进行的，所以又称应力疲劳。相对来说，低周疲劳的应力幅值较高，试样内出现较大的反复塑性变形，试验中常以恒应变幅来控制，它比恒应力幅控制的数据分散度小，结果更理想，故称应变疲劳。

(3)其他与疲劳概念有关的破坏行为：

1)热疲劳。温度的循环变动使物体不断出现热胀冷缩的过程，当温度往复通过材料的相变区间时还产生因相变引起的体积效应。如果这样的长度或体积变化由于内部或外界的原因受到抑制，就会在物体内部形成变化的效应力，效应力的大小除受制于外界条件外，还与材料的弹性模量、导热系数、膨胀系数、相变温度等一系列因素有关。变动热应力引起的材料组织损伤的积累过程就是热疲劳，用于热变形加工的模具的寿命有很多是受热疲劳条件影响的。

2)接触疲劳。齿轮、凸轮、滚动轴承等受载体是在周期性地压力接触的条件下工作的，过度集中的接触应力可以使零件表面层产生反复的塑性变形。加上摩擦、磨损等因素的作用，零件表面或次表面逐渐形成裂纹，并且，最终因表皮或者裂纹的发展而破坏。

3)冲击疲劳。重复冲击所引起的裂纹发展和损伤累积过程常见于风动工具上，如矿山凿岩用的钎具等。

4)腐蚀疲劳。因介质的物理化学反应及循环应力的作用而共同引起的行为，注意这种破坏并不是腐蚀和应力两种破坏过程的叠加。没有应力存在时，表面腐蚀会使金属发生蚀坑，蚀坑可以起到缺口的作用而导致应力作用下疲劳寿命的减少。但当两种因素同时作用在物体上时，疲劳过程将大大加速，远远超过物体受腐蚀和受力先后作用的破坏速度。而且，引起腐蚀疲劳破坏的介质在没有应力的时候一般是不具有明显腐蚀性的。

以上几种疲劳行为在破坏方式和机理上与一般机械疲劳有很多相似的地方，也各自有其特殊性。但是这几类破坏多数局限于某些类型的机件上，所以试验方法着重在产品的实际寿命试验。试验设备也是根据特定的要求设计的。

有时谈到“静疲劳”，这是一种长时间静载作用之后发生的延时断裂现象。例如高强度钢的氢脆破坏、玻璃的蠕变断裂等。由于断裂寿命防应力变化的规律与疲劳试验的应力－循环寿命曲线相类似，故称作静疲劳，实际上，它与机械疲劳是性质不同的破坏行为。

疲劳是一种对内部组织和外界条件都非常敏感的力学现象。试验的结果有一定分散性，有众多的因素影响到疲劳行为，归纳起来其影响的因素可分成以下三个方面：

(1)与材料性质有关的变量。晶体结构、弹性模量、取向效应、晶粒尺寸、应变硬化情况、合金元素的作用、冷加工或热处理的影响、塑性变形方式等。

(2)与试验条件有关的变量。外加载荷应变的性质、循环的频率、环境温度、介质等。

(3)与试样有关的变量。试样的形状和尺寸、试样表面加工的方式等。

5.3.2　疲劳载荷

5.3.2.1　加载方法

结构的疲劳试验，需要模拟实际工作的条件加载，但材料的疲劳试验常在较为简单的应力状态下进行。幅值、波形等都是波动过程的特征参量，每种参量都有多种变化，因此疲劳加载方式种类很多。有些甚至非常复杂，其中最简单的是值幅、单一频率、正弦波形的加载形式，它适于在较小的结构和所有小型试样上应用。下面几种机构都能产生恒幅载荷波形：电液或电磁的正弦振荡机构；旋转弯曲试验机；旋转偏心装置；液压拉压式疲劳试验机；音叉式震荡机构等。这些机构产生循环载荷的原理不外是：

(1)静载系统。如旋转弯曲，只要在自旋的试样上，施加以固定的弯曲载荷，就可以实现旋转弯曲加载了。载荷是通过滚动轴承作用在试样上的，试样旋转时，表面交替地在最大拉应力与最大压应力间受载，这类载荷的循环速度是受驱动试样旋转的电动机转速控制的，最高频率约为5000min^{-1}。

(2)机械加载系统。平面弯曲就是这类加载方式的典型，通过偏心装置、弹簧装置或电磁振动装置使试样的变形或挠度发生周期性的变化，并进一步计算出弯矩的数位来，这类驱动方式的振动频率很少超过2000min^{-1}。

(3)具有谐振装置的加载系统，通常以机械方式或电磁方式发生振荡，从而对试样施加变化的载荷。机械法起振时，共振频率较低，最大约为2000min^{-1}，较低的频率有利于减少不利的副反应。电磁起振最高可以达到18000min^{-1}的频率，但这样高的加载频率会使受载试样发热并且有很大的噪声。在某些谐振系统中也有使试样在固有频率下振荡的。

5.3.2.2　载荷性质

若以载荷的性质来区分，主要加载类型有：

(1)轴向载荷，单轴的、二轴的、多轴的；

(2)弯曲载荷，平面弯曲、多面弯曲、旋转弯曲；

(3)扭转载荷，单轴扭转、多轴扭转；

(4)压力载荷，正压(大于0.1MPa)、真空(小于0.1MPa)；

(5)微振磨损和接触疲劳。

轴向疲劳和其他加载方法的最大差别是试样横截面上不存在应力梯度，它的试验结果最能确切地表达材料的疲劳特性。事实上很多受有弯曲、扭转或内压载荷的部件是由一组零件组合成的。在合理设计时，每个零件内的应力梯度并不很大，完全可以认为是在单向或多向均匀应力下工作的，因此轴向疲劳试验结果的价值比较大。此外，虽然任何疲劳试样的表面都是危险区域，但是在轴向应力下，表面和介质对疲劳行为的影响最小。

弯曲疲劳是对试样的表面状况和对环境因素较为敏感的试验方法，它有如下几种加载形式：

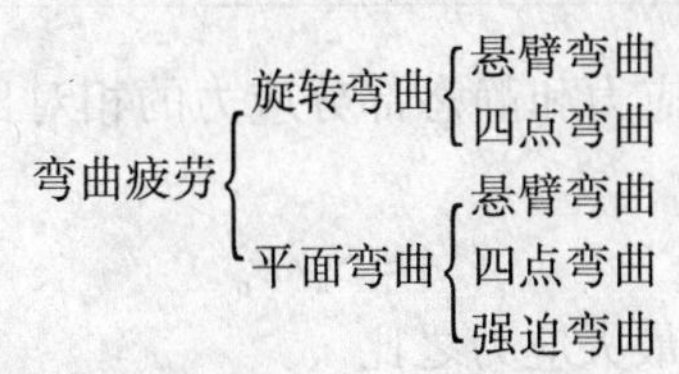

弯曲疲劳试验机的类型很多,轴向加载的机器也可以安装一些附件而改为对试样施加弯曲疲劳的载荷。旋转弯曲疲劳实验应用最普遍,它是最简单实用的试验方法,历史上很多疲劳问题也是首先用这种试验方法研究和解决的。

平面弯曲多用于板材,有时也用棒材做试验,它能方便地对试样的受力表面进行观察和研究。悬臂弯曲用的是窄带试样,一端被夹持,另一端则以机械、电磁或其他方式激发振动。四点弯曲则使试样处在四个交接上,外向支点和外支点做相对往复位移,构成压－压式疲劳,也可以实现拉－压式疲劳,但需要用夹具使试样在支点上被牢固夹持,避免载荷过大时试样的位移。

悬臂弯曲时,最大应力只出现在试样的某个盘面上,而在四点弯曲中,在内支点之间的距离内弯矩是恒定的,沿这一长度的表面都均匀承受最大应力,四点弯曲加载方式简单,在试验长度上不出现明显的附加应力,但是常常受到轴承的异常行为所干扰,因此它的应用反而不及悬臂弯曲普遍。

强迫弯曲是把试样的两端用夹具夹紧,利用夹具的角运动对试样反复弯曲,在试样上产生的应力是根据夹具运动角度的大小转换成弯矩值后计算出来的。

旋转弯曲疲劳的应力往往是交变的,因为在旋转的梁上施加以稳定的平均应力不太容易。但平面弯曲疲劳可以在不同的平均应力下进行试验,这是预先对试样给以一定的弹性挠度来实现的。其中四点平面弯曲装置虽然略为复杂,但有较大的试样表面承受高压力状态,因此结果比较可靠。

扭转疲劳使用的试样基本上是圆柱形的,并在其上作用以同心的变化时扭矩。实际上,用管状试样会更理想,问题是薄壁管试样在加工方面有困难,故其应用较少。

任何扭转疲劳试验机都要满足两点最基本的要求:

(1)能够牢固地夹持试样而不附加任何弯曲压力;

(2)扭转载荷一定要与试样同轴。

周期加载的压力试验广泛用于压力容器的检验和断裂分析的研究上。

5.3.2.3 压力表示

疲劳试验中的应力如图 5－12 所示。在应力循环中,具有最大和最小代数值的应力分别称为最大应力 S_{max} 与最小应力 S_{min},以拉应力为正,压应力为负,并且通常使用名义应力作代表。两者的代数平均值称为平均应力 S_m,而两者代数差值之半是应力幅 S_a,因此

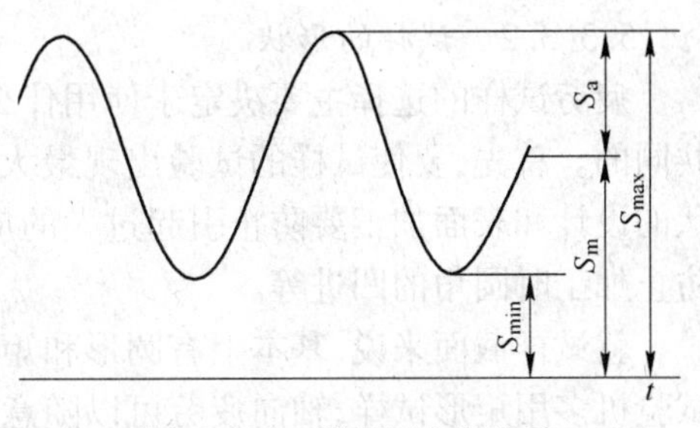

图 5－12 循环压力各分量

$$S_m = \frac{1}{2}(S_{max} + S_{min}) \tag{5-17}$$

$$S_a = \frac{1}{2}(S_{max} - S_{min}) \tag{5-18}$$

为了描述循环中动态部分应力和静态部分应力的相对比例，使用应力比的值。应力比 A 是压力幅与平均应力之比

$$A = S_a / S_m \tag{5-19}$$

而压力比 R 是最小应力与最大应力之比

$$R = S_{min} / S_{max} \tag{5-20}$$

可见，对称循环时：$S_{max} = S_{min}$；$S_m = 0$；$S_a = S_{max}$；$A = \infty$；$R = -1$。

若为脉动循环时：$S_{max} = 2S_a$；$S_{min} = 0$；$S_m = \frac{1}{2}S_{max}$；$A = 1$；$R = 0$。

5.3.2.4　循环速度

实践证明，载荷变化的快慢基本上不会影响到材料的疲劳性质，至少在 $10^4 min^{-1}$ 以下的频率是这样。这一事实使得疲劳试验可以加速进行以节省试验的时间。

然而频率与材料疲劳寿命无关的结论，不能推广到高温的试验环境下，当蠕变可能影响材料的变形行为时，低的载荷循环速度会降低试样的疲劳寿命。同时，在高应力下进行高频疲劳试验是不适宜的，因为试样会发热。有的材料的疲劳性质受温度变化的影响比较小，但具有不稳定组织的材料却对热非常敏感。此外，高频疲劳试验使用的是小试样，这和构件的实际工作情况会有较大差距。

5.3.3　试样设计

5.3.3.1　设计注意事项

试样设计是关系到试验结果可靠性和稳定性的重要环节，试样的形状和尺寸虽然取决于载荷的性质和所用机器的类型，但为了使试验的结果更具有价值，需要注意到：

(1)若试验的目的是为了直接解决工程实际问题，则试样应尽可能接近使用状态，比如以未经表面加工的板材做试验，它的结果能够反映板材的疲劳特性。

如果试验希望得出与材料内部没有关系的结论，那么试样的形状、尺寸和表面粗糙度最好都按标准方法的规定执行，以保证试验结果的可比性。

(2)假如要讨论某个变量对疲劳性质的影响，那么原则上不要试图同时研究其他因素的作用。

5.3.3.2　试样的形状

疲劳试样的选择主要决定于使用什么类型的载荷及应用哪种试验机。但有一些要求是共同的。首先，要使试样的试验出现最大应力，以使破坏发生在试验截面上。其次，试样形状的设计和表面加工要防止引起过大的应力集中，包括高度光洁的表面、平缓的过渡地带、防止加工时圆角的凹进等。

就试样截面来说，基本上有圆形和矩形两种试样，旋转弯曲试验机采用前者，反复弯曲试验机多用矩形试样，轴向疲劳可以随意选择。另一方面以试验部分尺寸的变化来看，可以分成具有最小截面的试样（图 5－13(a)、(c)）和具有均匀截面的试样（图 5－13(b)、(d)）。它们各有优点，后一类试样是在一个体积范围内接受测量的，它肯定能更真实反映表面状况的影响效果，然而它也会受更多偶然因素所干扰。

不要把不同形状试样的试验结果混在一起处理，具有应力梯度的疲劳试验中，试样形状是影响疲劳寿命的，在直径或高度相同时，弯曲疲劳寿命以圆形、方形、矩形的截面形状顺序降低。

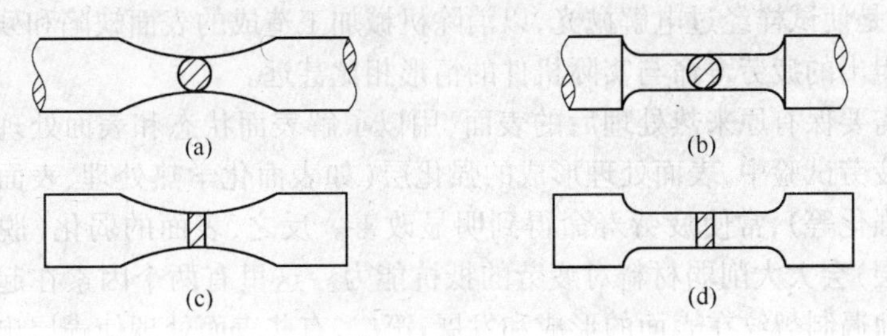

图 5-13 试样的工作部分

和弯曲试验相似,板试样疲劳试验的结果与板的宽厚比有关。比较窄的宽度能保证在宽度方向上各点处于均匀单轴应力状态下,宽度远大于厚度,让试样中心部分产生横向应力,严重时可以形成平面应变状态,宽度与厚度之比大于 6 是不宜的,但是太窄的试样易在试验时出现扭曲。一般情形下其比例值以 2~5 为宜。

5.3.3.3 试样的尺寸

从经济角度来看无论是对试验材料还是对试验机来说,使用小尺寸的试样都是有利的。然而疲劳试验的尺寸,效应是很显著的,尺寸因素的影响主要出现在有应力梯度的试样试验中(弯曲疲劳、扭转疲劳、缺口试样的拉压疲劳等)。试样截面尺寸的增加,甚至试样长度的增加都会降低疲劳寿命,例如普遍低碳钢做反复弯曲疲劳时,试样直径从 7.6mm~38mm~152.5mm 依次变化,则其疲劳极限以 $247MN/m^2$ ~ $199MN/m^2$ ~ $144MN/m^2$ 的数值顺序递减,而且粗大尺寸的试样几乎不存在明确的疲劳极限。

尺寸效应的起因有两个方面:一是横截面尺寸增加了,表面积就增大了,疲劳破坏通常是源于表面的,于是破坏的几率增加了;二是对于以弯曲或扭转形成加载的非缺口试样,直径的加大使应力沿直径方向的梯度降低。因而处于高应力状态的体积加大,使引发裂纹的缺陷出现的机会增多。除此之外,大的试样常常取自尺寸大的坯料,而材料的性能往往是产品绝对尺寸的函数。

因此,对待疲劳试验结果,应当在严格一致的试样尺寸下进行考察。把在试验室中用小试样试验得出的结论不加分析地推广到大型构件上去是危险的。

5.3.3.4 试样的表面状态

正由于疲劳行为大大地依赖于试样的表面状态,任何使材料表层性质改变的因素都和疲劳性能有密切关系,疲劳对表面敏感的实质是疲劳纹对应力状态、应力集中和残余应力的敏感性,因此试样表面加工方法对试验有不可忽视的影响。各种表面加工方法对疲劳极限的影响随材料强度的变化关系如图 5-14 所示。大致说来,表面越粗糙,疲劳极限越低,而材料的强度越高,表面状态的影响将越大。高强度材料的疲劳试验需对试样表面加工予以特别的注意,以尽可能降低对表面因素的影响,

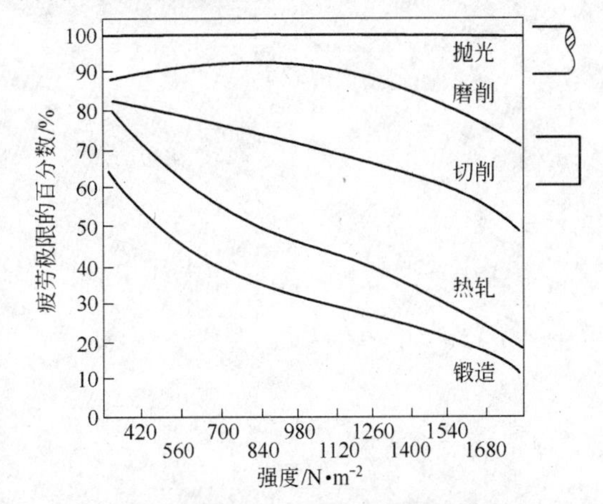

图 5-14 表面状态对钢疲劳极限的影响随材料抗拉强度的变化

采用塑性材料试验时,高周疲劳比低周疲劳对表面状况更为敏感。为了避免表面因素的干

扰,最好的方法是使试样经过电解抛光,以消除机械加工造成的表面缺陷和残余应力。但是用这样的试样得出的疲劳寿命与实际机件的情形相比甚远。

有时试样需要保有原来热处理后的表面,用以了解表面状态和表面处理的效果。在具有压力梯度的疲劳试验中,表面处理形成的强化层(如表面化学热处理、表面淬火以及表面的喷丸或辊压强化等),常使疲劳寿命得到明显改善。反之,表面的弱化(脱碳、软点、过度氧化的粗糙锈层)会大大削弱材料对疲劳的抵抗能力。这里有两个因素在起作用:第一,表面的强度有效地遏制裂纹在表面的形成和发展;第二,有些表面处理使表层出现压缩残余应力,部分抵消了张应力的作用。还应注意,经过表层强化后试样在疲劳中的破坏多半出现在强化层与较软的基体之间的过渡区域中,而不是出现在表面上。

复习思考题

第1章

1－1　什么是测量、测量结果，测量方法有哪些？

1－2　误差如何分类，产生的原因有哪些？

1－3　如何理解随即误差和系统误差？

1－4　实验数据有哪些表示方法，各自有什么特点？

1－5　完成下列计算并将计算结果做有效数的修约：

(1)152.1＋87.56＋23.775＋1.21785；

(2)99.1＋2.789＋5.11＋701.2151；

(3)77.2×85.2195/61.77782。

第2章

2－1　阐述相似三原理。

2－2　常用模拟材料有哪些(列举至少3种)？并描述该材料分别适用哪些情况的模拟。

2－3　如果要模拟热钢的塑性成型变形应怎样选取材料？原因何在？

2－4　做变形实验的方法有哪些？其中坐标网格法是研究金属塑性变形分布应用最广泛的一种方法，自行设计一种坐标网格法来测量应力及应变。

2－5　什么是热－力模拟？通常应用于哪些方面？列举出目前有哪些热－力模拟机，并简单描述其工作原理和组成。

第3章

3－1　测试方法共有哪些？各自利用了哪些原理，有什么优点？

3－2　简述测量系统并说明其各自组成。

3－3　什么是传感器？它有哪些基本的静态与动态特性并简述之。

3－4　列举出一种测量题图1中弯曲应变的方法，要求画出布片与组桥图，并列出真实应变与应变仪读数之间的关系，最后计算出弯矩(矩形截面，$W=\frac{Bh^2}{6}$)。

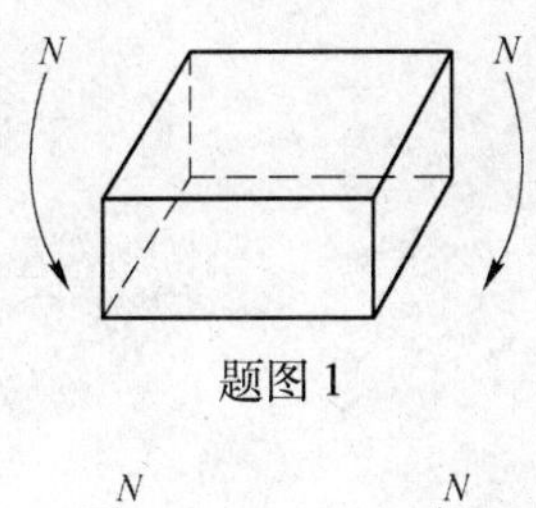

题图1

3－5　结合已学的传感器电桥电路知识，对于题图2中试件受拉伸(或压缩)、弯曲与扭转的组合变形时，分别只测量拉应变、弯曲应变、扭转应变时布片与组桥图，并列出真实应变与应变仪读数之间的关系，最后计算出只测弯曲应变时的弯矩(实心圆 $W=\frac{\pi d_3}{32}$)。

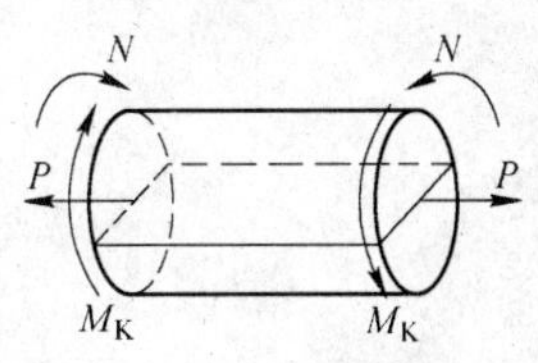

题图2

第4章

4－1　列举出目前金相显微组织技术的方法或设备(4种以上)。

4－2　简述扫描电子显微镜工作原理及组成。

4－3　简述透射电子显微镜工作原理及组成。

4－4　利用透射电子显微镜研究高分子材料及催化剂样品时，应如何制备样品？

4－5　简单谈谈对X射线衍射分析的理解。

第 5 章

5－1　请解释强度、塑性、硬度、韧性和疲劳强度概念。

5－2　力学试验则是在从金属材料中加工出的试样上进行的，是力学试验的基础工作，试验的目的有哪些？

附录 实验部分

实验一 变形测试方法的实验研究

一、实验目的

(1)理解和掌握相似理论及其定理。

(2)运用相似理论进行变形实验的研究。

(3)利用网格法和缝隙法研究金属在塑性加工中变形和应力的分布规律。

二、实验原理及设备

相似理论:是判别模型与实物是否相似,进而指导模拟实验,并把模型实验结果推广应用于实际的基本理论。

模型与原型的相似:几何相似、时间相似、运动相似、动力相似和应力场相似等;即表征现象的尺寸、位置、轨迹、快慢等各自互成比例。

相似第三定理:

(1)几何相似:$X_{pi}/X_{Mi} = C_L$

(2)时间相似:$t_{pi}/t_{Mi} = C_t$

(3)物理参数相似:即保持弹性模量 E、泊松比 μ 和密度 ρ 等的比例关系。

(4)速度相似:对应点在对应时刻的速度(加速度)互成一定的比例。

(5)动力相似:对应点在对应时刻的力互成一定的比例。

(6)应力场相似:在对应时刻,对应点上的应力方向一致,而大小互成一定比例。

此外,还有温度场相似、速度场相似、压力场相似等等。

目前,常用的模拟材料:软金属材料,如铅、铝、铜、锡等;通常用铅模拟钢的热变形(再结晶温度以上的变形),用铝模拟钢的冷变形。黏土类材料,主要有塑性泥、蜡、高分子材料,例如有机玻璃、聚碳酸酯等。同种实物材料,一般冷塑性成型时常采用。

本实验采用金属铅作为模拟材料,对热轧钢材在塑性变形中的不均匀性进行分析,运用网格法和缝隙法研究金属塑性加工中的变形分布特点及镦粗时接触面上正应力的分布特点。金属塑性加工时,工件内变形和应力分布是不均匀的,其主要原因有:接触面上的外摩擦、变形区的几何因素、工具和工件的外廓形状、变形物体的外端、变形物体内温度的不均匀分布以及变形金属的性质等等。

实验所用仪器设备及工具:WEW - 300KN 万能实验机一套、带沟槽的锤头一个、游标卡尺一把、钢板尺一把、画线工具等。

三、实验方法及步骤

1. 网格法

网格法是研究金属塑性加工中的变形分布、变形区内金属流动情况等应用最广泛的一种方法。具体方法是，取直角六面体的铅试件两块，尺寸为30mm×30mm×15mm，将其中一块正方形面画好网格，网格大小为5mm×5mm，将两块试件合在一起，使网格在试件中间竖直方向断面上，将试件放在万能试验机上下锤头之间，施加一定压力，使金属变形量达到30%左右，停止加载，取下试件，观察网格变形情况，用游标卡尺测量每个网格压缩后的高度（附图1），将数据列于表1中并画出试样变形规律示意图（附图2）。

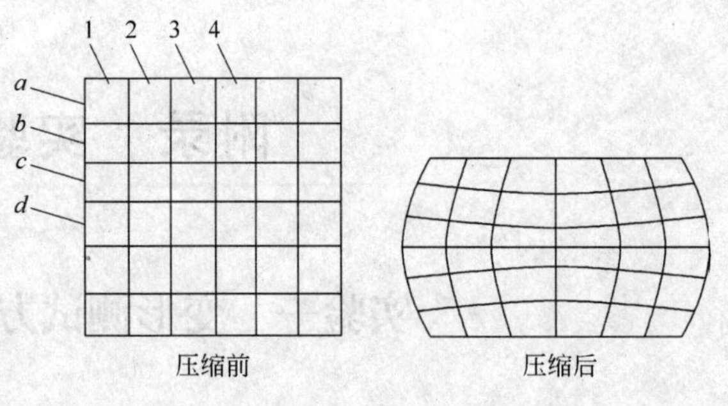

附图1　金属压缩前与压缩后示意图

将实验数据填入附表1。

附表1　实验数据

总压下率（30%）	原始网格高度/mm	表面层网格压下后垂直高度/mm ab层				中间层网格压下后垂直高度/mm cd层			
	H	$h1$	$h2$	$h3$	$h4$	$h9$	$h10$	$h11$	$h12$
实测值									
位置		1	2	3	4	9	10	11	12
$\Delta h/H/\%$									

试样变形规律见附图2。

2. 缝隙法

取正方体铅试件一块，尺寸为30mm×30mm×30mm，将其放在带沟槽的锤头上镦粗，由于外摩擦的影响，使接触面上的应力（或单位压力）分布不均，镦粗后，根据金属流入沟槽缝隙中的形状或高度，定性地判断接触面上正压力的分布情况。

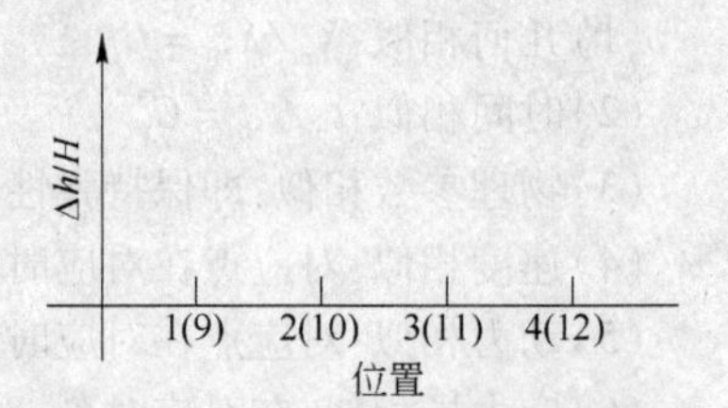

附图2　试样变形规律示意图

四、实验结果与分析

（1）举例说明还有哪些变形测试的实验方法。

（2）对于网格法，将数据列表并画出试样变形规律示意图，说明金属塑性的变形规律。

（3）对于缝隙法，画出压缩前后试件形状，说明镦粗试件时接触面上正压力的分布规律。

实验二　电阻应变片的粘贴组桥及保护

一、实验目的

(1)通过实验掌握电阻应变片的检查方法和粘贴技术;

(2)了解惠斯通电桥的工作原理及使用方法;

(3)掌握几种桥路的组桥方法及传感器的保护方法。

二、实验原理及设备

本实验类型为综合性实验,直流电桥工作原理如附图3所示。

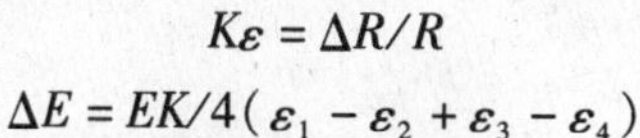

$$K\varepsilon = \Delta R/R$$

$$\Delta E = EK/4(\varepsilon_1 - \varepsilon_2 + \varepsilon_3 - \varepsilon_4)$$

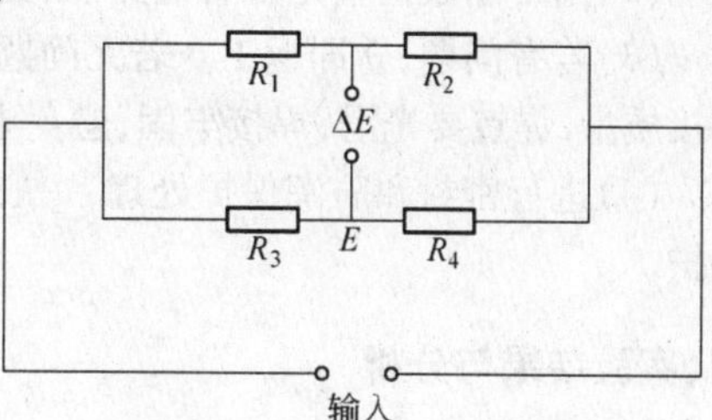

附图3　直流电桥工作原理

式中　K——电阻应变片灵敏系数;

E——电桥输入电压;

ΔE——电桥输出电压;

ε——应变量。

电桥平衡条件是:$R_1 \cdot R_3 = R_2 \cdot R_4$

实验所用仪器设备:惠斯通直流单臂电桥、万用表、吹风机、电烙铁等。

三、实验方法及步骤

1. 外观检查及阻值分选

(1)用5倍放大镜检查应变片本体是否完整,有无霉点、锈斑,引线是否牢固,敏感栅排列是否整齐,要求表面无严重凸凹不平。

(2)用惠斯通电桥逐片测量应变片阻值,要求用差分法读到0.01位,并记录下来。

(3)配桥:根据组桥要求,将阻值接近的($\Delta R < 0.2\Omega$)电阻应变片4~6片分成一组,满足$R_1 \cdot R_3 = R_2 \cdot R_4$的桥路平衡条件。

2. 传感器贴片部位的表面处理

(1)机械清理:用细砂纸在贴片部位交叉打磨,方向与轴线方向成45°角,去除铁锈油污等。

(2)化学清理:用镊子夹丙酮棉球反复清洗其表面,直到棉球无黑迹为止。

(3)贴片人清洗双手,严禁触摸贴片表面,准备贴片。

3. 贴片处的定位

(1)直接定位法:对于平面传感器,用钢板尺和镊子尖在贴片部位直接画十字交叉线,进行定位。

(2)纸条定位法:对于圆柱形传感器,取一张长方形纸条,其长度比圆柱形传感器周长略长3~4mm,宽度与圆柱形传感器高度相同,将纸条等同周长部分对折两次,余头除外。打开后,沿另一方向对折一次,并用钢笔在折痕上画线,在纸条交叉线上开出窗口,窗口大小比应变片略大,以备定位使用。

4. 贴片

(1)用吹风机吹贴片部位,去除潮气并预热。

(2)用玻璃棒蘸502胶水在传感器表面薄薄打一层底胶。

(3)待底胶干后,对于平面传感器,直接贴片,在应变片背面涂502胶水,立即放到贴片部位,将应变片定位线与所画定位线对齐,盖上塑料布薄片,用拇指从根部向前滚压,压出多余胶水和气泡,用力不要太大,以免应变片窜动。对于圆柱形传感器,先将纸条用普通胶水贴到传感器上,再按以上方法操作。

5. 传感器的检查及焊接、保护

(1)检查粘贴情况好坏,位置是否正确(倾斜度小于5°)。

(2)用万用表检查是否有短路、断路现象,绝缘情况如何。

(3)若有问题,立即返工。若无问题,粘贴引线片,套绝缘套管,用电烙铁焊接成桥路,注意焊接质量,焊点要光滑,焊接牢固,避免虚焊。

(4)进行密封和防潮保护处理,一般先用705硅橡胶密封,再用914黏结剂或哥俩好胶密封保护。

四、实验结果与分析

(1)将所选的电阻应变片阻值列表记录下来,分析能否满足桥路平衡条件。

(2)简述电阻应变片选取、粘贴和焊接时的注意事项。

实验三　轧制压力传感器的标定

一、实验目的

(1)通过实验掌握轧制压力传感器的标定方法；

(2)学会两种标定方法的标定曲线的绘制；

(3)初步掌握 SC－16 型光线示波器的使用。

二、实验原理及设备

本实验类型为综合性实验。将密封后的轧制压力传感器通过电桥盒接到动态电阻应变仪的输入端，然后通过万能实验机或应变仪的标定电阻开关，给出已知大小的载荷或应变施加给轧制压力传感器，确定已知载荷或应变与应变仪输出信号之间的对应关系，即找出 $P=f(h)$ 或 $\varepsilon=f(h)$ 之间的函数关系，做出标尺，用来度量轧制过程中轧制压力传感器所测的轧制压力的大小。

实验所用仪器设备：YD－15 型动态电阻应变仪、SC－16 型光线示波器、万能试验机、电桥盒、毫安表、轧制压力传感器等。

三、实验方法及步骤

1. 机械标定

机械标定也称作直接标定，具体操作步骤如下：

(1)将仪器和传感器正确连线，将毫安表接到动态电阻应变仪的输出端。

(2)接通示波器电源，预热 20min，接通示波器水银灯起辉开关，点亮水银灯。

(3)调节动态电阻应变仪的平衡，用毫安表测量电流信号 I 值的大小，根据 I 值选择合适的应变仪衰减开关和示波器的振动子，调整振动子仰角位置，使光点满足亮度要求。拆掉毫安表，将应变仪输出线接到振动子的输入线上。

(4)将传感器放到万能试验机的上下锤头之间，对其加压到 25kN，每 5kN 为一曲线梯度，示波器拍摄一次，得到 $h=f(P)$ 的对应关系，卸载时也要进行标定。

(5)将轧制压力传感器转动 120°和 240°再各标定一次。

(6)用游标卡尺测量各载荷所对应的光点高度值 h(mm)，对同一载荷所对应的 6 个光点高度取平均值 h'。

(7)将数据列于附表 2 中，做出 $P=f(h)$ 的标定曲线，写出函数关系式。

附表 2　实验数据(一)

传感器号	标定角度	光点高度(h)									
		5kN		10kN		15kN		20kN		25kN	
		加载	卸载	加载	卸载	加载	卸载	加载	卸载	加载	卸载
1	0°										
	120°										
	240°										
	h'										

续附表2

传感器号	标定角度	光点高度(h)									
		5kN		10kN		15kN		20kN		25kN	
		加载	卸载	加载	卸载	加载	卸载	加载	卸载	加载	卸载
2	0°										
	120°										
	240°										
	h'										

2. 电标定(也叫间接标定)

电标定也称作间接标定,是利用动态电阻应变仪的标定挡,给出一定的微应变信号,用示波器拍摄光点高度信号,得到微应变值 ε 与光点高度 h 的对应关系,然后利用公式计算微应变值对应的压力值,从而得到 $P=f(h)$ 的标定曲线。

$$\varepsilon_x = K_0 \cdot R_p \cdot \mu \cdot \varepsilon_0 / K_p \cdot R_0$$

$$P = \pi \cdot (D^2 - d^2) \cdot \varepsilon_x \cdot E/8(1+\mu)$$

式中 R_0, K_0——标准阻值和灵敏系数,$R_0=120, K_0=2.0$;

R_p, K_p——应变片实际阻值和灵敏系数;

μ——泊松比,$\mu=0.28$;

E——弹性模量,$E=2\times10^5$;

D——传感器外径,mm;

d——传感器内径,mm;

P——轧制压力,kN。

将数据列于附表3中。

附表3 实验数据(二)

传感器号	$\varepsilon_0(\mu\varepsilon)$	50	100	300
1	ε_x			
	h			
	P_1			
2	ε_x			
	h			
	P_2			

四、实验结果与分析

(1)说明两种标定方法的优缺点,哪种方法更好?

(2)分析实验过程中误差产生的原因。

实验四　轧制压力的测定

一、实验目的

(1)掌握轧制压力的测定方法;

(2)掌握平均单位压力与变形区参数之间的关系。

二、实验原理及设备

本实验类型为综合性实验。用标定好的轧制压力传感器取代轧钢机上的安全臼,测出轧件通过轧辊两个轴承座传递给轧制压力传感器的轧制压力,两个传感器所测压力之和即为总轧制压力。

实验所用仪器设备:YD-15 型动态电阻应变仪、SC-16 型光线示波器、试验轧钢机、电桥盒、轧制压力传感器、游标卡尺等。

三、实验方法及步骤

实验操作步骤如下:

(1)将标定好的轧制压力传感器取代轧钢机上的安全臼,放在轴承座与压下螺丝之间。

(2)保持标定时各仪器设备状态参数不变,正确开启使用仪器设备。

(3)用游标卡尺测量轧件原始尺寸及辊身直径,并做原始记录。

(4)每组试件轧制三道次,每道次压下量保持不变,测量轧后尺寸并做记录。

(5)轧制过程中按下示波器的拍摄按钮,记录压力信号。

(6)测量压力信号的光点高度值 h,h 应取平均值 h_1、h_2,根据标定曲线 $P=f(h)$ 计算出每个传感器所测压力 P_1、P_2,轧制压力 $P=P_1+P_2$

(7)根据所测数据计算平均单位压力 P' 和变形区参数(l/h')公式如下:

$$b'=(B+b)/2,h'=(H+h)/2 \quad l=\sqrt{R\Delta h}$$

$$l/h'=2\sqrt{R\Delta h}/(H+h)$$

$$P_Z=P_1+P_2,S=b'\cdot l=[(B+b)/2]\cdot\sqrt{R\Delta h}$$

$$P'=P_Z/S$$

(8)将所得数据列于附表 4 中。

附表 4　实验数据

件号	轧前尺寸 $H\times B$/mm²	轧后尺寸 $h\times b$/mm²	Δh	Δb	l/h'	h_1	P_1/kN	h_2	P_2/kN	P_Z/kN	P'/N·mm⁻²
1											
2											
3											

四、实验结果与分析

(1)画出 $P'=f(l/h')$ 的实验曲线,说明变形区参数与平均单位压力的关系。

(2)分析实验过程中误差产生的原因。

实验五　金相样品的制备与显微组织的显露

一、实验目的

(1)掌握金相样品的制备过程;

(2)熟悉显微组织的显露方法。

利用金相显微镜来研究金属和合金组织的方法叫显微分析法。它可以解决金属组织方面的很多问题,如非金属夹杂物,金屑与合金的组织,晶粒的大小和形状、偏析、裂纹以及热处理操作是否合理等。

金相样品是用来在显微镜下进行分析、研究的试样,所以对金相样品的观察面光洁度要求较高,要求达到镜面一样光亮,无一点划痕。

二、金相样品的制备过程

金相样品的制备过程包括取样、磨光、抛光、腐蚀等步骤。

1. 取样

金相样品的取样部位对金相分析较为重要。取样的部位及观察面的选择应根据被检验材料或零件的特点、加工工艺及分析研究的目的来确定,一定要具有代表性以达到研究金属或合金的目的。

例如:对于铸造合金,考虑到组织的不均匀件,样品应从表层到中心的各典型部位截取,研究零件的失效原因时,应在失效部位和完好的部位分别取样,以便对比分析;对于轧材,研究表层缺陷,如夹杂物分布时,应横向取样,研究夹杂物类型、形状,材料的变形程度,晶粒拉长程度,带状组织时,应横向取样,研究热处理件时,因组织较为均匀可随意取样;对于表面处理的零件,样品主要取自表面层。

取样时应保证试样观察面不发生组织变化。软材料取样用车、刨等方法截取;硬质材料可用金刚砂轮片切割;硬脆材料可用锤击取样。必须用电、气焊切割时,应防止过热和过烧。切口应距试样面 50~100mm。试样的大小应以手拿操作方便及便于观察即可。样品的形状一般大小如附图 4 所示。

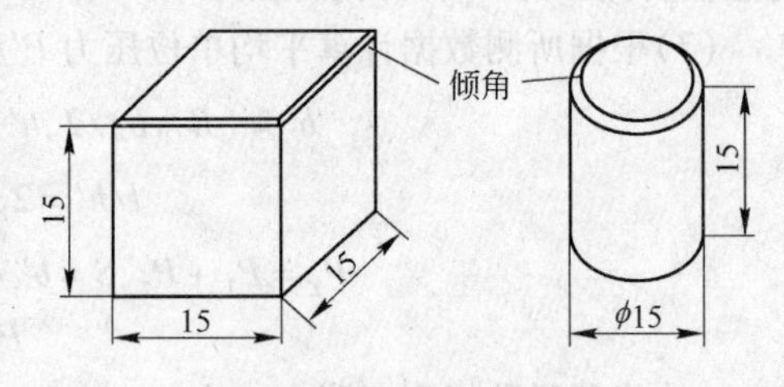

附图 4　试样的尺寸

形状不规则或太小的(细丝和薄片)试样,为了便于制备,应将样品用试样夹夹住或用低熔点金属、电木粉或环氧树脂镶嵌成尺寸适合手控的试样,如附图 5 所示。

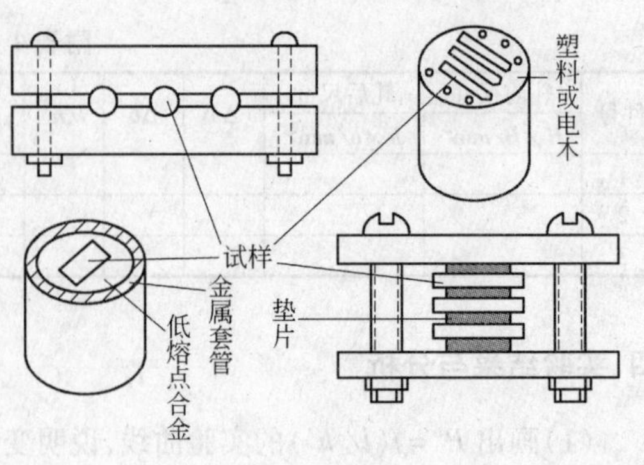

附图 5　试样的镶嵌

2. 磨光

磨光分人工磨光和机械磨光两种方法。

(1)人工磨光。

裁取的试样表面凹凸不平,首先用 40~60 目(1 目 =0.00147mm)的砂轮进行初次整平,称为粗磨,粗磨时要防止样品过热,引起组织变化,常用水冷却;为防止在细磨中刮坏砂纸,应将样品的棱角去掉(表面热处理试样除外)。细磨在粒度不同的水砂纸和金相砂纸上按由粗到细的顺序进行(常用的水砂纸为 200 ~ 400 号,号越大粒度越细;金相砂纸为 1 ~ 5 号)。磨制时要注意:每换一号砂纸,样品要掉转 90°(也就是与上一张砂纸的磨痕方向相垂直),将上一号砂纸的磨痕全部磨掉后,再更换更细一号砂纸。

注意事项:磨样时要把砂纸垫平,用力要均匀,方向要一致,防止来回磨和左右磨,以便观察上一道砂纸的磨痕是否完全磨掉。磨软材料时,可在砂纸上涂一层润滑油,如机油、煤油、甘油、肥皂水等,以免砂粒进入样品表面。

(2)机械磨光。

磨削过程与人工磨光过程相同,机械磨光是将粒度不同的水砂纸贴在预磨机的转盘下,磨光时对样品的压力不可过大,并及时加水冷却。同样每换一号砂纸时将样品用水洗净,以防粗砂粒被带到下一道砂纸。

3. 抛光

抛光是磨光的继续。使磨光表面更加光且平滑。抛光可以采用机械抛光、电解抛光、化学和机械抛光等方法,使用最广泛的是机械抛光。

(1)机械抛光。

样品经砂纸磨制后要用水冲洗干净,防止砂粒带入抛光盘中。在抛光机上进行的抛光分为粗抛光和细抛光两道工序。

试样磨好用水冲洗后首先进行粗抛光,在抛光盘上放置帆布或呢子,在帆布或呢子上撒抛光剂。抛光机由一个电机带动光盘逆时针转动,试样磨面均匀平整地压在旋转的抛光盘上,随着抛光盘不停地旋转。样品不停地被磨削,直到原来砂纸的磨痕全部抛掉为止。

粗抛光完成后进行细抛光,细抛光过程同粗抛光,直到样品表面像镜面一样光亮为止。

(2)电解抛光。

对于软金属和容易发生加工硬化的合金,特别是有易剥落的夹杂物的合金。应采用电解抛光。电解抛光时,将试样放入电解槽中做阳极,以不锈钢或铝板做阴极。要使抛光的表面与阴极表面成相对位置,通过直流电,使样品表面凸起部分被溶解而达到抛光目的,电解抛光的速度快,表面光洁,并可以免除机械抛光所形成的塑性变形,但工艺规范不易控制。电解抛光所用的电解液成分、阴极材料以及电压、电流密度、电解时间等,要根据被抛光的材料来确定。常用电解抛光液及规范见附表 5。

附表 5　常用电解抛光液及规范

电解液组成 (体积比)	抛光材料	抛光规范			备　注
		电流密度 /A · m^{-2}	时间	电解液温度 /℃	
H_3PO_4 38% 甘油 53%	不锈钢	0.5 ~ 1.5	3 ~ 7min	50 ~ 100	$i = 1A/cm^2$
	纯钢	0.1 ~ 0.25	3 ~ 10min	15 ~ 30	
$HClO_4$ 20% 甘油 10% 酒精 70%	不锈钢	≥1.5	~ 15s	小于 50	(1)要求有较高的槽压; (2)电解液不得超过 50℃,超过有危险
	碳钢	1.25 ~ 2.5	~ 15s		
	铝等	≥0.5	5 ~ 10s		
H_3PO_4 100mL 甘油 6mL	铜 铜合金	0.1 ~ 0.115	5 ~ 10min	15 ~ 30	电解液温度高,表面易氧化

续附表5

电解液组成（体积比）	抛光材料	抛光规范			备　注
		电流密度 $/A \cdot m^{-2}$	时间	电解液温度/℃	
H_3PO_4 88mL H_2SO_4 12mL 铬酐 6g	铝	1～2	1～1.5min	70～90	
磷酸铬酐	不锈钢	1～2		60～80	奥氏体钢4～6min，马氏体钢、珠光体钢2～3min
	合金钢 碳钢	≈0.3		60～70	

(3)化学和机械抛光

化学抛光是依靠化学试剂对样品的选择性溶解作用，将磨痕去除的一种方法，化学抛光一般总不是太理想的。若和机械抛光结合，利用化学抛光剂边腐蚀边机械抛光可以提高抛光效能。常用的化学抛光液的成分见附表6。

附表6　化学抛光液的成分

编　号	抛光液成分	适用材料
1	草酸 2.5g 硫酸 1.5mL 过氧化氢 10g 水 100mL Al_2O_3 或 Cr_2O_3 粉 10～20g	碳素钢
2	铬酐 10g 水 100mL Al_2O_3 或 Cr_2O_3 10～20g	钢铁、非金属夹杂、不锈钢
3	草酸 5g 过氧化氢(30%)4～6mL 硫酸钢 0.5g 水 100mL	高锰钢、奥氏体不锈钢
4	HCl 5mL 过氧化氢(30%)3mL 氢氟酸(<12%)5mL	高锰钢、奥氏体不锈钢

4. 腐蚀

金相组织的显露，其原理如下：

化学腐蚀剂对金属或合金样表面所起的侵蚀作用可以说是简单的化学溶解作用。纯金属及单相合金的腐蚀是一个化学溶解过程，磨面表层原子被溶于侵蚀剂中。在溶解中由于晶粒和晶粒之间，晶粒和晶界之间溶解速度不同，组织就被显示出来。由于晶界上原子排列的规律性差、位于晶界上的原子具有较高的自由能，所以晶界处容易被侵蚀成沟堑，因此，在金相显微镜下能够看到多边形的团溶体晶粒，若使侵蚀继续进行。则腐蚀剂对晶粒本身起溶解作用，金属原子的溶解多是沿着原子排列最密的面进行,出于磨面上各个晶粒中原子排列的位向不同,而侵蚀后各晶粒倾斜了不同的角度,在垂直光线的照射下,将显示出明暗不一的晶粒。侵蚀顺序如下:抛光后的样品表面,用水和酒精洗涤干净,然后进行侵蚀。样品抛光面浸入侵蚀剂中,抛光面呈暗灰色即可。腐蚀时间最短的仅需几秒钟,长的需 10 多分钟,据样品的成分、外界温度及侵蚀剂的配比不同而不同。腐蚀好的试样经酒精洗涤,用热风吹干即可进行显微组织观察。

三、实验所用仪器设备

低碳钢试样,水砂纸,金相砂纸,玻璃板,金相抛光机,抛光粉,腐蚀用酒精,金相显微镜等。

四、实验结果与分析

(1)简述金相样品的制备及显微组织的显露过程;

(2)画出自己制备的金相样品的显微组织。

本实验依据的标准:

GB 2975—82 钢材力学及工艺性能试验取样规定;

GB/T 13298—1991 金屑显微组织检验方法。

实验六 金属疲劳试验

一、实验目的

(1)了解疲劳试验的基本原理;

(2)掌握疲劳极限、$S-N$ 曲线的测试方法;

(3)观察疲劳失效现象和断口特征。

二、实验原理

1. *疲劳抗力指标的意义*

目前评定金属材料疲劳性能的基本方法就是通过试验测定其 $S-N$ 曲线(疲劳曲线),即建立最大应力 σ_{max} 或应力振幅 σ_a 与相应的断裂循环周次 N 之间的曲线关系。不同金属材料的 $S-N$ 曲线形状是不同的,大致可以分为两类,如附图 6 所示。其中一类曲线从某应力水平以下开始出现明显的水平部分,如附图 6(a)所示。这表明当所加交变应力降低到这个水平数值时,试样可承受无限次应力循环而不断裂。因此将水平部分所对应的应力称之为金属的疲劳极限,用符号 σ_R 表示(R 为最小应力与最大应力之比,称为应力比)。若试验在对称循环应力(即 $R=-1$)下进行,则其疲劳极限以 σ_{-1} 表示。中低强度结构钢、铸铁等材料的 $S-N$ 曲线属于这一类。实验表明,黑色金属试样如经历 10^7 次循环仍未失效,则再增加循环次数一般也不会失效。故可把 10^7 次循环下仍未失效的最大应力作为持久极限。另一类疲劳曲线没有水平部分,其特点是随应力降低,循环周次 N 不断增大,但不存在无限寿命,如附图 6(b)所示。在这种情况下,常根据实际需要定出一定循环周次(10^8 或 $5\times10^7\cdots$)下所对应的应力作为金属材料的"条件疲劳极限",用符号 $\sigma_{R(N)}$ 表示。

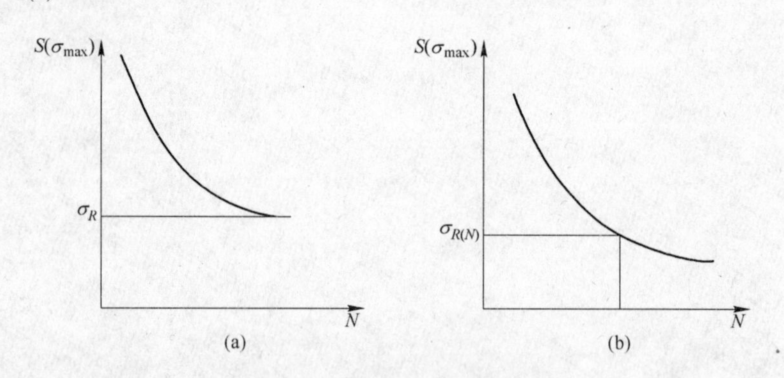

附图 6 金属的 $S-N$ 曲线示意图

(a)—有明显水平部分的 $S-N$ 曲线;(b)—无明显水平部分的 $S-N$ 曲线

2. *$S-N$ 曲线的测定*

(1)条件疲劳极限的测定

测试条件疲劳极限采用升降法,试件取 13 根以上。每级应力增量取预计疲劳极限的 5% 以内。第一根试件的试验应力水平略高于预计疲劳极限。根据上根试件的试验结果,是失效还是通过(即达到循环基数不破坏)来决定下根试件应力增量是减还是增,失效则减,通过则增。直到全部试件做完。第一次出现相反结果(失效和通过或通过和失效)以前的试验数据,如在以后

试验数据波动范围之外，则予以舍弃；否则，作为有效数据，连同其他数据加以利用，按以下公式计算疲劳极限

$$\sigma_{R(N)} = \frac{1}{m}\sum_{i=1}^{n}\nu_i\sigma_i$$

式中　m——有效试验总次数；

N——应力水平级数；

σ_i——第 i 级应力水平；

ν_i——第 i 级应力水平下的试验次数。

例如，某实验过程如附图 7 所示，共 14 根试件。预计疲劳极限为 390MPa，取其 2.5% 约 10MPa为应力增量，第一根试件的应力水平 402MPa，全部试验数据波动见附图 7，可见，第四根试件为第一次出现的相反结果，在其之前，只有第一根在以后试验波动范围之外，为无效，则按上式求得条件疲劳极限为

$$\sigma_{R(N)} = \frac{1}{13}(3\times392 + 5\times382 + 4\times372 + 1\times362) = 380\text{MPa}$$

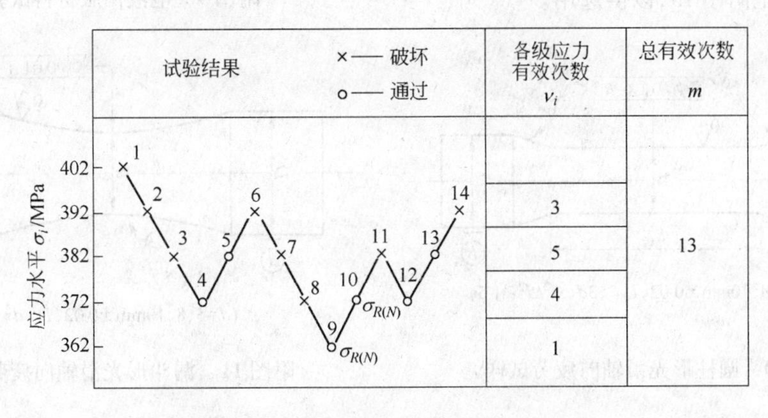

附图 7　增减法测定疲劳极限试验过程

（2）$S-N$ 曲线的测定

测定 $S-N$ 曲线（即应力水平－循环次数 N 曲线）采用成组法。至少取五级应力水平，各级取一组试件，其数量分配，因随应力水平降低而数据离散增大，故要随应力水平降低而增多，通常每组 5 根。升降法求得的，作为 $S-N$ 曲线最低应力水平点。然后以其为纵坐标，以循环数 N 或 N 的对数为横坐标，用最佳拟合法绘制成 $S-N$ 曲线，如附图 8 所示。

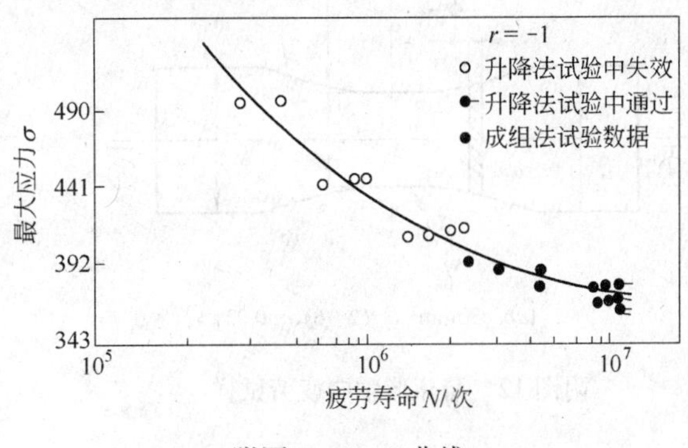

附图 8　$S-N$ 曲线

三、疲劳试验机及疲劳试样

1. 疲劳试验机

疲劳试验机有机械传动、液压传动、电磁谐振以及近年来发展起来的电液伺服等，本实验所用设备为 MTS810 电液伺服疲劳试验机。

附图 9 所示的是 MTS 系列电液伺服材料试验机原理。给定信号 I 通过伺服控制器将控制

信号送到伺服阀1,用来控制从高压液压源Ⅲ来的高压油推动作动器2变成机械运动作用到试样3上,同时载荷传感器4、应变传感器5和位移传感器6又把力、应变、位移转化成电信号,其中一路反馈到伺服控制器中与给定信号比较,将差值信号送到伺服阀调整作动器位置,不断反复此过程,最后试样上承受的力(应变、位移)达到要求精度,而力、应变、位移的另一路信号通入读出器单元Ⅳ上,实现记录功能。

2. 疲劳试样

疲劳试样的种类很多,其形状和尺寸主要决定于试验目的、所加载荷的类型及试验机型号。现将国家标准中推荐的几种轴向疲劳试验的试样列于附图10至附图15,以供选用。

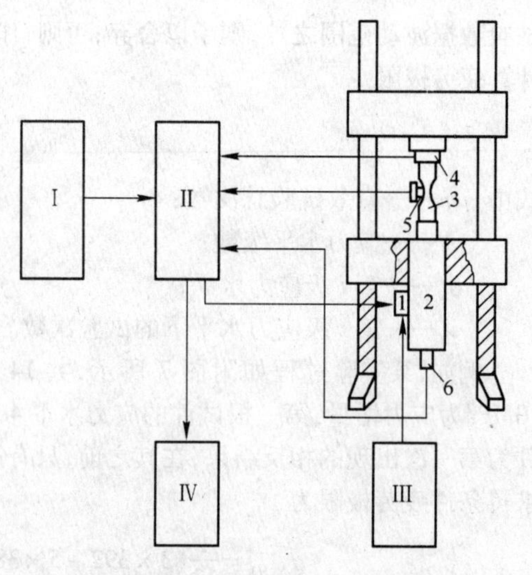

附图9　电液伺服材料试验机

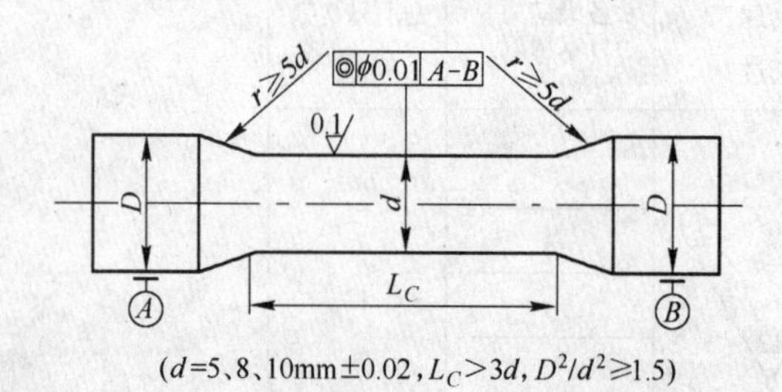

$(d=5、8、10\text{mm}\pm0.02, L_C>3d, D^2/d^2\geqslant1.5)$

附图10　圆柱形光滑轴向疲劳试样

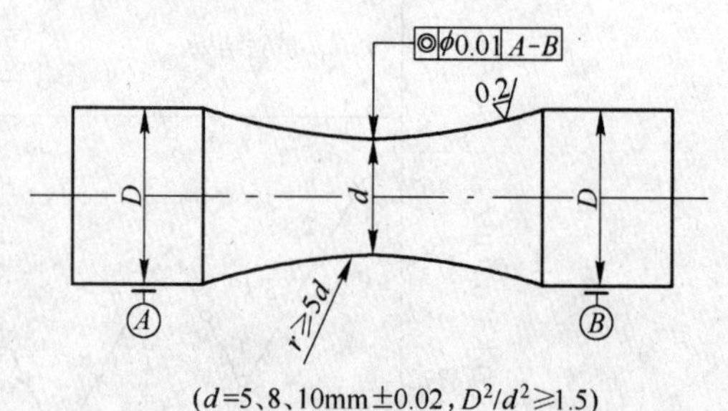

$(d=5、8、10\text{mm}\pm0.02, D^2/d^2\geqslant1.5)$

附图11　漏斗形光滑轴向疲劳试样

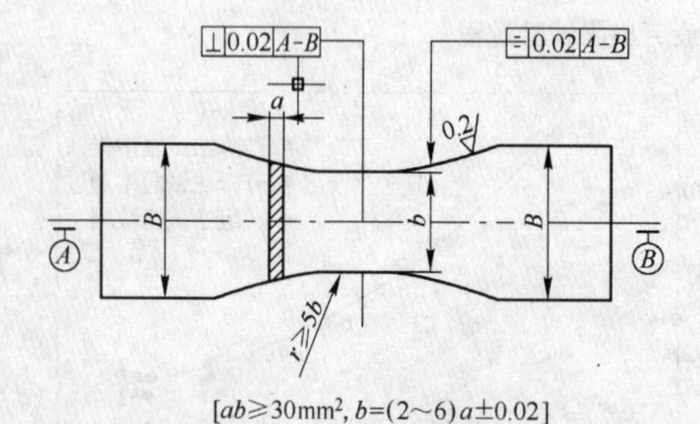

$[ab\geqslant30\text{mm}^2, b=(2\sim6)a\pm0.02]$

附图12　漏斗形轴向疲劳试样

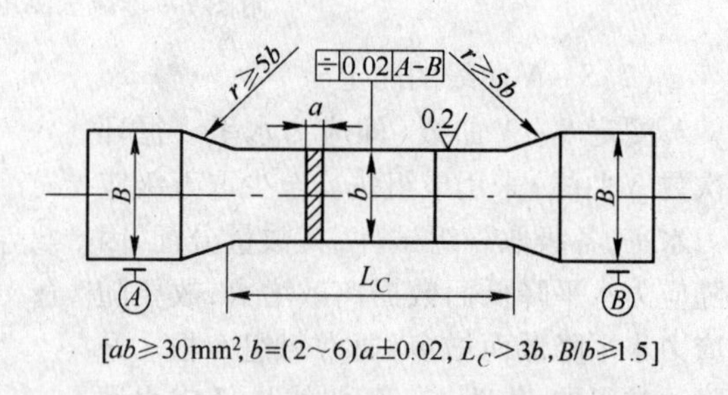

$[ab\geqslant30\text{mm}^2, b=(2\sim6)a\pm0.02, L_C>3b, B/b\geqslant1.5]$

附图13　矩形光滑轴向疲劳试样

以上各种试样的夹持部分应根据所用的试验机的夹持方式设计。夹持部分截面面积与试验部分截面面积之比大于1.5。若为螺纹夹持,应大于3。

四、实验方法及步骤

本实验在MTS810电液伺服疲劳试验机上进行,试样形状与尺寸如附图13所示。

(1)领取试验所需试样,用游标卡尺测量试件的原始尺寸。表面有加工瑕疵的试样不能使用。

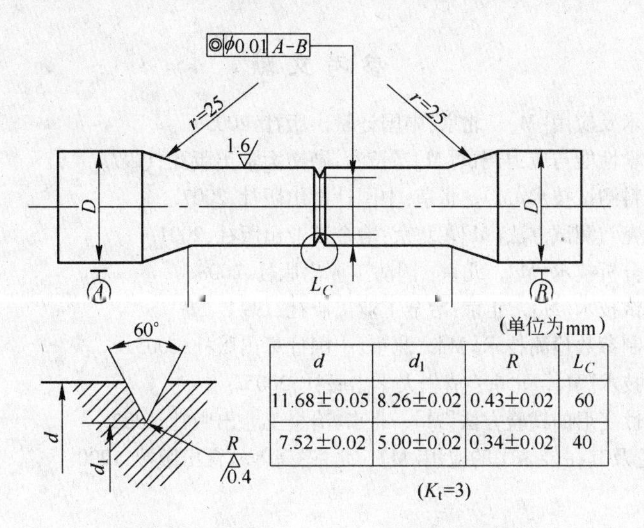

d	d_1	R	L_C
11.68±0.05	8.26±0.02	0.43±0.02	60
7.52±0.02	5.00±0.02	0.34±0.02	40

附图 14　圆柱形 V 形缺口轴向疲劳试样

(2)开启机器,设置各项试验参数。

(3)安装试件。使试样与试验机主轴保持良好的同轴性。

(4)静力试验。取其中一根合格试样,先进行拉伸测其 σ_b。静力试验目的一方面检验材质强度是否符合热处理要求,另一方面可根据此确定各级应力水平。

(5)设定疲劳试验具体参数,进行试验。第一根试样最大应力约为$(0.6 \sim 0.7)\sigma_b$,经 N_1 次循环后失效。取另一试样使其最大应力 $\sigma_2 = (0.40 \sim 0.45)\ \sigma_b$,若其疲劳寿命 $N < 10^7$,则应降低应力再做。直至在 σ_2 作用下,$N_2 > 10^7$。这样,材料的持久极限 σ_{-1}在 σ_1 与 σ_2 之间。在 σ_1 与 σ_2 之间插入 4 ~5 个等差应力水平,它们分别为 σ_3 、 σ_4 、 σ_5 、 σ_6,逐级递减进行实验,相应的寿命分别为 N_3 、 N_4 、 N_5 、 N_6。

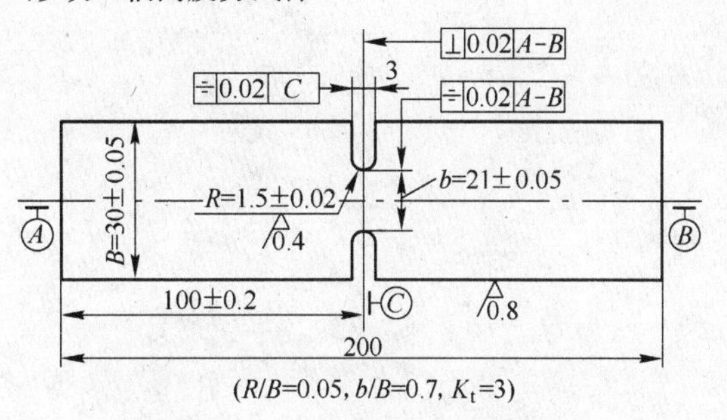

附图 15　矩形 U 形缺口轴向疲劳试样

(6)观察与记录。由高应力到低应力水平,逐级进行试验。记录每个试样断裂的循环周次,同时观察断口位置和特征。

(7)实验结束,取下试件。清理实验场地,试验机一切机构复原。

(8)根据实验记录进行有关计算。将所得实验数据列表;然后以 N 为横坐标,σ_{max}为纵坐标,绘制光滑的 $S-N$ 曲线,并确定 σ_{-1}的大致数值。报告中绘出破坏断口,指出其特征。

五、实验结果与分析

(1)疲劳试样的有效工作部分为什么要磨削加工,不允许有周向加工刀痕?

(2)实验过程中若有明显的振动,对寿命会产生怎样的影响?

(3)若规定循环基数为 $N = 10^6$,对黑色金属来说,实验所得的临界应力值 σ_{max} 能否称为对应于 $N = 10^6$ 的疲劳极限?

参考文献

[1] 张朝晖. 测试技术及应用[M]. 北京:中国计量出版社,2005.
[2] 韦德骏. 材料力学性能与应力测试[M]. 长沙:湖南大学出版社,1997.
[3] 盛国裕. 工程材料测试技术[M]. 北京:中国计量出版社,2007.
[4] 张国栋. 材料研究与测试方法[M]. 北京:冶金工业出版社,2001.
[5] 黎兵. 现代材料分析技术[M]. 北京:国防工业出版社,2008.
[6] 喻廷信. 轧制测试技术[M]. 北京:冶金工业出版社,1994.
[7] 郑申白. 现代轧制参数检测技术[M]. 北京:中国计量出版社,2005.
[8] 孙建民. 传感器技术[M]. 北京:清华大学出版社,2005.
[9] 林治平. 金属塑性变形的试验方法[M]. 北京:冶金工业出版社,2002.
[10] 王丰. 相似理论及其在传热中的应用[M]. 北京:高等教育出版社,1990.